高职高专环境科学系列教材

编写委员会

高职高专系列教材

环境综合实验

张仁志　主编

中国环境科学出版社·北京

图书在版编目（CIP）数据

环境综合实验/张仁志主编. —北京：中国环境科学出版社，2007.1

ISBN 978－7－80209－306－5

Ⅰ.环… Ⅱ.张… Ⅲ.环境监测—实验 Ⅳ.X83

中国版本图书馆 CIP 数据核字（2006）第 045881 号

策　　划　宫学栋　耿世刚　沈　建
责任编辑　沈　建　肖　伊
责任校对　扣志红
封面设计　龙文视觉

出版发行　中国环境科学出版社
（100062　北京崇文区广渠门内大街 16 号）
网　　址：http://www.cesp.cn
联系电话：010-67112765（总编室）
发行热线：010-67125803
印　　刷　北京市联华印刷厂
经　　销　各地新华书店
版　　次　2007 年 1 月第一版
印　　次　2007 年 1 月第一次印刷
开　　本　787×960　1/16
印　　张　21
字　　数　400 千字
定　　价　29.00 元

前　言

目前，大多数环境类专业的实验课教学仍然采用课程实验的教学模式，按照课程教学的进度，设置基础课、专业基础课和专业课实验教学，其教学要求与课程同步进行，主要目的是让学生加深对所学理论知识的认识。课程实验的目的、要求、内容、过程、结果都具有确定性，学生是按照实验指导书的规定进行实验，多数实验是验证性和演示性的，不利于学生创新能力、设计能力、综合解决问题能力的提高。针对这一问题，许多高校在实验课教学改革中对开放性实验、设计性实验、创新性实验等进行了有益的探索，受到了学生的欢迎，取得了较好的教学效果。各级教育主管部门也提出了减少验证性和演示性实验，增加工艺性、综合性、设计性和创新性实验的要求。

本教材编写组总结多年环境综合实验教学的经验，认为综合实验、工艺实验、设计性实验、创新性实验是提高学生综合运用知识和解决实际问题能力，提高动手和科研能力，增强学生创新能力和就业能力的必要教学环节。例如，本教材中的污水处理工艺实验可以将所有的实验联系在一起，便于学生对水污染控制工程基本原理的理解，培养学生选择和设计水处理研究与实验方案的初步能力，培养学生使用实验仪器和设备、分析和处理实验数据的基本能力。本教材还编写了实验设计与创新性实验的基本原则、思路、方法等内容，便于教师指导学生进行创新性实验。

“环境综合实验”应作为高等学校环境类各专业的必修或选修课程，更是环境工程、环境监测、环境化学等专业教学不可缺少的组成部分，也是环境规划、环境评价、环境管理、环境系统分析等相关专业的选修课。通过综合实验可以提高学生对环境规律的认知能力，对环境数据运用与把握能力，提高制定政策与执行政策的能力，从而提高其工作的创造性和创新性。

本教材将环境监测、环境工程、环境微生物学、实验设计、数据处理等融为一体，便于在综合实验和工艺实验中组合使用。本教材可以作为环境类本科和专科学生的实验指导书，设计创新实验的参考书，也可以作为环境科学研究人员的应用手册。

本教材内容包括：环境样品的采集、大气环境监测实验、室内空气环境质量监测实验、噪声监测实验、水质监测实验、污水处理工艺实验、环境微生物实验、实验设计与创新实验、实验数据处理。本教材在编排上采用了独立的部分编写，每个实验项目都具有完整性、实用性、独立性。在进行综合实验和设计性实验时可以根据需要对实验进行组合与应用。

本教材的编写组成员由中国环境管理干部学院“环境综合实验”课程组的部分教师组成，其中前言、绪论、第一部分、第八部分、第九部分由张仁志编写，第二部分由张仁志、金泥沙编写，第三部分由肖曲编写，第四部分由张仁志、孙蕾编写，第五部分由姚淑霞、金伟编写，第六部分由楼静、褚华宁编写，第七部分由郝冬亮、伍洛夫编写。

2006 年，中国环境管理干部学院的“环境综合实验”课程被评为河北省精品课，同年被评为国家精品课。课程建立了全面开放的网站（jpk.emcc.cn）。网站上的内容将不断丰富，教学方法将不断改革，教学内容将不断更新，以适应高职高专教学的要求。

由于编者工作经验不足、水平有限，教材中一定存在错误和不妥之处，希望各位老师、同学和读者批评指正，在此表示衷心感谢。

编　者

2007 年 1 月

目 录

绪 论

第一节　环境综合实验的意义

环境类的许多专业或课程都是以实验为基础的。例如，环境监测、环境评价、环境规划、环境管理、污染源控制、环境工程等，而这些专业或课程之间又是相互联系的，单独的某一个课程实验不能将学生所学的知识贯穿起来，不能综合地运用所学的知识，去解决实际的环境问题。因此，在课程设置时要适当减少课程实验，增加综合性实验。

环境综合实验根据实验的内容和范围而分小综合和大综合。小综合是一类实验项目的多个实验综合。例如，进行一个区域环境监测或一个污染源综合监测，涉及水质的、气体的、固体废物的和噪声的综合监测；在进行环境规划或环境评价时，如果由学生进行监测布点、设计监测方案、实施环境监测，对污染源进行调查和监测，再进行规划或评价，这样就需要设计一系列综合性实验，来完成数据的收集与处理。大综合是不同类的实验项目进行综合。例如，对一个污水处理工艺实验需要进行采样、监测、系统运行，而这样的一个过程需要化学分析、生物监测、数据处理等，还要对工艺运行参数进行大量的实验。因此，环境实验项目中没有完全独立存在的，都是相互联系、相互支持的。

综合实验可以使学生理论联系实际，培养学生观察问题、分析问题和解决问题的能力，提高学生综合运用知识的能力，提高动手和科研能力，增强学生创新能力和就业能力。综合实验课应该在专业课基本完成后进行，较大的综合实验题目，可以让学生结合毕业设计、毕业论文写作等进行。

第二节　实验教学目的

加深对环境化学、环境监测、环境工程、环境微生物学等课程所学理论知识的理解；掌握常用水质、大气、噪声等环境要素的监测方法；掌握常规采样仪器、分析仪器的原理及使用方法；了解各种指标的意义；掌握监测数据的处理方法；对各类污水处理系统进行操作、管理和维护，通过实验确定工艺参数。

通过工艺性和设计性实验，使学生了解如何进行实验方案的设计，并初步掌握环境实验研究方法和基本测试技术，运用工艺实验数据进行工程设计，为企业提供咨询和服务。掌握实验数据的整理、分析、处理技术，包括如何收集实验数据，如何正确地分析和归纳实验数据、运用实验成果验证已有的概念和理论等。

各分项实验的目的：

一、大气环境监测实验目的

对大气采样布点，设计采样方案，制订采样计划；了解便携式大气采样器的工作原理，仪器结构，操作规程，掌握采样器的使用方法；掌握二氧化硫、氮氧化物的实验室化学分析方法，掌握 TSP、PM_{10}、可沉降颗粒物的质量分析方法；提高现场工作能力和处理问题能力。

二、室内空气环境质量监测实验目的

根据室内气体采样检测规范，制订某建筑物采样方案；正确使用仪器对现场进行检测，采集室内样品，进行实验室内分析，正确书写检测报告。

三、噪声监测实验目的

对区域和交通噪声监测布点，制订噪声监测计划；掌握精密声级计的使用方法，各种声环境的监测方法；对各种噪声量进行计算，达到独立工作的目的。掌握对工业厂界、施工场界噪声监测的基本方法，运用噪声控制的理论和方法进行噪声控制实验。

四、水监测实验目的

对地面水体、地下水、污染源进行布点采样，正确理解和采用瞬时样、混合样、综合样进行样品的监测；掌握现场测试的基本方法，正确选择实验室分析方法；进行实验室质量控制，保证实验数据的准确；对数据进行分析与处理，正确剔除离群数据；提高动手能力和实验研究能力。

五、污水处理工艺实验目的

针对不同的污水以及出水水质的要求，选择适宜的处理技术与工艺；设计处理实验方案，制订实验研究计划；了解各种工艺的优缺点及不同的适用范围，所能达到的出水水质；加深对各种工艺的理论和方法的理解，了解各指标之间的关系及控

制方法；掌握污水处理过程中污染物去除的基本规律，以改进和提高现有的处理技术及设备，开发新的污水处理技术和设备，实现水处理设备的优化设计和优化控制，解决水处理技术开发中的放大问题；取得对污水处理装置运行、管理和维护的经验。

六、环境微生物学实验目的

掌握微生物实验的基本原理与方法，培养基的制备与灭菌操作，微生物接种、分离、纯化与培养；掌握微生物镜检技术；可以为污水、垃圾生物处理进行相关的实验研究。

第三节　实验教学要求

一、实验课前预习

为完成好每个实验，学生在课前必须认真阅读实验教材，清楚地了解实验项目的目的要求、实验原理和实验内容，写出简明的预习报告。预习报告包括：实验目的、实验方法、实验步骤、注意事项、可能出现的问题、预期结果和准备向老师提出的问题。准备好实验记录表格。实验之前要将预习报告提交给指导老师。

二、综合实验设计

对综合性的实验，实验设计是实验研究的重要环节，是获得理想实验结果的基本保障。在实验教学中，宜将此环节的训练放在部分实验项目完成后进行，使学生掌握实验设计的方法。

三、实验操作

学生实验前应仔细检查实验设备、仪器仪表是否完整齐全。实验时要严格按照操作规程认真操作，仔细观察实验现象，精心测定实验数据并详细填写实验记录。实验结束后，要将实验设备和仪器仪表恢复原状，将周围环境整理干净。学生应注意培养自己严谨的科学态度，养成良好的工作学习习惯。

四、实验数据处理

通过实验取得大量数据以后，必须对数据作科学的整理分析，去伪存真、去粗取精，以得到正确可靠的结论。

五、编写实验报告

将实验结果整理编写成一份实验报告，是实验教学必不可少的组成部分。这一环节的训练可为今后写好科学论文或科研报告打下基础。实验报告应独立完成，应包括下述内容：对实验目的和实验原理的认识、实验装置和方法、实验现象的观察与记录、实验数据处理、结果问题讨论与分析。

对于综合性实验或科研论文，最后还要列出参考文献。

对于分小组完成的实验项目，要提交小组实验报告。在实验过程中和全部实验结束后，由小组长主持全组总结、讨论、交流经验，完成小组实验报告。其内容应包括：实验计划、实验日志、观测记录、事故分析、失败原因、计划执行情况评估，对每个学生的评估、实验收获、技能提高等。小组实验报告是锻炼学生团队精神、合作意识，提高综合素质的一个重要而有效的教学环节。

第四节　实验教学考核

实验教学考核是对教学效果进行评估，保证教学质量，不断改革教学内容与方法的重要手段。也是对学生学习效果，知识掌握程度，能力和素质提高程度评估的重要教学环节。而实验课教学考核与其他理论课不同，应针对实验课教学内容、方法与规律，探索实验课的考核方法。其考核的内容应包括：

（1）对理论知识的应用能力。

（2）动手能力，对实验现象的观察能力，分析问题、解决问题的能力。

（3）工作态度、学习态度、团队合作精神，语言交流能力、提出问题能力。

（4）实验方法、实验结果表达是否正确，实验预习报告、实验报告的正确性、完整性。

对不同的实验课，单项实验课和综合实验课考核的方法、内容应有所不同。确定一个量化考核评分指标体系，便于更加客观公正地对实验课教学进行考核。

第一部分　环境样品采集

第一节　自然水体和污水样品的采集

为了能够真实反映自然水体、工业企业排放的废水、污水处理设施的进水和出水的质量，除了分析方法标准化和操作程序规范化之外，特别要注意水样的采集和保存。首先，采集的样品要能代表水体的质量。其次，采样后易发生变化的成分应在现场测定，带回实验室的样品，在测试之前要妥善保存，确保样品在保存期间不发生明显的物理、化学、生物变化。

采样的地点、时间和采样频率，应根据监测目的、水质的均一性、水质的变化、采样的难易程度、所采用的分析方法、有关的环境保护法规、条例、规范，以及人力、物力等因素综合考虑。

一、水样的分类

1. 综合水样

把从不同采样点同时采集的各个瞬时水样混合起来所得到的样品称做“综合水样”。综合水样在各点的采样时间虽然不能同步进行，但越接近越好，以便得到可以对比的资料。

综合水样是获得平均浓度的重要方式，有时需要把代表断面上的各点，或几个污水排放口的污水按相对比例流量混合，取其平均浓度。

什么情况下采综合水样，视水体的具体情况和采样目的而定。例如，为几条排污河渠建设综合处理厂，从各河道取单样分析就不如综合水样更为科学合理，因为各股污水的相互反应可能对设施的处理性能及其成分产生显著的影响。不可能对相互作用运用数学预测，取综合水样可能更科学、更准确的数据。相反，有些情况取单样更合理，如湖泊或水库在深度和水平方向常出现组分上的变化，这种情况下，大多数的平均值或总值的变化不显著，局部变化明显，综合水样不能反映空间上的变化规律。

2．瞬时水样

对于组成较稳定的水体，或水体的组成在相当长的时间和相当大的空间范围内变化不大，采瞬时样品具有很好的代表性。当水体的组成随时间发生变化，则要在适当时间间隔内进行瞬时采样，分别进行分析，测出水质的变化程度、频率和周期。当水体的组成发生空间变化时，就要在各个相应的部位采样。

3．混合水样

在大多数情况下，所谓混合水样是指在同一采样点上于不同时间所采集的瞬时样的混合样，有时用“时间混合样”的名称与其他混合样相区别。

时间混合样在观察平均浓度时非常有用。当不需要测定每个水样而只需要平均值时，混合水样能节省监测分析工作量，减少试剂等的消耗。混合水样不适用于测试成分在水样储存过程中发生明显变化的水样，如挥发酚、油类、硫化物等。

如果污染物在水中的分布随时间而变化，必须采集“流量比例混合样”，即按一定的流量采集适当比例的水样（例如每 10 t 采样 100 ml）混合而成。往往使用流量比例采样器完成水样的采集。

4．平均污水样

对于排放污水的企业而言，生产的周期性影响着排污的规律性。为了得到具有代表性的污水样（往往要求得到平均浓度），应根据排污情况进行周期性采样。不同的工厂、车间生产周期时间长短不相同，排污的周期性差别也很大。一般地说，应在一个或几个生产排放周期内，按一定的时间间隔分别采样。对于性质稳定的污染物，可对分别采集的样品进行混合后一次测定；对于不稳定的污染物可在分别采样、分别测定后取平均值为代表。

生产的周期性也影响污水的排放量，在排放量不稳定的情况下，可将一个排污口不同时间的污水样，依照流量的大小，按比例混合，可得到称之为平均比例混合的污水样。这是获得平均浓度最常采用的方法，有时需将几个排污口水样按比例混合，用以代表瞬时综合排污浓度。

5．其他水样

例如为监测洪水期或退水期的水质变化，调查水污染事故的影响等都必须采集相应的水样。

采集这类水样时，须根据污染物进入水系的位置和扩散方向布点并采样，一般采集瞬时水样。

二、地表水和地下水水样的采集

1．水样的类型

（1）表层水：在河流、湖泊可以直接汲水的场合，可用适当的容器如水桶采样。从桥上等地方采样时，可将系着绳子的聚乙烯桶或带有坠子的采样瓶投于水中汲水。要注意不能混入漂浮于水面上的物质。

（2）一定深度的水：在湖泊、水库等处采集一定深度的水时，可用直立式或有机玻璃采水器。这类装置是在下沉过程中，水就从采样器中流过。当达到预定的深度时，容器能够闭合而汲取水样。在河水流动缓慢的情况下，采用上述方法时，最好在采样器下系上适宜重量的坠子，当水深流急时要系上相应重的铅鱼，并配备绞车。

（3）泉水、井水：对于自喷的泉水，可在涌口处直接采样。采集不自喷泉水时，将停滞在抽水管的水汲出，新水更替之后，再进行采样。

从井水采集水样，必须在充分抽汲后进行，以保证水样能代表地下水水源。

（4）自来水或抽水设备中的水：采集这些水样时，应先放水数分钟，使积留在水管中的杂质及陈旧水排出，然后再取样。

采集水样前，应先用水样洗涤采样器容器、盛样瓶及塞子 2～3 次（油类除外）。

2．地表水采样的注意事项

（1）采样时不可搅动水底部的沉积物。

（2）采样时应保证采样点的位置准确。必要时使用定位仪（GPS）定位。

（3）认真填写“水质采样记录表”，用签字笔或硬质铅笔在现场记录，字迹应端正、清晰，项目完整。

（4）保证采样按时、准确、安全。

（5）采样结束前，应核对采样计划、记录与水样，如有错误或遗漏，应立即补采或重采。

（6）如采样现场水体均匀，无法采到有代表性样品，则应详细记录不均匀的情况和实际采样情况，供使用数据者参考，并将此现场情况向环境保护行政主管部门反映。

（7）测定油类的水样，应在水面至水下 300 mm 采集柱状水样，单独采样，全部用于测定。采样瓶（容器）不能用采集的水样冲洗。

（8）测溶解氧、生化需氧量和有机污染物等项目的水样，必须注满容器，不留空间，并用水封口。

（9）如果水样中含沉降性固体（如泥沙等），则应分离除去。分离方法为：将所采水样摇匀后倒入筒形玻璃容器（如 1～2 L 量筒），静置 30 min，将已不含沉降性固体但含有悬浮性固体的水样移入样品容器并加入保存剂。测定总悬浮物和油类的水样除外。

（10）测定 COD、高锰酸盐指数、叶绿素 a、总氮、总磷时的水样，静置 30 min 后，用吸管一次或几次移取水样，吸管进水尖嘴应插至水样表层 50 mm 以下位置，再加保存剂保存。

（11）测定油类、BOD_5、DO、硫化物、余氯、粪大肠菌群、悬浮物、放射性等项目要单独采样。

3. 水质采样记录

在地表水和污水监测技术规范要求的水质采样记录表中（表 1-1-2），一般包括采样现场描述与现场测定项目两部分内容，均应认真填写。

（1）水温：用经检定的温度计直接插入采样点测量。深水温度用电阻温度计或颠倒温度计测量。温度计应在测点放置 5～7 min，待测得水温恒定不变后读数。

（2）pH 值：用测量精度为 0.1 的 pH 计测定。测定前应清洗电极和校正仪器。

（3）DO：用膜电极法（注意防止膜上附着微小气泡）。

（4）透明度：用塞氏盘法测定。

（5）电导率：用电导率仪测定。

（6）氧化还原电位：用铂电极和甘汞电极以 mV 计或 pH 计测定。

（7）浊度：用目视比色法或浊度仪。

（8）水样感官指标的描述：

1）颜色：用相同的比色管，分取等体积的水样和蒸馏水作比较，进行定性描述。

2）水的气味（嗅）、水面有无油膜等均应作现场记录。

（9）水文参数：水文测量应按 GB 50179—93《河流流量测量规范》进行。潮汐河流各点位采样时，还应同时记录潮位。

（10）气象参数：气象参数有 气温、气压、风向、风速、相对湿度等。

三、污水样品的采集

1. 采样频次

（1）监督性监测：地方环境监测站对污染源的监督性监测每年不少于 1 次，如被国家或地方环境保护行政主管部门列为年度监测的重点排污单位，应增加到每年 2～4 次。因管理或执法的需要所进行的抽查性监测由各级环境保护行政主管部门确定。

（2）企业自控监测：工业污水按生产周期和生产特点确定监测频次。一般每个生产周期不得少于 3 次。

（3）对于污染治理、环境科研、污染源调查和评价等工作中的污水监测，其采样频次可以根据工作方案的要求另行确定。

（4）根据管理需要进行调查性监测，监测站事先应对污染源单位正常生产条件下的一个生产周期进行加密监测。周期在 8 h 以内的，1 h 采 1 次样；周期大于 8 h 的，每 2 h 采 1 次样，但每个生产周期采样次数不少于 3 次。采样的同时测定流量。根据加密监测结果，绘制污水污染物排放曲线（浓度—时间，流量—时间，总量—时间），并与所掌握资料对比，如基本一致，即可据此确定企业自行监测的采样频次。

（5）排污单位如有污水处理设施并能正常运行使污水稳定排放，则污染物排放曲线比较平稳，监督监测可以采瞬时样；对于排放曲线有明显变化的不稳定排放污水，要根据曲线情况分时间单元采样，再组成混合样品。正常情况下，混合样品的单元采样不得少于两次。如排放污水的流量、浓度甚至组分都有明显变化，则在各单位采样时的采样量应与当时的污水流量成比例，以使混合样品更有代表性。

2．污水采样方法

（1）污水的监测项目按照行业类型有不同要求：在分时间单元采集样品时，测定 pH、COD、BOD_5、DO、硫化物、油类、有机物、余氯、粪大肠菌群、悬浮物、放射性等项目的样品，不能混合，只能单独采样。

（2）不同监测项目要求：对不同的监测项目应选用的容器材质，加入的保存剂及其用量与保存期、应采集的水样体积和容器及其洗涤方法等见表 1-1-1。

（3）自动采样：自动采样用自动采样器进行，有时间等比例采样和按流量比例采样。当污水排放量较稳定时要采用时间等比例采样，否则必须按流量比例采样。

所用的自动采样器必须符合国家环保总局颁布的污水采样器技术要求。

（4）实际采样位置的设置：实际的采样位置应在采样断面的中心。当水深大于 1 m 时，应在表层下 1/4 深度处采样；水深小于或等于 1 m 时，在水深的 1/2 处采样。

3．注意事项

（1）用样品容器直接采样时，必须用水样冲洗 3 次后再行采样。但当水面有浮油时，采油的容器不能冲洗。

（2）采样时应注意除去水面的杂物、垃圾等漂浮物。

（3）用于测定悬浮物、BOD_5、硫化物、油类、余氯的水样，必须单独定容采样，全部用于测定。

（4）在选用特殊的专用采样（如油类采样器）时，应按照采样器的使用方法采样。

（5）采样时应认真填写“污水采样记录表”，表中应有以下内容：污染源名称、监测目的、监测项目、采样点位、采样时间、样品编号、污水性质、污水流量、采样人姓名及其他有关事项等。

（6）凡需现场监测的项目，应进行现场监测。其他注意事项可参见地表水质监测的采样部分。

4．污水采样时的流量测量

我国目前对 COD_{Cr}、石油类、Cr^{6+}、Pb、Cd、Hg、As 和氰化物实施排污总量控制，而流量测量是排污总量监测的关键。

（1）流量测量原则

1）污染源的污水排放渠道，在已知其“流量—时间”排放曲线波动较小，用瞬时流量代表平均流量所引起的误差可以允许时（小于 10%），则在某一时段内的任意时间测得的瞬时流量乘以该时段的时间即为该时段的流量。

2）如排放污水的“流量—时间”排放曲线虽有明显波动，但其波动有固定的规律，可以用该时段中几个等时间间隔的瞬时流量来计算出平均流量，则可定时进行瞬时流量测定，在计算出平均流量后再乘以时间得到流量。

3）如排放污水“流量—时间”排放曲线，既有明显波动又无规律可循，则必须连续测定流量，流量对时间的积分即为总流量。

（2）流量测量方法

1）污水流量计法：污水流量计的性能指标必须符合污水流量计技术要求。

2）其他测流量方法：

a．容积法：将污水纳入已知容量的容器中，测定其充满容器所需要的时间，从而计算污水量的方法。本法简单易行，测量精度较高，适用于计量污水量较小的连续或间歇排放的污水。但溢流口与受纳水体应有适当落差或能用导水管形成落差。

b．流速仪法：通过测量排污渠道的过水截面积，以流速仪测量污水流速计算污水量。适当地选用流速仪，可用于很宽范围的流量测量。多数用于渠道较宽的污水量测量。测量时需要根据渠道深度和宽度确定点位垂直测点数和水平测点数。本方法简单，但易受污水水质影响，难用于污水量的连续测定。排污截面底部需硬质平滑，截面形状为规则几何形，排污口处有不少于 3～5 m 的平直过流水段，且水位高度不小于 0.1 m。

c．量水槽法：在明渠或涵管内安装量水槽，测量其上游水位可以计量污水量。常用的有巴氏槽。用量水槽测量流量与溢流堰法相比，同样可以获得较高的精度（±2%～±5%）和进行连续自动测量。其优点为水头损失小、壅水高度小、底部冲刷力大，不易沉积杂物。但造价较高，施工要求也较高。

d．溢流堰法：是在固定形状的渠道上安装特定形状的开口堰板，过堰水头与流量有固定关系，据此测量污水流量。根据污水量大小可选择三角堰、矩形堰、梯形堰等。溢流堰法精度较高，在安装液位计后可实行连续自动测量。为进行连续自动测量液位，已有的传感器有浮子式、电容式、超声波和压力式等。

利用堰板测量流量，由于堰板的安装会造成一定的水头损失。另外，固体沉积物在堰前堆积或藻类等物质在堰板上黏附均会影响测量精度，必须经常清除。

在排放口处修建的明渠式测流段要符合流量堰（槽）的技术要求。

以上方法均可选用，但在选定方法时，应注意各自的测量范围和所需条件。在以上方法无法使用时，可用统计法。

3）如污水为管道排放，所使用的电磁式或其他类型的流量计应定期进行计量检定。

四、水样的保存与运输

1．水样的保存

（1）导致水质变化的因素：水样采集后，应尽快送到实验室分析。样品久放，受下列因素影响，某些组分的浓度可能会发生变化。

1）生物因素：微生物的代谢活动，如细菌、藻类和其他生物的作用可改变许多被测物的化学形态，它们可影响许多测定指标的浓度，主要反映在 pH、溶解氧、生化需氧量、CO_2、碱度、硬度、磷酸盐、硫酸盐、硝酸盐和某些有机化合物的浓度变化上。

2）化学因素：测定组分可能被氧化或还原，如六价铬在酸性条件下易被还原为三价铬，低价铁可氧化成高价铁，由于铁、锰等价态的改变，可导致某些沉淀与溶解、聚合物产生或解聚作用的发生。如多聚无机磷酸盐、聚硅酸盐等，所有这些，均能导致测定结果与水样实际情况不符。

3）物理因素：测定组分被吸附在容器壁上或悬浮颗粒物的表面上，如溶解的金属或胶状的金属，某些有机化合物以及某些易挥发组分的挥发损失。

（2）水样保存方法

1）冷藏或冷冻：样品在 4℃冷藏或将水样迅速冷冻，贮存于暗处，可以抑制生物活动，减缓物理挥发作用和化学反应速度。

冷藏是短期内保存样品的一种较好方法，对测定基本无影响。但需要注意冷藏保存也不能超过规定的保存期限，冷藏温度必须控制在 4℃左右。温度太低（例如≤0℃）因水样结冰体积膨胀，使玻璃容器破裂，或样品瓶盖被顶开失去密封，样品受玷污。温度太高则达不到冷藏目的。

2）加入化学保存剂：

a．控制溶液 pH 值：测定金属离子的水样常用硝酸酸化至 pH 1～2，既可以防止重金属的水解沉淀，又可以防止金属在器壁表面上的吸附，同时在 pH 1～2 的酸性介质中还能抑制生物的活动。用此法保存，大多数金属可稳定数周或数月。测定氰化物的水样需加氢氧化钠调至 pH 12。测定六价铬的水样应加氢氧化钠调至 pH 8，因在酸性介质中，六价铬的氧化电位高，易被还原。保存总铬的水样，则应加硝酸或硫酸至 pH 1～2。

b．加入抑制剂：为了抑制生物作用，可在样品中加入生物抑制剂。如在测氨氮、硝酸盐氮和 COD 的水样中，加氯化汞或加入三氯甲烷、甲苯做防护剂以抑制生物对亚硝酸盐、硝酸盐、铵盐的氧化还原作用。在测酚水样中用磷酸调溶液的 pH 值，加入硫酸铜以控制苯酚分解菌的活动。

c．加入氧化剂：水样中痕量汞易被还原，引起汞的挥发性损失，加入硝酸—重铬酸钾溶液可使汞维持在高氧化态，汞的稳定性大为改善。

d．加入还原剂：测定硫化物的水样，加入抗坏血酸对保存有利。含余氯水样，能氧化氰离子，可使酚类、烃类、苯系物氯化生成相应的衍生物，为此在采样时加入适量的硫代硫酸钠予以还原，除去余氯干扰。

样品保存剂如酸、碱或其他试剂在采样前应进行空白试验，其纯度和等级必须达到分析的要求。

（3）水样的保存条件：不同监测项目样品的保存条件见表 1-1-1。可作为水环境监测保存样品的一般条件。此外，由于地表水、废水（或污水）样品的成分不同，同样保存条件很难保证对不同类型样品中待测物都是可行的。因此，在采样前应根据样品的性质、组成和环境条件，要检验保存方法或选用的保存剂的可靠性。经研究表明，污水或受纳污水的地表水在测定重金属 Pb、Cd、Cu、Zn 等时，往往需加入酸达到 1%，才能保证重金属不沉淀或不被容器壁吸附。

表 1-1-1　水样的保存，采样体积及容器洗涤方法

项目	采样容器	保存剂用量	保存期	采样量①/ml	容器洗涤
浊度*	G.P.		12 h	250	I
色度*	G.P.		12 h	250	I
pH*	G.P.		12 h	250	I
电导*	G.P.		12 h	250	I
悬浮物**	G.P.		14 d	500	I
碱度**	G.P.		12 h	500	I
酸度**	G.P.		30 d	500	I
COD	G.	加 H_2SO_4，pH≤2	2 d	500	I
高锰酸盐指数	G.		2 d	500	I
DO*	溶解氧瓶	加入硫酸锰，碱性 KI 叠氮化钠溶液，现场固定	24 h	250	I
BOD_5**	溶解氧瓶		12 h	250	I
TOC	G.	加 H_2SO_4，pH≤2	7 d	250	I
F^-**	P		14 d	250	I
Cl^-**	G.P.		30 d	250	I
Br^-**	G.P.		14 h	250	I
L^-**	G.P.	NaOH，pH12	14 h	250	I
SO_4^{2-}**	G.P.		30 d	250	I
PO_4^{3-}	G.P.	NaOH，H_2SO_4 调 pH=7，$CHCl_3$ 0.5%	7 d	250	Ⅳ
总磷	G.P.	HCl，H_2SO_4，pH≤2	24 h	250	Ⅳ
氨氮	G.P.	H_2SO_4，pH≤2	24 h	250	I
NO_2—N**	G.P.		24 h	250	I
NO_3—N**	G.P.		24 h	250	I
凯氏氮**	G.			250	I
总氮	G.P.	H_2SO_4，pH≤2	7 d	250	I
硫化物	G.P.	1L 水样加 NaOH 至 pH9，加入 5%抗坏血酸 5 ml，饱和 EDTA3 ml，滴加饱和 $Zn(Ac)_2$，至胶体产生，常温避光	24 h	250	I

项目	采样容器	保存剂用量	保存期	采样量①/ml	容器洗涤
总氰	G.P.	NaOH，pH≥9	12 h	250	I
Be	G.P.	HNO_3，1 L 水样中加浓 $HNO_3$10 ml	14 d	250	III
B	P	HNO_3，1 L 水样中加浓 $HNO_3$10 ml	14 d	250	I
Na	P	HNO_3，1 L 水样中加浓 $HNO_3$10 ml	14 d	250	II
Mg	G.P.	HNO_3，1 L 水样中加浓 $HNO_3$10 ml	14 d	250	II
K	P.	HNO_3，1 L 水样中加浓 $HNO_3$10 ml	14 d	250	II
Ca	G.P.	HNO_3，1 L 水样中加浓 $HNO_3$10 ml	14 d	250	II
Cr^{6+}	G.P.	NaOH，pH=8	14 d	250	III
Mn	G.P.	HNO_3，1 L 水样中加浓 $HNO_3$10 ml	14 d	250	III
Fe	G.P.	HNO_3，1 L 水样中加浓 $HNO_3$10 ml	14 d	250	III
Ni	G.P.	HNO_3，1 L 水样中加浓 $HNO_3$10 ml	14 d	250	III
Cu	P	HNO_3，1 L 水样中加浓 $HNO_3$10 ml②	14 d	250	III
Zn	P	HNO_3，1 L 水样中加浓 $HNO_3$10 ml②	14 d	250	III
As	G.P.	HNO_3，1 L 水样中加浓 $HNO_3$10 ml，DDTC 法，HCl 2 ml	14 d	250	I
Se	G.P.	HCl，1 L 水样中加浓 HCl 2 ml	14 d	250	III
Ag	G.P.	HNO_3，1 L 水样中加浓 $HNO_3$10 ml	14 d	250	III
Cd	G.P.	HNO_3，1 L 水样中加浓 $HNO_3$10 ml②	14 d	250	III
Sb	G.P.	HCl，0.2%（氢化物法）	14 d	250	III
Hg	G.P.	HCl，1%如水样为中性，1 L 水样中加浓 HCl 10 ml	14 d	250	III
Pb	G.P.	$HNO_3$1%如水样为中性，1 L 水样中加浓 HNO_3 10 ml②	14 d	250	III
油类	G	加入 HCl 至 pH≤2	7 d	250	II
农药类**	G	加入抗坏血酸 0.01～0.02 g 除去残余氯	24 h	1 000	I
除草剂类**	G	（同上）	24 h	1 000	I
邻苯二甲酸酯类**	G	（同上）	24 h	1 000	I
挥发性有机物**	G	用 1+10 HCl 调至 pH≤2，加入 0.01～0.02 g 抗坏血酸除去残余氯	12 h	1 000	I
甲醛**	G	加入 0.2～0.5 g/L 硫代硫酸钠除去残余氯	24 h	250	I
酚类**	G	用 H_3PO_4 调至 pH≤2，用 0.01～0.02 g 抗坏血酸除去残余氯	24 h	1 000	I

项目	采样容器	保存剂用量	保存期	采样量①/ml	容器洗涤
阴离子表面活性剂	G.P.		24 h	250	Ⅳ
微生物**	G	加入硫代硫酸钠 0.2～0.5 g/L 除去残余氯，4 ℃保存	12 h	250	Ⅰ
生物**	G.P.	当不能现场测定时用甲醛固定	12 h	250	Ⅰ

注：1）*表示应尽量作现场测定；**低温（0~4 ℃）避光保存。

2）G 为硬质玻璃瓶；P 为聚乙烯瓶（桶）。

3）①为单项样品的最少采样量；

②如用溶出伏安法测定，可改用 1 L 水样加 19 ml 浓 $HClO_4$。

4）Ⅰ，Ⅱ，Ⅲ，Ⅳ表示四种洗涤方法，如下：

Ⅰ：洗涤剂洗 1 次，自来水 3 次，蒸馏水 1 次。对于采集微生物和生物的采样容器，须经 160 ℃干热灭菌 2 h。经灭菌的微生物和生物采样容器必须在两周内使用，否则应重新灭菌；经 121 ℃高压蒸汽灭菌 15 min 的采样容器，如不立即使用，应于 60 ℃将瓶内冷凝水烘干，两周内使用。细菌监测项目采样时不能用水样冲洗采样容器，不能采混合水样，应单独采样后 2 h 内送实验室分析。

Ⅱ：洗涤剂洗 1 次，自来水洗 2 次，1+3HNO_3荡洗 1 次，自来水洗 3 次，蒸馏水 1 次。

Ⅲ：洗涤剂洗 1 次，自来水洗 2 次，1+3HNO_3荡洗 1 次，自来水洗 3 次，去离子水 1 次。

Ⅳ：铬酸洗液洗 1 次，自来水洗 3 次，蒸馏水洗 1 次。如果采集污水样品可省去用蒸馏水、去离子水清洗的步骤。

2．水样的管理与运输

（1）水样的管理：样品是从各种水体及各类型水中取得的实物证据和资料，水样妥善而严格的管理是获得可靠监测数据的必要手段。

对需要现场测试的项目，如 pH 值、电导、温度、溶解氧、流量等应按表 1-1-2 记录，并妥善保管现场记录。

表 1-1-2　采样现场数据记录

现场数据记录					采样人员				
采样地点	样品编号	采样日期	时间		pH	温度	其他参量		
			采样开始	采样结束					

水样采集后，往往根据不同的分析要求，分装成数份，并分别加入保存剂。对每一份样品都应附一张完整的水样标签。水样标签的设计可以根据实际情况，一般包括：采样目的、监测点数目、位置、监测日期、时间、采样人员等。标签使用不褪色的墨水填写，并牢固地贴于盛装水样的容器外壁上。

（2）水样的运输和交接：水样采集后必须立即送回实验室，根据采样点的地理位置和每个项目分析前最长可保存的时间，先用适当的运输方式，在现场工作开始之前，就要安排好水样的运输工作，以防延误。

同一采样点的样品应装在同一包装箱内，如需分装在两个或几个箱子中时，则需在每个箱内放入相同的现场采样记录。运输前应检查现场采样记录上的所有水样是否全部装箱。要用红色笔在包装箱顶部和侧面标上“切勿倒置”的标记。

每个水样瓶均须贴上标签，内容有采样点位编号、采样日期和时间、测定项目、保存方法，并写明用何种保存剂。

在样品运输过程中应有押运人员，防止样品损坏或受玷污。移交实验室时，交接双方应一一核对样品，办妥交接手续，并在管理程序记录卡片（表 1-1-3）上签字。

污水样品的组成往往相当复杂，其稳定性通常比地表水样更差，应设法尽快测定。保存和运输方面的具体要求参照地表水样的有关规定和表 1-1-1 执行。

表 1-1-3　管理程序记录卡片

课题编号	课题名称						
	采样人员（签字）						
采样点编号	日期	时刻	混合样	定时样	采样点位置	样品容器编号	备注

转交人签字	日期	时刻	接收人签字	转交人签字	日期	时刻	接收人签字
转交人签字	日期	时刻	接收人签字	转交人签字	日期	时刻	接收人签字

第二节 大气样品的采集

一、采样点的布设

大气污染监测的目的：一是进行大气污染现状调查的环境监测，又称常规监测；二是了解污染影响的监测，简称污染源监测。

1．常规监测的布点

（1）功能区分布点：一个城市或一个区域可以按功能分为工业区、居民区、交通稠密区、商业繁华区、文化区、清洁区、对照区等，一般多数点布设在工业区，其次是交通稠密区，对照区至少设 1～2 个点，其他区可根据实际情况确定。功能区布点便于分析污染原因与环境质量的关系。

（2）方格坐标平均布点：这种布点适宜于平原城市或区域大气污染调查。每个方格为正方形，可先在地图上均匀描绘。实地面积视所测区域的大小和调查精度，一般为 1～9 km^2 设 1 方格，采样点在方格中央，也可设在方格的角上见图 1-2-1（a）。

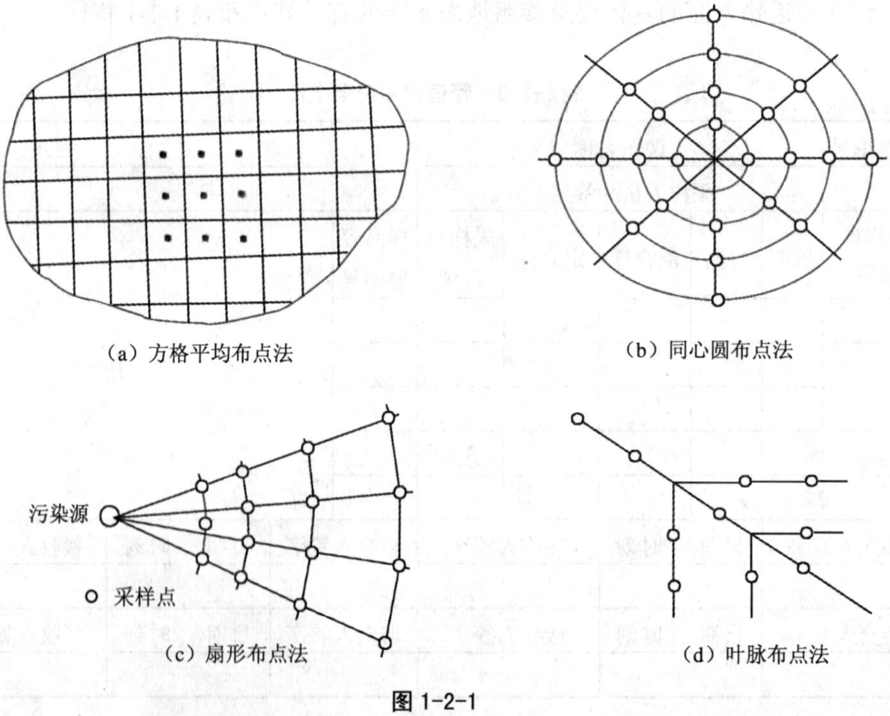

（a）方格平均布点法　（b）同心圆布点法

（c）扇形布点法　（d）叶脉布点法

图 1-2-1

常规监测的采样点一旦定下来后，就要相对稳定，一般不再改变地点。如要更换原来采样点，一定要有足够的对照实验，以求得新老点之间的显著性差异及相关系数，确保资料的可比性。

2．污染源监测的布点

污染源监测的布点一般有同心圆布点、扇形布点和叶脉布点。同心圆布点是以污染源为原点，呈小于 45° 夹角的射线上采样见图 1-2-1（b）。扇形布点是以污染源为顶点，在污染源下风方向半圆内划分小于 30° 夹角的射线上布点；在污染源上风向布设对照点见图 1-2-1（c）。叶脉形布点要严格选择主导风向与主方向一致，并在污染源上风向布设 1～2 个对照点见图 1-2-1（d）。

二、大气样品的采集

1．按空气污染防治要求，颗粒物的分类

（1）降尘：指大气中粒径大于 10 μm 的固体颗粒。降尘采样分短期（连续 1 周）采样和长期（连续 1 个月）采样。短期采样用培养皿或铝薄板。长期采样用集尘罐，它是一个直径大于 15 cm，高度为 30～40 cm 的玻璃、塑料或不锈钢圆筒。筒内装有滤膜（干法）或吸收溶液（湿法）。采样时把集尘罐放在 1.5 m 高的支架置于离地 5～15 m 高处，以收集降尘。

（2）总悬浮颗粒物（TSP）：用标准大容量颗粒采样器（流量为 1.1～1.7 m^3/min）或中流量采样器（流量为 0.05～0.15 m^3/min）在滤膜上所收集到的颗粒物的总量。其粒径大小，绝大多数在 100 μm 以下，其中多数在 10 μm 以下。它是分散在大气中的各种粒子的总称，也是目前大气质量评价中的一个通用的重要污染物指标。采样时采集器被放置在具有三角形盖子的方形金属筒中（图 1-2-2），玻璃纤维编织的滤纸上收集 TSP 的总量最好在 2～70 μg/m^3 之间。

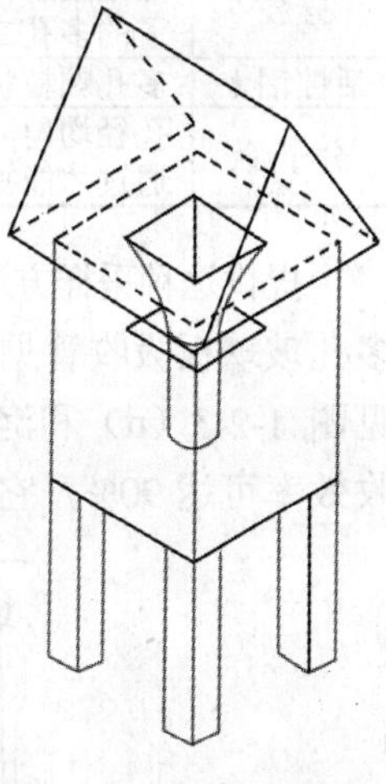

图 1-2-2　大流量采样器

（3）飘尘（IP）：指大气中粒径小于 10 μm 的颗粒物，它能在大气中长期悬浮而不沉降，并能随呼吸进入人体。飘尘通常使用带有 10 μm 以上的颗粒物切割器的大容量采集器来采集，一次采样时间一般为 24 h。

2．气体（气态、蒸汽污染物及雾态气溶胶）采样

（1）直接采样法：用容器（玻璃瓶、塑料袋、橡皮球胆、注射器等）直接采集含有污染物的空气。这类方法适用于大气中污染物浓度较高，且不易被固体吸附剂或液体吸收剂所吸附的气体。用此法测得结果为大气中污染物的瞬时浓度时短时间内的平均浓度。

（2）富集采样法：使大量空气通过固体吸附剂或液体吸收剂，以吸收阻留污染物，把原来大气中浓度较低的污染物富集起来。这类方法测得的结果是采样时间内

的平均浓度。按富集方法不同可分为固体吸附法和溶液吸收法。

1）固体吸附法。一些气体、液体或液体中溶解质吸附在固体物质的表面，属于这类固体物质的活性炭、硅胶、活性铝土和分子筛等。固体吸附剂的性能如表 1-2-1 所示。该法适宜于采集挥发性气体。

2）溶液吸收法。它是使空气样品以气泡形式通过溶液，以增加接触面积，采样效率由气泡大小、气泡通过溶液的时间或样品通过溶液的流量、溶液浓度、反应速度来决定。一般吸收液浓度大，气泡小，气泡通过溶液时间长都能使气体与溶液充分反应，提高采样效率。

表 1-2-1　各种吸附剂的性能

吸附剂	制备和性能	吸附气体种类
活性炭	由坚实材料（椰壳）烧制成炭，具有很高的吸附能力	醋酸、CO_2、苯、盐酸、氨、SO_2、四氯化碳、丙酮、乙醇、乙醛、氯仿、甲酸，在低温下还能吸附惰性气体
硅胶	由硅酸胶体溶液凝结而成，或者硬化了的多孔二氧化硅玻璃状体	硫化氢、SO_2 和水汽
活性铝土	多孔颗粒状吸附剂	通常与化学试剂同时起作用
分子筛	孔径均匀，一定大小的气体大小分子通过才能被吸收	CO_2、乙炔、SO_2

提供这种采样方法使用的吸收管有以下几种类型：普通气泡吸收管见图 1-2-3（a）、多孔玻璃板吸收管见图 1-2-3（b）、小型冲击式吸收管见图 1-2-3（c）、螺旋吸收管见图 1-2-3（d）和泡沫填充吸收管见图 1-2-3（e）。这些吸收管都具有较好的性能，收效率可达 90%，它们的性能如表 1-2-2 所示。

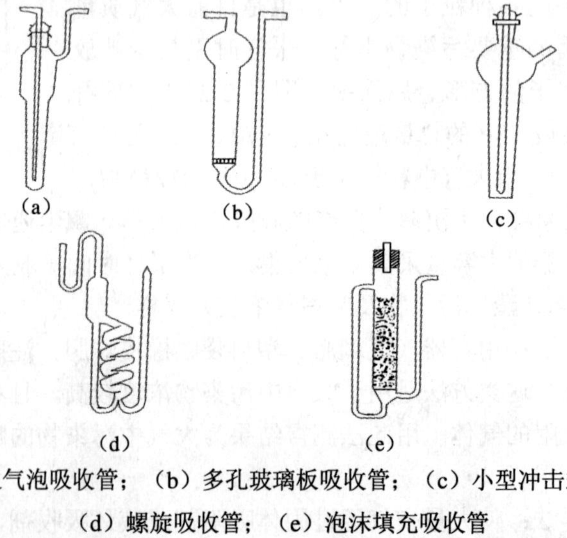

（a）普通气泡吸收管；（b）多孔玻璃板吸收管；（c）小型冲击式吸收管

（d）螺旋吸收管；（e）泡沫填充吸收管

图 1-2-3

表 1-2-2 几种常用吸收管性能

吸收管类型	吸收溶液体积/ml	采样流量/（L/min）	备 注
普通气泡吸收管	5～10	0.1～1	简单，气流接触时间短
多孔玻璃板吸收管	5～10	0.2～1	易使用，气流接触好
小型冲击式吸收管	5～10	1～3	流量大，阻力小，气液接触时间短
螺旋吸收管	5～10	0.05～0.5	低流量有效
泡沫填充吸收管	5～10	0.5～2	低流量效果好，阻力可变

对于空气分析来说，最好的吸收容器是多孔玻璃板吸收管，因为气体经过多孔玻璃板后形成很小的气泡，大大增加了气流接触面积，从而提高了吸收效果。

3．大气样品的保存

大气采样后，一般要求立即分析，否则应将样品收入 4 ℃的冰箱中保存。对吸收在采样管中的富集样品，封闭管口，在长时期内成分可保持不变。如用活性炭采集空气中苯蒸气，2 个月内含量稳定不变。近年来，此法已被视为标准管气体样品的制备、保存和传递的有效方法。

第二部分 大气环境监测实验

实验一 空气中二氧化硫（SO_2）监测

甲醛缓冲溶液吸收—盐酸副玫瑰苯胺分光光度法

一、实验目的

1．掌握大气采样器的使用方法。

2．用分光光度法测定 SO_2 的方法。

测定环境空气中 SO_2 的方法有甲醛缓冲溶液吸收—盐酸副玫瑰苯胺分光光度法（简称甲醛法）、四氯汞钾溶液吸收—盐酸副玫瑰苯胺分光光度法（简称四氯汞钾法）及定电位电解法。经国内 23 个实验室验证，甲醛法与四氯汞钾法的精密度、准确度、选择性和检出限相近，但甲醛法避免了使用毒性大的含汞吸收液，目前多被采用。定电位电解法简便、快速，重复性好，能进行连续监测，并且可与计算机联机进行数据处理与数据传输。

二、实验原理

SO_2 被甲醛缓冲溶液吸收后，生成稳定的羟基甲磺酸加成化合物。在样品溶液中加入氢氧化钠使加成化合物分解，释放出的 SO_2 与盐酸副玫瑰苯胺、甲醛作用，生成紫红色化合物，根据颜色深浅，用分光光度计在 577 nm 处进行测定。

本方法的主要干扰物为氮氧化物、臭氧及某些重金属元素。加入氨磺酸钠可消除氮氧化物的干扰；采样后放置一段时间可使臭氧自行分解；加入磷酸及环己二胺四乙酸二钠盐可以消除或减少某些金属离子的干扰。在 10 ml 样品中存在 50 μg 钙、镁、铁、镍、锰、铜等离子及 5 μg 二价锰离子时不干扰测定。

本方法适宜测定浓度范围为 0.003～1.07 mg/m³。最低检出限为 0.2 μg/10 ml（按 $2\sqrt{2}t_f \cdot S_{wb}$ 相对应的浓度值计）。当用 10 ml 吸收液采气样 10 L 时，最低检出浓度为

0.02 mg/m^3；当用 50 ml 吸收液，24 h 采气样 300 L 取出 10 ml 样品测定时，最低检出浓度为 0.003 mg/m^3。

三、实验仪器

1．空气采样器　用于短时间采样的空气采样器，流量范围 0～1 L/min；用于 24 h 连续采样的空气采样器应具有恒温、恒流、计时、自动控制仪器开关的功能，流量范围 0.2～0.3 L/min。

各类采样器均应定期在采样前进行气密性检查和流量校准。吸收瓶的阻力和吸收效率应满足相应的技术要求。

2．分光光度计　可见光波长范围为 380～780 nm。

3．多孔玻板吸收瓶　10 ml 的多孔玻板吸收瓶用于短时间采样；50 ml 的多孔玻板吸收瓶用于 24 h 连续采样。

4．恒温水浴器　广口冷藏瓶内放置圆形比色管架，插一支长约 150 mm，0～40 ℃的酒精温度计，其误差应不大于 0.5 ℃。

5．具塞比色管　10 ml。

四、实验试剂

1．试验用蒸馏水及其制备　水质应符合实验室用水质量二级水（或三级水）的指标。可用蒸馏、反渗透或离子交换方法制备。

2．环己二胺四乙酸二钠溶液 c（CDTA-2Na）＝0.050 mol/L　称取 1.82 g 反式-1，2-环己二胺四乙酸[（trans-1，2-Cyclohexylenedinitrilo）tetraacetic acid，CDTA]，加入 1.50 mol/L 的氢氧化钠溶液 6.5 ml，溶解后用水稀释至 100 ml。

3．甲醛缓冲吸收液贮备液　吸取 36%～38%的甲醛溶液 5.5 ml，0.050 mol/L 的 CDTA-2Na 溶液 20.0 ml；称取 2.04 g 邻苯二甲酸氢钾，溶解于少量水中；将 3 种溶液合并，用水稀释至 100 ml，贮于冰箱，可保存 10 个月。

4．甲醛缓冲吸收液：用水将甲醛缓冲吸收液贮备液稀释 100 倍而成，此吸收液每毫升含 0.2 mg 甲醛，临用现配。

5．氢氧化钠溶液 c（NaOH）＝1.50 mol/L。

6．0.60%（m/V）氨磺酸钠溶液　称取 0.60 g 氨磺酸（H_2NSO_3H）于烧杯中，加入 1.50 mol/L 氢氧化钠溶液 4.0 ml，搅拌至完全溶解后稀释至 100 ml，摇匀。此溶液密封保存可使用 10 d。

7．碘贮备液 c（$1/2I_2$）＝0.10 mol/L　称取 12.7 g 碘（I_2）于烧杯中，加入 40 g 碘化钾和 25 ml 水，搅拌至完全溶解后，用水稀释至 1 000 ml，贮于棕色细口瓶中。

8．碘使用液 c（$1/2I_2$）＝0.05 mol/L　量取碘贮备液 250 ml，用水稀释至 500 ml，

贮于棕色细口瓶中。

9．0.5%（m/V）淀粉溶液　称取 0.5 g 可溶性淀粉，用少量水调成糊状，慢慢倒入 100 ml 沸水中，继续煮沸至溶液澄清，冷却后贮于试剂瓶中，临用现配。

10．碘酸钾标准溶液 c（$1/6KIO_3$）＝0.100 0 mol/L：称取 3.566 7 g 碘酸钾（KIO_3，优级纯，经 110 ℃干燥 2 h）溶解于水，移入 1 000 ml 容量瓶中，用水稀释至标线，摇匀。

11．盐酸溶液（1+9）。

12．硫代硫酸钠贮备液 c（$Na_2S_2O_3$）＝0.10 mol/L　称取 25.0 g 硫代硫酸钠（$Na_2S_2O_3 \cdot 5H_2O$），溶解于 1 000 ml 新煮沸并已冷却的水中，加入 0.20 g 无水碳酸钠（Na_2CO_3），贮于棕色细口瓶中，放置一周后备用。如溶液呈现浑浊，必须过滤。

13．硫代硫酸钠标准溶液 c（$Na_2S_2O_3$）＝0.05 mol/L　取 250.0 ml 硫代硫酸钠贮备液，置于 500 ml 容量瓶中，用新煮沸并已冷却的水稀释至标线，摇匀。

标定方法：吸取 3 份 0.100 00 mol/L 碘酸钾标准溶液 10.00 ml 分别置于 250 ml 碘量瓶中，加入 70 ml 新煮沸并已冷却的水，加入 1 g 碘化钾，摇匀至完全溶解后，加入（1+9）盐酸溶液 10 ml，立即盖好瓶塞，摇匀。于暗处放置 5 min 后，用硫代硫酸钠标准溶液滴定溶液至浅黄色，加入 2 ml 淀粉溶液，继续滴定溶液至蓝色刚好褪去为终点。硫代硫酸钠标准溶液的浓度按下式计算：

$$c=\frac{0.100\,0\times 10.00}{V} \tag{2-1-1}$$

式中：c——硫代硫酸钠标准溶液的浓度，mol/L；

V——滴定所消耗硫代硫酸钠标准溶液的体积，ml。

14．0.05%（m/V）乙二胺四乙酸二钠盐（Na_2EDTA）溶液　称取 0.25 g Na_2EDTA（$C_{10}H_{14}N_2O_8Na_2 \cdot 2H_2O$），溶解于 500 ml 新煮沸但已冷却的水中，临用现配。

15．SO_2 标准溶液　称取 0.200 g 亚硫酸钠（Na_2SO_3），溶解于 200 ml Na_2EDTA 溶液中，缓缓摇匀以防充氧，使其溶解。放置 2～3 h 后标定。此溶液每毫升相当于 320～400 μg SO_2。

标定方法：吸取 3 份 20.00 ml SO_2 标准溶液，分别置于 250 ml 碘量瓶中，加入 50 ml 新煮沸但已冷却的水、20.00 ml 碘使用液及 1 ml 冰乙酸，盖塞，摇匀。于暗处放置 5 min 后，用硫代硫酸钠标准溶液滴定溶液至浅黄色，加入 2 ml 淀粉溶液，继续滴定至溶液蓝色刚好褪去为终点。记录滴定硫代硫酸钠标准溶液的体积 V。

另取 3 份 Na_2EDTA 溶液 20.00 ml，用同法进行空白试验。记录滴定硫代硫酸钠标准溶液的体积 V_0。

平行样滴定所耗硫代硫酸钠体积之差不应大于 0.04 ml，取其平均值。SO_2 标准溶液的浓度按下式计算：

$$c=\frac{(V_0-V)\times c(Na_2S_2O_3)\times 32.02}{20.00}\times 1\,000 \quad (2\text{-}1\text{-}2)$$

式中：c——SO_2 标准溶液的浓度，μg/ml；

V_0——空白滴定所耗硫代硫酸钠标准溶液的体积，m1；

V——SO_2 标准溶液滴定所耗硫代硫酸钠标准溶液的体积，ml；

c（$Na_2S_2O_3$）——硫代硫酸钠标准溶液的浓度，mol/L；

32.02——SO_2（1/2）的摩尔质量。

在标定出准确浓度后，立即用甲醛缓冲吸收液稀释为每毫升含 10.00 μg SO_2 的标准溶液。临用时再用此吸收液稀释为每毫升含 1.00 μg SO_2 的标准使用溶液。此溶液在冰箱中 5 ℃保存，可稳定 1 个月。

16．0.20%（m/V）盐酸副玫瑰苯胺（pararosaniline 简称 PRA，即副品红、对晶红）贮备液。

17．0.05%（m/V）盐酸副玫瑰苯胺使用溶液　吸取 0.20% PRA 贮备液 25.00 ml 于 100 ml 容量瓶中，加入 85%的浓磷酸 30 ml、浓盐酸 12 ml，用水稀释至标线，摇匀。放置过夜后使用，避光密封保存。

五、采样

1．短时间采样　根据环境空气中 SO_2 浓度的高低，采用内装 10 ml 吸收液的 U 型玻板吸收瓶，以 0.5 L/min 的流量采样，采样时吸收液温度应保持在 23～29 ℃范围内。

2．24 h 连续采样　用内装 50 ml 吸收液的多孔玻板吸收瓶，以 0.2～0.3 L/min 的流量连续采样 24 h，采样时吸收液温度应保持在 23～29 ℃范围内。

放置在室（亭）内的 24 h 连续采样器，进气口应连接符合要求的空气质量采样管路系统，以减少 SO_2 气样进入吸收管前的损失。

样品的采集、运输和贮存的过程中应避光。当气温高于 30 ℃时，采样后如不能当天测定，可以将样品溶液贮于冰箱。

六、化学分析步骤

1．标准曲线的绘制

取 14 支 10 ml 具塞比色管，分 A、B 两组，每组 7 支，分别对应编号，A 组按表 2-1-1 配制标准系列。

表 2-1-1 SO_2标准系列

管　号	0	1	2	3	4	5	6
SO_2标准使用液/ml	0	0.50	1.00	2.00	5.00	8.00	10.00
甲醛缓冲吸收液/ml	10.00	9.50	9.00	8.00	5.00	2.00	0
SO_2含量/μg	0	0.50	1.00	2.00	5.00	8.00	10.00

B 组各管加入 0.05% PRA 使用溶液 1.00 ml，A 组各管分别加入 0.60%氨磺酸钠溶液 0.5 ml 和 1.50 mol/L 氢氧化钠溶液 0.5 ml，混匀。再逐管迅速将溶液全部倒入对应编号并装 PRA 使用溶液的 B 管中，立即具塞摇匀后放入恒温水浴中显色。显色温度与室温之差应不超过 3 ℃，根据不同季节和环境条件按表 2-1-2 选择显色温度与显色时间。

表 2-1-2 SO_2显色温度与时间对照表

显色温度/℃	10	15	20	25	30
显色时间/min	40	25	20	15	5
稳定时间/min	35	25	20	15	10
试剂空白吸光度（A_0）	0.030	0.035	0.040	0.050	0.060

在波长 577 nm 处，用 1 cm 比色皿，以水为参比，测定吸光度。

用最小二乘法计算标准曲线的回归方程式：

$$y = bx + a \tag{2-1-3}$$

式中：y——标准溶液吸光度 A 与试剂空白吸光度 A_0 之差（$A-A_0$）；

x——SO_2 含量，μg；

b——回归方程式的斜率，A/μg・SO_2/12ml；

a——回归方程式的截距（一般要求小于 0.005）。

本方法标准曲线斜率为 0.044±0.002。试剂空白吸光度 A_0 在显色规定条件下波动范围不超过±15%。正确掌握其显色温度、显色时间，特别在 25～30 ℃条件下，严格控制反应条件是实验成败的关键。

2．样品测定

所采集的环境空气样品溶液中如有浑浊物，则应离心分离除去。样品放置 20 min，以使臭氧分解。

（1）短时间采样：将吸收管中样品溶液全部移入 10 ml 比色管中，用少量甲醛缓冲吸收液洗涤吸收管，倒入比色管中，并用吸收液稀释至 10 ml 标线。加入 0.60%

氨磺酸钠溶液 0.50 ml，摇匀。放置 10 min 以除去氮氧化物的干扰，加入 1.5 mol/L 的氢氧化钠溶液，混匀，以下步骤同标准曲线的绘制。

（2）连续 24 h 采样：将吸收瓶中样品溶液移入 50 ml 比色管（或容量瓶）中，用少量甲醛缓冲吸收液洗涤吸收瓶，洗涤液并入样品溶液中，再用吸收液稀释至标线。吸取适量样品溶液（视浓度高低而决定取 2～10 ml）于 10 ml 比色管中，再用吸收液稀释至标线，加入 0.60%氨磺酸钠溶液 0.50 ml，混匀。放置 10 min 以除去氮氧化物的干扰，加入 1.5 mol/L 的氢氧化钠溶液，混匀，以下步骤同标准曲线的绘制。

七、计算

$$二氧化硫(SO_2,\ mg/m^3)=\frac{A-A_0}{V_s\cdot b}\times\frac{V_t}{V_a} \qquad (2\text{-}1\text{-}4)$$

式中：A——样品溶液的吸光度；

A_0——试剂空白溶液的吸光度；

b——回归方程的斜率，A/μg·SO_2/12 ml；

V_t——样品溶液总体积，m1；

V_a——测定时所取样品溶液体积，m1；

V_s——换算成标准状况下（0 ℃，101.325 kPa）的采样体积，L。

SO_2 浓度计算结果应精确到小数点后第三位。

八、注意事项

1．环境空气样品采样时吸收液温度应保持在 23～29℃。此温度范围 SO_2 吸收效率为 100%，10～15℃时吸收效率比 23～29 ℃时低 5%，高于 33℃及低于 9℃时，比 23～29℃时吸收效率低 10%。

2．进行 24 h 连续采样时，进气口为倒置的玻璃或聚乙烯漏斗，以防止雨雪进入。漏斗不要紧靠近采气管管口，以免吸入部分从监测亭排出的气体。若监测亭内温度高于气温，采气管形成“烟囱”，排出的气体中包括从采样泵排出的气体，会使测定结果偏低。

SO_2 气体易溶于水，空气中水蒸气冷凝在进气导管管壁上，会吸附、溶解 SO_2，使测定结果偏低。进气导管内壁应光滑，吸附性小，应采用聚四氟乙烯管。为避光，导气管外可用绝缘材料（例如蛇形塑料管）保护。进气口与吸收瓶间的导气管应尽量短，最长不得超过 6 m。导气管自上而下连接吸收瓶管口，安装中不可弯曲打结，以免积水。导气管与吸收瓶接连处采用导管内插外套法连接，即将聚四氟乙烯管插入吸收瓶进气口内，用聚四氟乙烯生胶带缠好，接口处再套一小段乳胶管，不得用乳胶管直接连接。

导气管应定期清洗，以除去尘埃及雾滴。每个采样点宜配备两根导气管交替使用。导气管使用前用（1+4）盐酸溶液、水、乙醇依次冲洗，通清洁、干燥空气吹干备用。清洗周期视当地空气含尘量及相对湿度而定。

采气管上端装一防护罩，以防雨雪和粗大尘粒随空气一起被吸入。采气管不得有急转弯或呈直角、锐角的弯曲，并尽可能短。其结构应便于管道的清洗，每年至少清洗1～3次。

3．多孔玻板吸收瓶（管）的阻力应为6.0 kPa±0.6 kPa（45 mmHg±5 mmHg）。要求玻板2/3面积上发泡微细而且均匀，边缘无气泡逸出（若玻板与管壁连接处未封闭完全，边缘处会逸出大气泡）。

4．采样时应注意检查采样系统的气密性、流量、恒温温度，及时更换干燥剂及限流孔前的过滤膜，用皂膜流量计校准流量，做好采样记录。

5．显色温度、显色时间的选择及操作时间的掌握是本实验成败的关键。应根据实验室条件、不同季节的室温选择适宜的显色温度及时间。操作中严格控制各反应条件。当在25～30 ℃显色时，不要超过颜色的稳定时间，以免测定结果偏低。

6．显色反应须在酸性溶液中进行，应将含样品（或标准）溶液、吸收液的A组管溶液迅速倒入装有强酸性的PRA使用液的B组管中，使混合液在瞬间呈酸性，以利反应的进行，倒完控干片刻，以免影响测定的精密度。

7．在分析环境空气样品时，PRA溶液的纯度对试剂空白液的吸光度影响很大。用本法提纯PRA，试剂空白值显著下降。可使用精制的商品PRA试剂。

8．氢氧化钠固体试剂及溶液易吸收空气中 SO_2，使试剂空白值升高，应密封保存。显色用各试剂溶液配制后最好分装成小瓶使用，操作中注意保持各溶液的纯净，防止"交叉污染"。

9．因六价铬能使紫红色化合物褪色，使测定结果偏低，故应避免用硫酸一铬酸洗液洗涤玻璃仪器。若已洗，可用（1+1）盐酸溶液浸泡1 h后，用水充分洗涤，烘干备用。

10．用过的比色皿及比色管应及时用酸洗涤，否则红色难于洗净。具塞比色管用（1+1）盐酸溶液洗涤，比色皿用（1+4）盐酸溶液加1/3体积乙醇的混合液洗涤。

11．本方法测定环境空气中 SO_2 的标准曲线，线性很好，通过坐标原点，在低浓度的曲线下端未见明显弯曲（即无拐点）。为此，当 $y=A-A_0$ 计算时，零点（0，0）应参加回归计算，即 $n=7$。

理论上回归线应通过坐标原点，即截距a等于零，在实际操作中由于存在随机误差，一般情况下截距 a 不等于零。各测点，尤其是高浓度测点的波动，影响曲线的走向，使之偏离坐标原点。

当 $|a|<0.003$ 时，a 值可作零处理，回归方程式 $y=bx+a$ 可简化为 $y=bx$，采用通过原点、与回归线平行的直线来估算测定结果。这样计算方法简单，可不必建立

无截距经验方程式，但测定结果较用回归方程式计算时略微偏高（当 a 为正值时）或偏低（当 a 为负值时），影响很小，可以忽略。

一般情况下，本方法标准曲线的剩余标准差为 0.002～0.007，对应的相关系数 r 为 0.999 9～0.999。在这种情况下，当 $0.003 \leqslant |a| \leqslant 0.008$ 时，截距 a 也可以作零处理，但应建立无截距经验方程式：$y=b'x$，其中 $b'=\bar{y}/\bar{x}$，相当于通过原点与均值点（$\bar{x},\bar{y}$）作一条与回归线相交的直线。从原点（0，0）到均值点（$\bar{x},\bar{y}$）一段直线，适合用于估算低浓度样品的测定结果，取 b' 的倒数为样品测定的校正因子 B_s'，用于样品溶液吸光度低于均值点吸光度（$\bar{y}+A_0$，为 0.18～0.20）的情况，计算方法简单，样品溶液吸光度低时不致出现负值结果。当样品溶液吸光度高于均值点吸光度时，仍以采用回归方程式 $y=bx+a$ 估算测定结果为宜，即 $x=[(A-A_0)-a]/b$。

12．精密度和准确度：10 个实验室对浓度为 0.101 μg/m1 和 0.515 μg/m1 的 SO_2 统一样品进行了浓度测定。

精密度：重复性相对标准偏差，分别小于 3.5%和 1.4%；

再现性相对标准偏差，分别小于 6.2%和 3.8%。

准确度：实际样品加标回收率，105 个样品浓度在 0.01～0.170 μg/ml 的实际样品的加标回收率为 96.8%～108.2%。

九、思考题

1．影响测定误差的主要因素有哪些？应如何减少误差？

2．在北方什么季节空气污染较重？一天当中什么时间污染最重？

3．测定一次结果能否代表日平均浓度？假如你测定的结果是日平均浓度，达到哪一级大气质量标准？

实验二　空气中氮氧化物（NO_x）监测

盐酸萘乙二胺分光光度法

一、实验目的

1．掌握大气采样器的使用方法。

2．用分光光度法测定 NO_x 的方法。

二、实验原理

空气中的 NO_2，与串联的第一支吸收瓶中的吸收液反应生成粉红色偶氮染料。空气中的 NO 不与吸收液反应，通过酸性高锰酸钾溶液氧化管被氧化为 NO_2 后，与串联的第二支吸收瓶中的吸收液反应生成粉红色偶氮染料。于波长 540 nm 处分别测定第一支和第二支吸收瓶中样品的吸光度。

空气中臭氧浓度超过 0.250 mg/m^3 时，对 NO_x 的测定产生负干扰，采样时在吸收瓶入口端串联一段 15～20 cm 长的硅橡胶管，排除干扰。

方法检出限为 0.12 μg/10ml。当吸收液体积为 10 ml，采样体积为 24 L 时，氮氧化物（以 NO_2 计）的最低检出浓度为 0.005 mg/m^3。

三、实验仪器

1．采样导管：硼硅玻璃、不锈钢、聚四氟乙烯或硅橡胶管，内径约为 6 mm，尽可能短一些，任何情况下不得长于 2 cm，配有向下的空气入口。

2．吸收瓶：内装 10 ml、25 ml 或 50 ml 吸收液的多孔玻板吸收瓶，液柱不低于 80 mm。图 2-2-1 示出了较为适用的两种多孔玻板吸收瓶。

3．氧化瓶：内装 5～10 ml 或 50 ml 酸性高锰酸钾溶液的洗气瓶，液柱不得低于 80 mm。使用后，用盐酸羟胺溶液浸泡洗涤。图 2-2-2 示出了较为适用的两种氧化瓶。

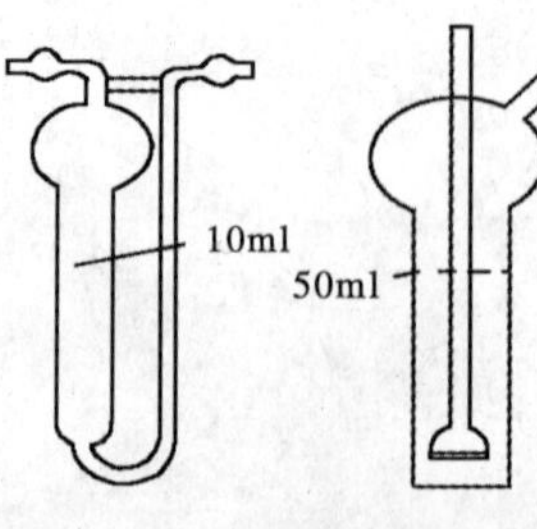

图 2-2-1　多孔玻板吸收瓶示意图

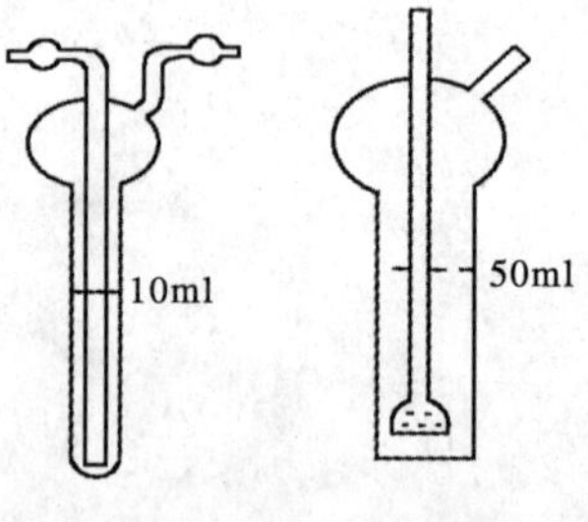

图 2-2-2　氧化瓶示意图

4．空气采样器

（1）便携式空气采样器：流量范围 0～1 L/min。采气流量为 0.4 L/min 时，误差小于±5%。

（2）恒温自动连续采样器：采气流量为 0.2 L/min 时，误差小于±5%。能将吸收液恒温在 20 ℃±4 ℃。当采样结束时，能够自动关闭干燥瓶和流量计之间的电磁阀。

5．分光光度计。

四、实验试剂

除非另有说明，分析时均使用符合国家标准的分析纯试剂和无亚硝酸根的蒸馏水或同等纯度的水，必要时可在全玻璃蒸馏器中加少量高锰酸钾和氢氧化钡重新蒸馏（每升蒸馏水或去离子水中加 0.5 g 高锰酸钾和 0.5 g 氢氧化钡）。

1．1.00 g/L 盐酸萘乙二胺贮备液　称取 0.50 g（N-1-萘基）乙二胺盐酸盐 [$C_{10}H_7NH(CH_2)NH_2 \cdot 2HCl$]于 500 ml 容量瓶中，用水稀释至标线。此溶液贮于密闭的棕色试剂瓶中，在冰箱中冷藏可稳定 3 个月。

2．显色液　称取 5.0 g 对氨基苯磺酸（$NH_2C_6H_4SO_3H$），溶解于约 200 ml 热水中，将溶液冷却至室温，全部移入 1 000 ml 容量瓶中，加入 50.0 ml 盐酸萘乙二胺贮备液和 50 ml 冰乙酸，用水稀释至标线。此溶液于密闭的棕色瓶中，在 25 ℃以下暗处存放，可稳定 3 个月。若呈现淡红色，应弃之重配。

3．吸收液　临用时将显色液和水按 4+1（*V*/*V*）体积混合，即为吸收液。吸收液的吸光度不超过 0.005（540 nm，1 cm 比色皿，以水为参比）。否则，应检查水、试剂纯度或显色液的配制时间和贮存方法。

4．亚硝酸钠标准贮备液　准确称取 0.375 0 g 亚硝酸钠（$NaNO_2$，优级纯，预先在干燥器内放置 24 h）溶解于水，移入 1 000 ml 容量瓶中，用水稀释至标线。贮于密闭的棕色试剂瓶中，可稳定 3 个月。此溶液每毫升含 0.250 mg 亚硝酸根。

5．亚硝酸钠标准使用液　吸取亚硝酸钠标准贮备液 1.00 ml 于 100 ml 容量瓶中，用水稀释至标线，临用前现配。此溶液每毫升含 2.5 μg 亚硝酸根。

6．硫酸溶液 c（$1/2H_2SO_4$）=1 mol/L　取 15 ml 硫酸（ρ=1.84 g/ml）徐徐加入 500 ml 水中。

7．酸性高锰酸钾溶液　称取 25 g 高锰酸钾，稍微加热使其全部溶解于 500 ml 水中，然后加入 1 mol/L 硫酸溶液 500 ml，混匀，贮于棕色试剂瓶中。

8．盐酸羟胺溶液　0.2～0.5 g/L。

五、样品采集

1．短时间采样（1 h 以内）　取两支内装 10.0 ml 吸收液的多孔玻板吸收瓶和一支内装 5～10 ml 酸性高锰酸钾溶液的氧化瓶（液柱不低于 80 mm），用尽量短的硅橡胶管将氧化瓶串联在两支吸收瓶之间（图 2-2-3），以 0.4 L/min 流量采气 4～24 L。

2．长时间采样（24 h 以内） 取两支大型多孔玻板吸收瓶，装入 25.0 ml 或 50.0 ml 吸收液（液柱不低于 80 mm），标记吸收液液面位置，再取一支内装 50.0 ml 酸性高锰酸钾溶液的氧化瓶，如图 2-2-4 所示接入采样系统，将吸收液恒温在 20 ℃±4 ℃，以 0.2 L/min 流量采气 288 L。

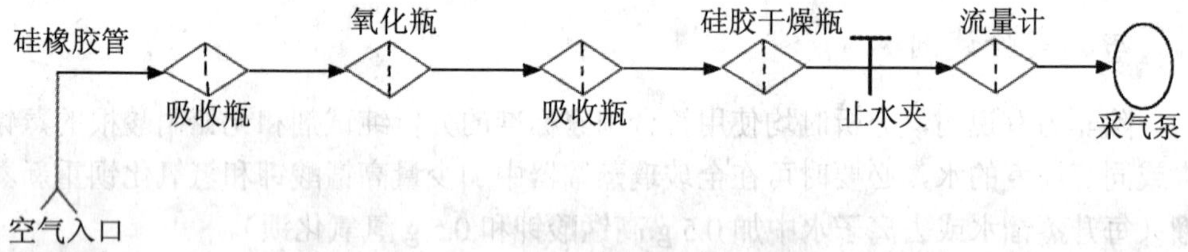

图 2-2-3 NO_x 手工采样系统示意图

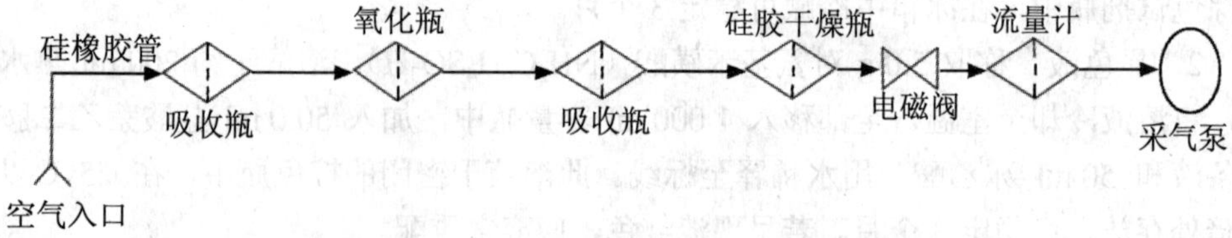

图 2-2-4 NO_x 连续自动采样系统示意图

一般情况下，内装 50.0 ml 酸性高锰酸钾溶液的氧化瓶可连续使用 7～10 d。但当氧化瓶中有明显的沉淀物析出时，应及时更换。

采样期间、样品运输和存放过程中应避免阳光照射。气温超过 24 ℃时，长时间（8 h 以上）运输和存放样品应采取降温措施。

采样结束时，为防止溶液倒吸，应在采样泵停止抽气的同时，闭合连接在采样系统中的止水夹或电磁阀（图 2-2-3 或图 2-2-4）。

六、化学分析步骤

1．标准曲线的绘制

取 6 支 10 ml 具塞比色管，按表 2-2-1 配制亚硝酸钠标准系列。

各管混匀，于暗处放置 20 min（室温低于 20 ℃时，显色 40 min 以上），用 1 cm 比色皿，在波长 540 nm 处，以水为参比测定吸光度。扣除空白试样的吸光度以后，对应 NO_2^- 的浓度（μg/ml），用最小二乘法计算标准曲线的回归方程。

表 2-2-1 亚硝酸钠标准系列

管　号	0	1	2	3	4	5
亚硝酸钠标准使用液/ml	0	0.40	0.80	1.20	1.60	2.00
水/ml	2.00	1.60	1.20	0.80	0.40	0
显色液/ml	8.00	8.00	8.00	8.00	8.00	8.00
亚硝酸根含量/(μg)	0	0.10	0.20	0.30	0.40	0.50

2．样品测定

采样后放置 20 min（室温 20 ℃以下放置 40 min 以上），用水将采样瓶中吸收液的体积补至标线，混匀，按绘制标准曲线步骤测定样品的吸光度。

若样品的吸光度超过标准曲线的上限，应用空白试样溶液稀释，再测定其吸光度。

采样后应尽快测定样品的吸光度，若不能及时测定，应将样品于低温暗处存放。样品于 30 ℃暗处存放可稳定 8 h；于 20 ℃暗处存放可稳定 24 h；于 0～4 ℃冷藏至少可稳定 3 d。

3．空白试样的测定

空白、样品和标准曲线应用同一批吸收液。

七、计算

$$\rho_{NO_2}(\text{以}NO_2\text{计，mg/m}^3)=\frac{(A_1-A_0-a)\times V\cdot D}{b\cdot f\cdot V_0} \quad (2\text{-}2\text{-}1)$$

$$\rho_{NO}(\text{以}NO_2\text{计，mg/m}^3)=\frac{(A_2-A_0-a)\times V\cdot D}{b\cdot f\cdot k\cdot V_0} \quad (2\text{-}2\text{-}2)$$

$$NO_x(\text{以}NO_2\text{计, mg/m}^3)=\rho_{NO_2}+\rho_{NO} \quad (2\text{-}2\text{-}3)$$

式中：ρ_{NO_2}——空气中 NO_2 的质量浓度，mg/m³；

ρ_{NO}——空气中 NO 的质量浓度，以 NO_2 计，mg/m³；

A_1、A_2——分别为串联的第一支吸收瓶和第二支吸收瓶中样品溶液的吸光度；

A_0——试样空白溶液的吸光度；

b、a——标准曲线的斜率（吸光度·ml/μg）和截距；

V——采样用吸收液体积，ml；

V_0——换算为标准状态（0 ℃、101.325 kPa）下的采样体积，L；

k——NO 氧化为 NO_2 的氧化系数，0.68；

D——样品的稀释倍数；

f——Saltzman 实验系数，0.88（当空气中 NO_2 浓度高于 0.72 mg/m^3 时，f 值为 0.77）。

八、注意事项

1．测定 NO_2 标准气体的精密度和准确度　五个实验室测定浓度范围在 0.056～0.396 mg/m^3 的 NO_2 标准气体，重复性变异系数小于 10%，相对误差小于±8%。

2．测定 NO 标准气体的精密度和准确度　测定浓度范围在 0.057～0.396 mg/m^3 的 NO 标准气体，重复性变异系数小于 10%，相对误差小于±10%。

3．Saltzman 实验系数（f）　用渗透法制备的 NO_2 校准用混合气体，在采气过程中被吸收液吸收，生成的偶氮染料相当于亚硝酸根的量与通过采样系统的 NO_2 总量的比值。当吸收液的组成、吸收瓶类型、采样流量和采样效率一定时，该系数的值与空气中 NO_2 的浓度相关。

4．氧化系数（k）　空气中的 NO 通过酸性高锰酸钾溶液以后被氧化为 NO_2，生成的 NO_2 与通过采样系统的 NO 总量的比值。

5．玻板阻力及微孔均匀性检查　新的多孔玻板吸收瓶在使用前，应用（1+1）HCl 浸泡 4 h 以上，用清水洗净。每支吸收瓶在使用前或使用一段时间以后，应测定其玻板阻力，检查气泡分散的均匀性。不要使用阻力不符合要求和气泡分散不均匀的吸收瓶。

内装 10 ml 吸收液的多孔玻板吸收瓶，以 0.4 L/min 流量采样时，玻板阻力为 4～5 kPa，通过玻板后的气泡应分散均匀。

内装 50 ml 吸收液的多孔玻板吸收瓶，以 0.2 L/min 流量采样时，玻板阻力为 5～6 kPa，通过玻板后的气泡应分散均匀。

6．采样效率的测定　吸收瓶在使用前和使用一段时间后，应测定其采样效率。将两支吸收瓶串联，采集环境空气，当第一支吸收瓶中 NO_2^- 浓度约为 0.4 μg/ml 时，停止采样。测定第一支吸收瓶和第二支吸收瓶中样品的吸光度，按下式计算第一支吸收瓶的采样效率（E）。采样效率 E 低于 0.97 的吸收瓶不要使用。

$$E = \frac{c_1}{c_1 + c_2} \tag{2-2-4}$$

式中：c_1、c_2——串联的第一支吸收瓶和第二支吸收瓶中 NO_2^- 的浓度，μg/ml。

7．沉积在氧化瓶管壁上的高锰酸钾沉淀物，用盐酸羟胺溶液浸泡后可清洗掉。

九、思考题

1．什么物质会对 NO_x 的测定产生干扰？如何消除干扰？

2．如何校准转子流量计？

3．测定一次结果能否代表日平均浓度？假如你测定的结果是日平均浓度，达到哪一级大气质量标准？

实验三　空气中总悬浮颗粒物（TSP）监测

质量法

一、实验目的

1．掌握中流量大气采样器 TSP 部分的使用方法。

2．学习质量法在大气环境监测中的应用。

总悬浮颗粒物，简称 TSP，系指空气中空气动力学直径小于 100 μm 的颗粒物。

测定 TSP 采用重量法。所用的采样器按采气量大小，分为大流量采样器和中流量采样器。方法的检出限为 0.001 mg/m^3。TSP 含量过高或雾天采样使滤膜阻力大于 10 kPa 时，本方法不适用。

用超细玻璃纤维滤膜采样，在测定 TSP 的质量浓度后，样品滤膜可用于测定无机盐（如硫酸盐、硝酸盐及氯化物等）和有机化合物（如苯并[a]芘等）。若要测定金属元素（如铍、铬、锰、铁、镍、铜、锌、硒、镉、锑及铅等），则用聚氯乙烯等有机滤膜。

二、实验原理

通过具有一定切割特性的采样器，以恒速抽取定量体积的空气，空气中粒径小于 100 μm 的悬浮颗粒物，被截留在已恒重的滤膜上。根据采样前、后滤膜重量之差及采气体积，计算总悬浮颗粒物的质量浓度。滤膜经处理后，可进行组分分析。

三、实验仪器

1．中流量采样器　采样器采样口的抽气速度为 0.3 m/s。采气流量（工作点流量）为 100 L/min。

2．滤膜　超细玻璃纤维滤膜或聚氯乙烯等有机滤膜，直径 9 cm。

滤膜性能：滤膜对 0.3 μm 标准粒子的截留效率不低于 99%，在气流速度为 0.45 m/s 时，单张滤膜阻力不大于 3.5 kPa，在同样气流速度下，抽取经高效过滤器净化的空气 5 h，每平方厘米滤膜失重不大于 0.012 mg。

3．滤膜袋　用于存放采样后对折的采尘滤膜。袋面印有编号、采样日期、采样地点、采样人等项栏目。

4．滤膜保存盒　用于保存滤膜，保证滤膜在采样前处于平展不受折状态。

5．镊子　用于夹取滤膜。

6．X 光看片机　用于检查滤膜有无缺损。

7．打号机　用于在滤膜及滤膜袋上打号。

8．恒温恒湿箱（室）　箱（室）内空气温度要求在 15～30 ℃范围内连续可调，控温精度±1 ℃；箱（室）内空气相对湿度应控制在 45%～55%范围内。恒温恒湿箱（室）可连续工作。

9．分析天平　感量 0.1 mg。

10．中流量孔口流量计　量程 75～125 L/min；准确度不超过±2%。附有与孔口流量计配套的 U 型管压差计（或智能流量校准器），最小分度值 10 Pa。

11．气压计。

12．温度计。

四、实验步骤

1．中流量采样器流量校准（用中流量孔口流量计校准）（略）

2．空白滤膜准备

（1）每张滤膜均需用 X 光看片机进行检查，不得有针孔或任何缺陷。在选中的滤膜光滑表面的两个对角上打印编号。滤膜袋上打印同样编号备用。

（2）将滤膜放在恒温恒湿箱（室）中平衡 24 h。平衡条件：温度取 15～30 ℃中任一点，相对湿度控制在 45%～55%范围内。记录平衡温度与湿度。

（3）在上述平衡条件下称量滤膜，滤膜称量精确到 0.1 mg。记录滤膜重量。

（4）称量好的滤膜平展地放在滤膜保存盒中，采样前不得将滤膜弯曲或折叠。

3．采样

（1）打开采样头顶盖，取出滤膜夹。用清洁干布擦去采样头内及滤膜夹的灰尘。

（2）将已编号并称量过的滤膜毛面向上，放在滤膜网托上，然后放滤膜夹，对正、拧紧，使不漏气。盖好采样头顶盖，按照采样器使用说明操作，设置好采样时间，即可启动采样。

（3）当采样器不能直接显示标准状态下的累积采样体积时，需记录采样期间测试现场平均环境温度和平均大气压。

（4）采样结束后，打开采样头，用镊子轻轻取下滤膜，采样面向里，将滤膜对折，放入号码相同的滤膜袋中。取滤膜时，如发现滤膜损坏，或滤膜上尘的边缘轮廓不清晰、滤膜安装歪斜等，表示采样时漏气，则本次采样作废，需重新采样。TSP 现场采样记录见表 2-3-1。

表 2-3-1　TSP 现场采样记录表

月　日	采样器编　号	滤膜编号	采样起始时间	采样终了时间	采样期间环境温度 T_2/K	采样期间大气压 P_2/kPa	测试人

4．尘膜的平衡及称量

（1）尘膜放在恒温恒湿箱（室）中，用同空白滤膜平衡条件相同的温度、湿度，平衡 24 h。

（2）在上述平衡条件下称量尘膜，尘膜称量精确到 0.1 mg。记录尘膜重量。

五、计算

$$\text{TSP}\left(\text{mg/m}^3\right)=\frac{\left(W_1-W_0\right)}{V_n}\times 1\,000 \qquad (2\text{-}3\text{-}1)$$

式中：W_1——尘膜重量，g；

W_0——空白滤膜重量，g；

V_n——标准状态下的累积采样体积，m^3。

当采样器未直接显示标准状态下的累积采样体积 V_n 时，按下式计算：

$$V_n=Q\times\frac{P_2\cdot T_n}{P_n\cdot T_2}\times t\times 60 \qquad (2\text{-}3\text{-}2)$$

式中：Q——采样器采气流量，m^3/min；

P_2——采样期间测试现场平均大气压力，kPa；

T_n——标准状态的绝对温度，273 K；

t——累积采样时间，h；

P_n——标准状态下的大气压力，101.325 kPa；

T_2——采样期间测试现场平均环境温度，K。

滤膜称量及 TSP 浓度记录见表 2-3-2。

表 2-3-2 TSP 滤膜称量及浓度记录表

月日	滤膜编号	采气流量 Q/（m^3/min）	采样期间环境温度 T_2/K	采样期间大气压 P_2/kPa	累积采样时间 t/h	累积采样标况体积 V_n/m^3	滤膜重量（g）空膜 尘膜 尘重	TSP 浓度/（mg/m^3）	测试人

注：m^3/min 为大流量采样器流量单位，中流量采样器流量单位为 L/min。

六、注意事项

1．滤膜称量时的质量控制　取清洁滤膜若干张，在恒温恒湿箱（室）内，按平衡条件平衡 24 h，称重。每张滤膜非连续称量 10 次以上，求每张滤膜的平均值为该张滤膜的原始质量。以上述滤膜作为“标准滤膜”。每次称空白或尘滤膜的同时，称量两张“标准滤膜”。若标准滤膜称出的重量在原始重量±5 mg（中流量为±0.5 mg）范围内，则认为该批样品滤膜称量合格，数据可用。否则应检查称量条件是否符合要求并重新称量该批样品滤膜。

若恒温恒湿箱（室）控温精度达不到±1 ℃，滤膜平衡与称量时需在温度要求范围内，温度变化不得大于±3 ℃。滤膜称量时要消除静电的影响。

2．采样器应定期维护，通常每月维护一次，所有维护项目应详细记录。

3．要经常检查采样头是否漏气。当滤膜安放正确，采样后滤膜上颗粒物与四周白边之间出现界线模糊时，则表明应更换滤膜密封垫。

4．当采样器的采气流量不为 100 L/min，应符合采样器采样口的抽气速度为 0.3 m/s 的要求。

七、思考题

1．如何确定采样点？该采样点 TSP 的主要污染源有哪些？哪种污染源贡献率大？

2．滤膜为什么要采取恒重法称量？为什么要用对照膜进行湿度校准实验？

3．在什么气象条件下 TSP 污染较重？

实验四　空气中可吸入颗粒物（PM_{10}）监测

质量法

一、实验目的

1．掌握中流量大气采样器 PM_{10} 部分的使用方法。

2．PM_{10} 切割器分离原理，恒重法滤膜的精确称量。

PM_{10} 是指悬浮在空气中，空气动力学直径小于 10 μm 的颗粒物。

空气中 PM_{10} 的测定有自动和手动两种方法，本方法为手动方法，即重量法。此方法所用的采样器按采样流量不同，可分为大流量采样器和中流量采样器两种。方法的检出限为 0.001 mg/m³。

二、实验原理

以恒速抽取定量体积的空气，使其通过具有 PM_{10} 切割特性的采样器，PM_{10} 被收集在已恒重的滤膜上。根据采样前、后滤膜重量之差及采样体积，计算出 PM_{10} 的质量浓度。滤膜样品还可以进行组分分析。

三、实验仪器

1．PM_{10} 中流量采样器　采气流量（工作点流量）一般为 100 L/min。

2～9．参见 TSP 方法三中 2～9。

10．中流量孔口流量计　量程 75～125 L/min，准确度不超过±2%。附有与孔口流量计配套的 U 型管压差计（或智能流量校准器），最小分度值 10 Pa。

11．气压计。

12．温度计。

四、实验步骤

1．PM_{10} 中流量采样器流量校准（用中流量孔口流量计校准）：校准 PM_{10} 中流量采样器流量时，摘掉采样头中的切割器，流量校准方法（略）。其中标准状态下的采样器流量 Q_n 和采样器采气流量 Q 的单位为（L/min）。记录表格见表 TSP。

2．空白滤膜准备　参见 TSP 方法四中 2。

3．采样：按照说明书要求操作仪器，采样要求参见 TSP 方法四中 3。PM_{10} 现场采样记录见表 TSP。

4．尘膜的平衡及称量　同 TSP 方法四中 4。

五、计算

PM_{10} 浓度的计算同方法 TSP。

当采样器未直接显示出标准状态下的累积采样体积 V_n 时，按 TSP 方法给出的公式计算。

滤膜称量及 PM_{10} 浓度记录见表 2-3-2 滤膜称量及浓度记录表。

六、注意事项

1～3. 同 TSP 方法。

4．当 PM_{10} 含量很低时，采样时间不能过短，要保证足够的采尘量，以减少称量误差。

七、思考题

1．对比 TSP 与 PM_{10} 在采样仪器和方法上有什么区别。为什么？

2．PM_{10} 在采样时要注意哪些事项？

实验五　空气中可沉降颗粒物监测

质量法

一、实验目的

1．掌握降尘监测方法。

2．采集降尘点的选择，注意事项。

二、实验原理

空气中可沉降的颗粒物，沉降在装有乙二醇水溶液为收集液的集尘缸内，经蒸发、干燥、称重后，计算降尘量。

降尘量为单位面积上，单位时间内从大气中沉降的颗粒物的质量。其结果以每平方公里面积每月测定沉降的颗粒物的吨数表示[即 t/（km^2·30d）]。

方法检出限为：0.2 t/（km^2·30d）。

三、实验仪器

1．集尘缸　内径 15 cm±0.5 cm，高 30 cm 的圆筒形玻璃缸，缸底要平整。

2．瓷坩埚　100 ml。

3．电热板　2 000 W（具有调温分挡开关）。

4．搪瓷盘。

5．分析天平　感量 0.1 mg。

6．淀帚　在玻璃棒的一端，套上一段乳胶管，然后用止血夹夹紧，放在 105 ℃±5 ℃的烘箱中，烘 3 h 后使乳胶管粘合在一起，剪掉不粘合的部分制得，用来扫除尘粒。

四、实验试剂

1．乙二醇（$C_2H_6O_2$）：分析纯

2．实验用水：蒸馏水

五、实验采样

1．采样点的设置

（1）应选择集尘缸不易损坏的地方，且易于操作者更换集尘缸。通常设在矮建筑物的屋顶，必要时可以设在电线杆上，集尘缸应距离电线杆 0.5 m

为宜。

（2）采样点附近不应有高大的建筑物及树木，并应避开局部污染源。

（3）集尘缸放置高度应距离地面 5～12 m。在某一区域内采样，各采样点集尘缸的放置高度尽力保持在大致相同的高度。如放置屋顶平台，采样口应距平台 1～1.5 m，以避免平台扬尘的影响。

（4）集尘缸的支架应该稳定并坚固，以防止被风吹倒或摇摆。

（5）在清洁区设置对照点。

2．样品收集

（1）放缸前的准备：于集尘缸中加入 50～80 ml 乙二醇，以占满缸底为准，加水量视当地的气候情况而定。譬如：冬季和夏季加 50 ml，其他季节可加 100～200 ml。加好后，罩上塑料袋，直到把缸放在采样点的固定架上再把塑料袋取下，开始收集样品。记录放缸地点、缸号、时间（年、月、日、时）。

（2）样品的收集：按月定期更换集尘缸一次（30 d±2 d）。取缸时应核对地点、缸号，并记录取缸时间（月、日、时），罩上塑料袋，带回实验室。取换缸的时间规定为月底 5 d 内完成。在夏季多雨季节，应注意缸内积水情况，为防止水满溢出，及时更换新缸，采集的样品合并后测定。

六、实验步骤

1．瓷坩埚的准备

将瓷坩埚洗净、编号，在 105 ℃±5 ℃下，烘箱内烘 3 h，取出放入干燥器内，冷却 50 min，在分析天平上称量，再烘 50 min，冷却 50 min，再称量，直至恒重（两次重量之差小于 0.4 mg），此值为 W_0。

2．降尘量的测定

用尺子测量集尘缸的内径（按不同方向至少测定 3 处，取其算术平均值），再用镊子夹取落入缸内的树叶、昆虫等异物，并用水将附着在上面的细小尘粒冲洗下来后弃去，先用少量水湿润缸壁，然后用淀帚将附着于缸壁的尘粒刷下，再用水冲洗缸壁使尘粒全部移入溶液中，将缸内溶液和尘粒全部或分次转入 1 000 ml 烧杯中，置通风柜内，在电热板上蒸发，使体积浓缩到 10～20 ml，冷却后用少量水湿润烧杯壁，然后用淀帚将附于烧杯壁上的尘粒刷下，将烧杯内溶液和尘粒分数次全部转移到已恒重的瓷坩埚中，放在搪瓷盘里，在电热板上小心蒸发至干（溶液少时注意不要澎溅），然后放入烘箱于 105 ℃±5 ℃烘干，按上述方法称量至恒重。此值为 W_1。

将与采样操作等量的乙二醇，放入 1 000 ml 烧杯中，并加同等量的水，在电热板上蒸发浓缩至 10～20 ml，然后将其转移至已恒重的瓷坩埚内，将瓷坩埚放在搪瓷盘中，再放在电热板上蒸发至干，于 105 ℃±5 ℃烘干，按上述条件称量至恒重，

减去瓷坩埚的重量 W_0 即为 W_c。

七、计算

$$降尘量\left[t/\left(km^2 \cdot 30\ d\right)\right]=\frac{W_1-W_0-W_c}{S\times n}\times 30\times 10^4 \qquad (2\text{-}5\text{-}1)$$

式中：W_1——降尘、瓷坩埚和乙二醇蒸发至干并在 105 ℃±5 ℃恒重后的重量，g；

W_0——在 105 ℃±5 ℃烘干的瓷坩埚重量，g；

W_c——与采样操作等量的乙二醇蒸发至干并在 105 ℃±5 ℃恒重后的重量，g；

S——集尘缸缸口面积，cm^2；

n——采样天数（准确到 0.1 d）。

计算结果保留一位小数。

八、注意事项

1．大气降尘系指可沉淀的颗粒物，故应除去树叶、枯枝、鸟粪、昆虫、花絮等干扰物。

2．每一个样品所使用的烧杯、瓷坩埚等编号必须一致，并与其相对应的集尘缸的缸号一并及时填入记录表中。

3．瓷坩埚在烘箱、搪瓷盘及干燥器中，应分离放置，不可重叠。

4．蒸发浓缩实验要在通风柜中进行，应注意保持柜内清洁，防止异物落入烧杯内，影响测定，样品在瓷坩埚中浓缩时，不要用水淋洗坩埚壁，否则将在乙二醇与水的界面上发生剧烈沸腾使溶液溢出。当浓缩至 20 ml 以内时应降低温度并间歇性的徐徐摇动，使降尘粘附在瓷坩埚壁上，避免样品溅出。

5．应尽量选择缸底比较平的集尘缸，可以减少乙二醇的用量。

6．在室温温度较高时，冷却 50 min～1 h，使坩埚冷却至室温方可称量。

7．收回降尘缸中溶液较多时，须分数次转移到 1 000 ml 烧杯中，但每次加液最多为烧杯 2/3 体积，因尘粒会“爬上”烧杯口，会使尘粒损失。

8．在蒸发过程中，要调节电热板温度，使溶液始终处于微沸状态。

9．精密度和准确度：同一实验室测定 5 份样品，相对标准偏差为 0.86%。回收率为 98%～105%。

10．若需测定降尘中可燃物含量，操作如下：首先将空的瓷坩埚在 105℃±5℃烘干、称量至恒重，为 W_a，其次在 600℃灼烧 2 h，冷却，称量至恒重，此值为 W_b。

瓷坩埚与尘粒于 105 ℃±5 ℃烘干，称量至恒重，为 W_1，再将其放入马弗炉中，于 600 ℃灼烧 3 h，待炉内温度降至 300 ℃以下时取出，放入干燥器中，冷却 50 min，称量。再在 600 ℃灼烧 1 h，冷却 50 min，称量，直至恒重 W_2。

吸取乙二醇（与采样时体积相同），放入已恒重的瓷坩埚内，小心蒸干，105 ℃±5 ℃烘干，按上述条件称量至恒重，减去瓷坩埚重 W_a，即为 W_0。然后在 600 ℃灼烧，称量至恒重，减去瓷坩埚重 W_b，即为 W_d。测定 W_c、W_d 时所用乙二醇溶液与加到降尘缸的乙二醇溶液应是同一批溶液。

$$降尘中可燃物的量\left[t/\left(\text{km}^2\cdot 30\ \text{d}\right)\right]=\frac{(W_1-W_0-W_c)-(W_2-W_b-W_d)}{S\times n}\times 30\times 10^4 \quad (2\text{-}5\text{-}2)$$

式中：W_1——降尘样品、瓷坩埚和乙二醇蒸发至干并在 105 ℃恒重后的重量，g；

W_2——降尘样品、瓷坩埚及乙二醇于 600 ℃灼烧后的重量，g；

W_0——在 105 ℃烘干的瓷坩埚重量，g；

W_c——与采样操作等量的乙二醇蒸发至干并在 105 ℃恒重后的重量，g；

W_b——瓷坩埚于 600 ℃灼烧后的重量，g；

W_d——与采样操作等量的乙二醇蒸发残渣于 600 ℃灼烧后的重量，g；

S——集尘缸缸口面积，cm^2；

n——采样天数（准确到 0.1 d）。

九、思考题

1. 降尘缸为什么要离开地面 1～1.5 m？
2. 为什么要用乙二醇（$C_2H_6O_2$）作为吸收液？

第三部分　室内环境空气质量监测实验

实验一　甲醛的测定

酚试剂分光光度法

一、实验目的

1．了解甲醛的几种测定方法。

2．掌握空气采样器的使用。

3．熟悉酚试剂分光光度法测定甲醛的原理和过程。

甲醛（HCHO）又名蚁醛，其水溶液俗称“福尔马林”。甲醛是国际卫生组织公认的潜在致癌物，它刺激人的呼吸道和皮肤黏膜，长期作用会危害血液系统和肝、肾等器官。甲醛广泛存在于各种人造板材和粘合剂（木工胶）中，它的释放是长期而缓慢的。甲醛是装修材料带来的各种污染物中危害最大、最久的有害气体。我国《室内空气质量标准》规定 I 类民用建筑工程室内空气中游离甲醛的浓度应小于或等于 0.08 mg/m^3；II 类民用建筑工程室内空气中游离甲醛浓度应小于或等于 0.12 mg/m^3。

测定室内空气中甲醛的方法很多，主要有 AHMT 分光光度法、乙酰丙酮分光光度法、酚试剂分光光度法、气相色谱法、电化学传感器法等。我国室内环境空气质量监测技术规范规定 AHMT 分光光度法、酚试剂分光光度法、气相色谱法和乙酰丙酮分光光度法为测定室内空气中甲醛的标准方法。比较而言，酚试剂分光光度法灵敏度高，但选择性较差；乙酰丙酮分光光度法灵敏度略低，但选择性较好。

二、实验原理

空气中的甲醛与酚试剂反应生成嗪，嗪在酸性溶液中被高铁离子氧化形成蓝绿色化合物。根据颜色深浅，用分光光度法测定。本方法测定范围为 0.1～1.5 μg，采样体积为 10 L 时，可测浓度范围为 0.01～0.15 mg/m^3。

三、实验仪器

1．空气采样器。

2．分光光度计。

3．大型气泡吸收管，10 ml。

4．具塞比色管，10 ml。

四、实验试剂

1．吸收液原液　称量 0.10 g 酚试剂[3-甲基-苯并噻唑腙 $C_6H_4SN(CH_3)C:NH_2\cdot HCl$，简称 MBTH]，加水溶解，置于 100 ml 容量瓶中，加水至刻度。贮存于棕色瓶中，放冰箱中保存，可稳定 3 天。

2．吸收液　量取吸收原液 5 ml，加 95 ml 水，即为吸收液。采样时，临用现配。

3．1%硫酸铁铵溶液　称量 1.0 g 硫酸铁铵[$NH_4Fe(SO_4)_2\cdot 12H_2O$]用 0.1 mol/L 盐酸溶解，并稀释至 100 ml。

4．0.100 0 mol/L 碘溶液　称量 40 g 碘化钾，溶于 25 ml 水中，加入 12.7 g 碘。待碘完全溶解后，用水定容至 1 000 ml。移入棕色瓶中，暗处贮存。

5．1 mol/L 氢氧化钠溶液　称量 40 g 氢氧化钠，溶于水中，并稀释至 1 000 ml。

6．0.5 mol/L 硫酸溶液　取 28 ml 浓硫酸缓慢加入水中，冷却后，稀释至 1 000 ml。

7．硫代硫酸钠标准溶液[c（$Na_2S_2O_3$）=0.100 0 mol/L]。

8．0.5%淀粉溶液　将 0.5 g 可溶性淀粉，用少量水调成糊状后，再加入 100 ml 沸水，并煮沸 2～3 min 至溶液透明。冷却后，加入 0.1 g 水杨酸或 0.4 g 氯化锌保存。

9．甲醛标准贮备溶液　取 2.8 ml 含量为 36%～38%甲醛溶液，放入 1 L 容量瓶中，加水稀释至刻度。此溶液 1 ml 约相当于 1 mg 甲醛。其准确浓度用下述碘量法标定。

甲醛标准贮备溶液的标定：精确量取 20.00 ml 甲醛标准贮备溶液，置于 250 ml 碘量瓶中。加入 20.00 ml 0.050 0 mol/L 碘溶液和 15 ml 1 mol/L 氢氧化钠溶液，放置 15 min。加入 20 ml 0.5 mol/L 硫酸溶液，再放置 15 min，用 0.100 0 mol/L 硫代硫酸钠溶液滴定，至溶液呈现淡黄色时，加入 1 ml 0.5%淀粉溶液，继续滴定至刚使蓝色消失为终点，记录所用硫代硫酸钠溶液体积。同时用水作试剂空白滴定。甲醛溶液的浓度用下式计算：

$$c=\frac{(V_1-V_2)\times M\times 15}{20} \qquad (3\text{-}1\text{-}1)$$

式中：c——甲醛标准贮备溶液中甲醛浓度，mg/ml；

V_1——滴定空白时所用硫代硫酸钠标准溶液体积，ml；

V_2——滴定甲醛溶液时所用硫代硫酸钠标准溶液体积，ml；

M——硫代硫酸钠标准溶液的浓度，mol/L；

15——甲醛的换算值，相当于 1L 1 mol/L 硫代硫酸钠标准溶液（$Na_2S_2O_3$）的甲醛（$1/2CH_2O$）的质量，g。

10．甲醛标准溶液　临用时，将甲醛标准贮备溶液用水稀释成 1.00 ml 含 10 μg 甲醛溶液，立即再取此溶液 10.00 ml，加入 100 ml 容量瓶中，加入 5 ml 吸收原液，用水定容至 100 ml，此液 1.00 ml 含 1.00 μg 甲醛，放置 30 min 后，用于配制标准色列。此标准溶液可稳定 24 h。

五、实验步骤

1．采样

用一个内装 5 ml 吸收液的大型气泡吸收管，以 0.5 L/min 流量，采气 10 L。并记录采样点的温度和大气压力。采样后样品在室温下应在 24 h 内分析。

2．标准曲线的绘制

取 10 ml 具塞比色管，用甲醛标准溶液按表 3-1-1 制备标准系列。

表 3-1-1　甲醛标准系列

管　号	0	1	2	3	4	5	6	7	8
标准溶液/ml	0	0.10	0.20	0.40	0.60	0.80	1.00	1.50	2.00
吸收液/ml	5.0	4.9	4.8	4.6	4.4	4.2	4.0	3.5	3.0
甲醛含量/μg	0	0.1	0.2	0.4	0.6	0.8	1.0	1.5	2.0

各管中，加入 0.4 ml 1%硫酸铁铵溶液，摇匀。放置 15 min。用 1 cm 比色皿，在波长 630 nm 下，以水作参比，测定各管溶液的吸光度。以甲醛含量为横坐标，吸光度为纵坐标，绘制标准曲线，并计算回归线斜率，以斜率倒数作为样品测定的计算因子 B_g（μg/吸光度）。

3．样品测定

采样后，将样品溶液全部转入比色管中，用少量吸收液洗吸收管，合并使总体积为 5 ml。按绘制标准曲线的方法测定吸光度（A）；在每批样品测定的同时，用 5 ml 未采样的吸收液作试剂空白，测定试剂空白的吸光度（A_0）。

六、数据分析

1．将采样体积按下式换算成标准状态下采样体积：

$$V_0 = V \cdot \frac{T_0}{T} \cdot \frac{P}{P_0} \tag{3-1-2}$$

2．空气中甲醛质量浓度按下式计算：

$$\rho = \frac{(A - A_0) \times B_g}{V_0} \tag{3-1-3}$$

式中：ρ——空气中甲醛质量浓度，mg/m^3；

A——样品溶液的吸光度；

A_0——空白溶液的吸光度；

B_g——计算因子，μg/吸光度；

V_0——换算成标准状态下的采样体积，L。

七、注意事项

1．绘制标准曲线时与样品测定时温差不超过 2 ℃。

2．SO_2 共存时，使测定结果偏低。可将气样先通过硫酸锰滤纸过滤器，予以排除。

八、思考题

甲醛标准贮备溶液的标定时加入硫酸的作用是什么？用其他酸可否代替硫酸？

实验二　苯系物的测定

活性炭吸附—二硫化碳解吸-气相色谱法

一、实验目的

1．了解苯系物的几种测定方法及其优缺点。

2．掌握活性炭吸附—二硫化碳解吸-气相色谱法测定苯的原理及过程。

3．熟悉气相色谱仪的操作。

苯系物一般是指苯、甲苯、二甲苯等芳烃类化合物。苯及苯系物被人体吸入后，可出现中枢神经系统麻醉现象；可抑制人体造血功能，使红血球、白血球、血小板减少，再生障碍性贫血患率增高；还可导致胎儿的先天性缺陷。我国《室内空气质量标准》规定民用建筑工程室内空气中苯的浓度应小于或等于 0.09 mg/m^3。室内空气中苯、甲苯、二甲苯大部分来自室内用品中溶剂的挥发和有机物燃烧。苯系物的测定方法主要是气相色谱法，常用的方法有两种：活性炭吸附—二硫化碳解吸-气相色谱法和热解吸气相色谱法。

活性炭吸附—二硫化碳解吸气-相色谱法是用活性炭吸附，二硫化碳解吸。该方法不需要特殊的前处理设备，一次采样可多次分析，尤其在分析苯系物之间浓度相差较大时或浓度较高时更具有优越性。该方法灵敏度较低，所用的二硫化碳中常含有不易去掉的苯，且二硫化碳毒性大，不利于分析人员的健康，应慎用。

热解吸气相色谱法的灵敏度高，不需要使用有机试剂，本底值低，但由于是一次进样，所以在无法确定样品浓度时，有时需要进行多次取样分析。

二、实验原理

空气中苯、甲苯、二甲苯用活性炭管采集，然后用二硫化碳提取出来。用氢火焰离子化检测器的气相色谱仪分析，以保留时间定性，峰高（峰面积）定量。

三、实验仪器

1．活性炭采样管　用长 150 mm，内径 3.5～4.0 mm 的玻璃管，装入 100 mg 椰子壳活性炭，两端用少量玻璃棉固定。装好管后再用纯氮气于 300～350 ℃温度条件下吹 5～10 min，然后套上塑料帽封紧管的两端。此管放于干燥器中可保存 5 天。若将玻璃管熔封，此管可稳定 3 个月。

2．空气采样器。

3．注射器　1 ml。

4．微量注射器　1 μl，10 μl。

5．具塞刻度试管　2 ml。

6．气相色谱仪　配备氢火焰离子化检测器。

四、实验试剂

1．标准品　苯、甲苯、二甲苯均为色谱纯。

2．二硫化碳　分析纯，需经纯化处理，保证色谱分析无杂峰。

二硫化碳的纯化方法　二硫化碳用 5%的浓硫酸甲醛溶液反复提取，直至硫酸无色为止，用蒸馏水洗二硫化碳至中性，再用无水硫酸钠干燥，重蒸馏，贮于冰箱中备用。

3．椰子壳活性炭　20～40 目，用于装活性炭采样管。

4．纯氮　99.99%。

五、实验步骤

1．样品的采集　在采样地点打开活性炭管，两端孔径至少 2 mm，与空气采样器入气口垂直连接，以 0.5 L/min 的速度，抽取 25 L 空气。采样后，将管的两端套上塑料帽，并记录采样时的温度和大气压力。样品可保存 5 d。

2．色谱分析条件　根据所用气相色谱仪的型号和性能，及所用色谱柱，制定能分析苯、甲苯、二甲苯的最佳色谱分析条件。

3．绘制标准曲线　于 5.0 ml 容量瓶中，先加入少量二硫化碳，用 1 μl 微量注射器准确取一定量的苯、甲苯和二甲苯（20 ℃时，1 μl 苯重 0.878 7 mg，甲苯重 0.866 9 mg，邻、间、对二甲苯分别重 0.880 2 mg、0.864 2 mg、0.861 1 mg）分别注入容量瓶中，加二硫化碳至刻度，配成一定浓度的贮备液。临用前取一定量的贮备液用二硫化碳逐级稀释成苯、甲苯、二甲苯含量分别为：0.5 μg/ml、1.0 μg/ml、2.0 μg/ml、4 μg/ml 的标准液。取 1 μl 标准液进样，测量保留时间及峰高（峰面积）。每个浓度重复 3 次，取峰高（峰面积）的平均值。分别以苯、甲苯和二甲苯的含量（μg/ml）为横坐标，平均峰高（峰面积）为纵坐标，绘制标准曲线。并计算回归线的斜率，以斜率的倒数 B_s 作样品测定的计算因子。

4．样品分析　将采样管中的活性炭倒入具塞刻度试管中，加 1.0 ml 二硫化碳，塞紧管塞，放置 1 h，并不时振摇。取 1 μl 进样，用保留时间定性，峰高（峰面积）定量。每个样品作 3 次分析，求峰高（峰面积）的平均值。同时，取一个未经采样的活性炭管按样品管同时操作，测量空白管的平均峰高（峰面积）。

六、数据分析

1．将采样体积换算成标准状态下的采样体积

$$V_0 = \frac{P \cdot V \cdot T_S}{T \cdot P_S} \tag{3-2-1}$$

式中：V_0——标态下采样体积，L；

P——现场采样时的大气压，kPa；

V——实际采样体积，L；

T_S——标准状态下的温度，273 K；

P_S——标准状态下的大气压，101.325 kPa；

T——实际采样温度，K。

2．根据下面的公式计算样品中苯系物的质量浓度

$$\rho = \frac{(h - h') \cdot B_S}{V_0 \cdot E_S} \tag{3-2-2}$$

式中：ρ——空气中苯或甲苯、二甲苯的质量浓度，mg/m^3；

h——样品峰高（峰面积）的平均值；

h'——空白管的峰高（峰面积）；

B_S——由标准曲线得到的计算因子；

E_S——由实验确定的二硫化碳提取的效率；

V_0——标准状况下采样体积，L。

七、注意事项

空气中水蒸气或水雾量太大，以致在炭管中凝结时，严重影响活性炭的穿透容量和采样效率。空气湿度在 90%时，活性炭管的采样效率仍然符合要求。空气中的其他污染物干扰由于采用了气相色谱分离技术，选择合适的色谱分离条件就可以消除。

八、思考题

如何判断标准曲线是否达到要求？绘制标准曲线时应从哪些方面提高精确度？

实验三 氨的测定

靛酚蓝分光光度法

一、实验目的

1．熟悉靛酚蓝分光光度法测定空气中氨的原理和过程。

2．掌握次氯酸钠溶液的标定方法。

氨是一种无色而有强烈刺激气味的气体。主要来源于混凝土防冻剂等外加剂、防火板中的阻燃剂等。对人的眼、喉、上呼吸道有强烈的刺激作用，可通过皮肤及呼吸道引起中毒，轻者引发充血、分泌物增多、肺水肿、支气管炎、皮炎，重者可发生喉头水肿、喉痉挛，也可引起呼吸困难、昏迷、休克等，高含量氨甚至可引起反射性呼吸停止。我国《室内空气质量标准》规定 I 类民用建筑工程氨浓度应小于或等于 0.2 mg/m^3；II 类民用建筑工程氨浓度应小于或等于 0.5 mg/m^3。

测定空气中氨的化学方法有次氯酸钠—水杨酸分光光度法、纳氏试剂分光光度法、靛酚蓝分光光度法；仪器法有离子选择电极法和光离子化气相色谱法等。本实验仅介绍靛酚蓝分光光度法。

二、实验原理

空气中氨吸收在稀硫酸中，在亚硝基铁氰化钠及次氯酸钠存在下，与水杨酸生成蓝绿色靛酚蓝染料，用分光光度法定量。

三、实验仪器

1．空气采样器。

2．分光光度计，检测波长为 697.5 nm。

3．气泡吸收管，10 ml。

4．具塞比色管，10 ml。

5．聚四氟乙烯管（或玻璃管），内径 6～7 mm。

6．容量瓶、移液管。

四、实验试剂

1．无氨水 向 1 000 ml 的蒸馏水中加 0.1 ml 硫酸（ρ =1.84 g/ml），在全玻璃装置中进行重蒸馏，弃去 50 ml 初馏液，于具塞磨口的玻璃瓶中接取其余馏出液，密封，保存。

2．吸收液　0.005 mol/L 硫酸溶液。量取 2.8 ml 浓硫酸加入水中，用水稀释至 1 000 ml。临用时再稀释 10 倍。

3．水杨酸溶液（50 g/L）　称取 10 g 水杨酸[$C_6H_4(OH)COOH$]和 10.0 g 柠檬酸钠（$Na_3C_6H_5O_7 \cdot 2H_2O$），加水约 50 ml，再加 55 ml 氢氧化钠[c（NaOH）=2 mol/L]，用水稀至 200 ml。此试剂稍有黄色，室温可稳定 1 个月。

4．亚硝基铁氰化钠溶液（10 g/L）　称取 0.1 g 亚硝基铁氰化钠[$Na_2Fe(CN)_5NO \cdot 2H_2O$]，溶于 100 ml 水中，存于冰箱中可稳定 1 个月。

5．次氯酸钠原液　次氯酸钠试剂，有效氯不低于 5.2%。

取 1 ml 次氯酸钠原液，用碘量法标定其浓度。

标定方法：称取 2 g 碘化钾于 250 ml 碘量瓶中，加水 50 ml 溶解。再加 1.00 ml 次氯酸钠试剂，加 0.5 ml（1+1）盐酸溶液，摇匀。暗处放置 3 min，用 0.100 0 mol/L 硫代硫酸钠标准溶液滴定至浅黄色，加入 1 ml 5 g/L 淀粉溶液，继续滴定至蓝色刚好褪去为终点。记录滴定所用硫代硫酸钠标准溶液的体积，平行滴定 3 次，消耗硫代硫酸钠标准溶液体积之差不应大于 0.04 ml，取其平均值。已知硫代硫酸钠标准溶液的浓度，则次氯酸钠标准溶液浓度按下式计算：

$$c=\frac{c(Na_2S_2O_3)\times V}{1.00\times 2} \tag{3-3-1}$$

式中：c——次氯酸钠标准溶液浓度，mol/L；

V——滴定消耗硫代硫酸钠标准溶液体积，ml；

c（$Na_2S_2O_3$）——硫代硫酸钠标准溶液的浓度，mol/L。

6．次氯酸钠使用液[c（NaClO）=0.05 mol/L]：用 2 mol/L NaOH 溶液稀释标定好的次氯酸钠标准溶液成 0.05 mol/L 的使用液，存于冰箱中可保存 2 个月。

7．氨标准溶液：准确称取 0.314 2 g 经 105 ℃干燥 2 h 的氯化铵（NH_4Cl）。用少量水溶解，移入 100 ml 容量瓶中，用吸收液稀释至刻度。此液 1.00 ml 含 1 mg 的氨。临用时，再用吸收液稀释成 1.00 ml 含 1 μg 氨的标准溶液。

五、实验步骤

1．采样：在气泡吸收管中加入 10 ml 吸收液，以 0.5 L/min 的流量采气 10～20 L。记录采样时的温度和大气压力。

2．样品保存：样品应尽快分析，以防止吸收空气中的氨。若不能立即分析，需转移到具塞比色管中封好，在 2～5 ℃下存放，可存放 1 周。

3．绘制标准曲线：取七只具塞 10 ml 比色管按表 3-3-1 制备标准系列。

向各管中加入 0.50 ml 水杨酸溶液，混匀，再加入 0.1 ml 亚硝基铁氰化钠溶液和 0.1 ml 次氯酸钠使用液，混匀，放置 1 h。用 10 mm 比色皿，于波长 697.5 nm 处，以蒸馏水为参比，测定吸光度。以吸光度为纵坐标，氨含量（μg）为横坐标，绘制标准曲线。计算回归曲线的斜率，以斜率的倒数为样品测定的计算因子 B_s（μg/吸光度）。

表 3-3-1　氯化铵标准色列

管号	0	1	2	3	4	5	6
氨标准溶液/ml	0	0.50	1.00	3.00	5.00	7.00	10.0
水体积/ml	10.00	9.50	9.00	7.00	5.00	3.00	0
氨含量/μg	0	0.50	1.00	3.00	5.00	7.00	10.0

4．样品测定：采取一定体积（视样品浓度而定）样品后用吸收液定容到 10 ml 的样液（用具塞比色管），按绘制标准曲线的步骤进行显色，测定吸光度，同时用吸收液做空白实验。由扣除空白后的吸光度，计算氨含量。

六、数据分析

将采样体积换算成标准状态下的体积。空气中氨质量浓度用下式进行计算：

$$\rho(NH_3)=\frac{(A-A_0)B_S\cdot D}{V_0} \tag{3-3-2}$$

式中：ρ——试样中的氨含量，mg/m^3；

A——样品溶液吸光度；

A_0——试剂空白液吸光度；

B_s——由标注曲线测得的计算因子，μg/吸光度；

V_0——标准状态下的采样体积，L；

D——分析时样品溶液的稀释倍数。

七、注意事项

样品中含有三价铁等金属离子、硫化物和有机物时，干扰测定。处理方法如下：

1．除金属离子　加入柠檬酸钠溶液可消除常见离子的干扰；

2．除硫化物　若样品因产生异色而引起干扰（如硫化物存在时为绿色）时，可在样品溶液中加入稀盐酸而去除干扰；

3. 除有机物　有些有机物（如甲醛），生成沉淀干扰测定，可在比色前用 0.1 mol/L 的盐酸溶液将吸收液酸化到 pH≤2 后，煮沸即可除去。

八、思考题

怎样消除三价铁等金属离子、硫化物和有机物对空气中氨的测定的干扰，其原理分别是什么？

实验四　总挥发有机物的测定

热解吸—毛细管气相色谱法

一、实验目的

1．了解总挥发有机物的几种测定方法。

2．掌握热解吸－毛细管气相色谱法测定空气中总挥发有机物的原理及过程。

总挥发性有机化合物（Total Volatile Organic Compounds，TVOC）是芳香烃（苯、甲苯、二甲苯）、酮类、醛类、胺类、卤代类、不饱和烃类等有机化合物的总称。室内 TVOC 主要来自燃煤和天然气等燃烧产物、吸烟、采暖和烹调等的烟雾，建筑和装饰材料、家具、家用电器、清洁剂和人体本身的排放等。室内空气中 TVOC 的含量，已经成为评价居室室内空气质量是否合格的一项重要项目。我国《室内空气质量标准》规定 I 类民用建筑工程 TVOC 浓度应小于或等于 0.5 mg/m^3；II 类民用建筑工程 TVOC 浓度应小于或等于 0.6 mg/m^3。

室内空气中总挥发性有机物的测定方法主要有气相色谱法和光离子化总量测定法两类。对 TVOC 的定义有所不同，对应的分析方法也不同。

二、实验原理

选择合适的吸附剂（Tenax GC 或 Tenax TA），用吸附管采集一定体积的空气样品，空气流中的挥发性有机化合物保留在吸附管中。采样后，将吸附管加热，解吸挥发性有机化合物，待测样品随惰性载气进入毛细管气相色谱仪。用保留时间定性，峰高或峰面积定量。

三、实验仪器

1．空气采样器。

2．热解吸仪。

3．气相色谱仪　配备氢火焰离子化检测器、质谱检测器或其他合适的检测器。

4．吸附管　外径 6.3 mm、内径 5 mm、长 90 mm 或 180 mm 内壁抛光的不锈钢管或玻璃管，吸附管的采样入口一端有标记。吸附管可以装填一种或多种吸附剂，应使吸附层处于解吸仪的加热区。根据吸附剂的密度，吸附管中可装填 200～1 000 mg 的吸附剂，管的两端用不锈钢网或玻璃纤维堵住。如果在一支吸附管中使用多种吸附剂，吸附剂应按吸附能力增加的顺序排列，并用玻璃纤维隔开，吸附能力最弱的装填在吸附管的采样入口端。

5. 注射器 可精确读出 0.1 μl 的 10 μl 液体注射器；可精确读出 0.1 μl 的 10 μl 气体注射器；可精确读出 0.01 ml 的 1 ml 气体注射器。

6. 色谱柱 非极性（极性指数小于 10）石英毛细管柱。

7. 液体外标法制备标准系列的注射装置 常规气相色谱进样口，可以在线使用也可以独立装配，保留进样口载气连线，进样口下端可与吸附管相连。

四、实验试剂

标准品：甲醛、苯、甲苯、对（间）二甲苯、邻二甲苯、苯乙烯、乙苯、乙酸丁酯、十一烷均为色谱纯。

五、实验步骤

1. 采样和样品保存 将吸附管与采样泵用塑料或硅橡胶管连接。个体采样时，采样管垂直安装在呼吸带。固定位置采样时，选择合适的采样位置。打开采样泵，调节流量，以保证在适当的时间内获得所需的采样体积（1～10 L）。如果总样品量超过 1 mg，采样体积应相应减少。记录采样开始和结束时的时间、采样流量、温度和大气压力。采样后将管取下，密封管的两端或将其放入可密封的金属或玻璃管中。样品可保存 14 天。

2. 样品的解吸 将吸附管安装在热解吸仪上，加热，使有机蒸气从吸附剂上解吸下来，进入毛细管气相色谱仪。具体解吸条件按照解吸仪的操作条件进行。

3. 色谱分析条件 可选择膜厚度为 1～5 μm 50 m×0.22 mm 的石英柱，固定相可以是二甲基硅氧烷或 7%的氰基丙烷、7%的苯基、86%的甲基硅氧烷。柱操作条件为程序升温，初始温度 50 ℃保持 10 min，以 5 ℃/min 的速率升温至 250 ℃，保持 2 min。检测器温度 250 ℃。

4. 标准曲线的绘制 气体外标法：取 7 支预处理好的采样管，分别向各管通入各组分为 100 μg/m³ 的挥发性有机物混和标准气体 100 ml、200 ml，400 ml、1 L、2 L、4 L、10 L 通过吸附管，制备标准系列。

液体外标法：利用进样装置取 1～5 μl 含液体组分 100 μg/ml 和 10 μg/ml 的标准溶液注入吸附管，同时用 100 ml/min 的惰性气体通过吸附管，5 min 后取下吸附管密封，制备标准系列。

用热解吸气相色谱法分析吸附管标准系列，以扣除空白后峰面积为纵坐标，以待测物质量为横坐标，绘制标准曲线。

5. 样品分析 每支样品吸附管按绘制标准曲线的操作步骤（即相同的解吸和浓缩条件及色谱分析条件）进行分析，用保留时间定性，峰面积定量。

六、数据分析

1．所采空气样品中各组分的含量，应按下式计算

$$\rho_i = \frac{m_i - m_0}{V} \times 1\,000 \tag{3-4-1}$$

式中：ρ_i——所采空气样品中 i 组分的质量浓度，μg/m³；

m_i——被测样品中 i 组分的量，μg；

m_0——空白样品中 i 组分的量，μg；

V——空气采样体积，L。

2．空气样品中各组分的含量，应按下式换算成标准状态下的质量浓度

$$\rho_c = \rho_m \times \frac{101}{P} \times \frac{t+273}{273} \times \frac{1}{1\,000} \tag{3-4-2}$$

式中：ρ_c——标准状态下所采空气样品中 i 组分的质量浓度，mg / m³；

P——采样时采样点的大气压力，kPa；

t——采样时采样点的温度，℃。

3．应按下式计算所采空气样品中总挥发性有机化合物（TVOC）的质量浓度

$$\rho_{\text{TVOC}} = \sum_{i=1}^{n} C_i \tag{3-4-3}$$

式中：ρ_{TVOC}——标准状态下所采空气样品中总挥发性有机化合物（TVOC）的质量浓度，mg / m³。

七、注意事项

当与挥发性有机化合物有相同或几乎相同的保留时间的组分干扰测定时，宜通过选择适当的气相色谱柱，或通过用更严格地选择吸收管和调节分析系统的条件，将干扰降到最低。

八、思考题

为什么用气相色谱检测总挥发性有机物时要使用程序升温？

第四部分　噪声监测实验

实验一　城市区域环境噪声监测

一、实验目的

1．掌握声级计的使用方法。

2．熟练地计算等效声级、统计声级、昼夜等效声级、标准偏差。

3．声级计属于精密仪器，使用时要格外小心，防止碰撞、跌落，防止潮湿淋雨。

二、实验原理

运用声级计测量选定测点的 A 声级，并对取得的瞬时值进行计算，计算出 L_{eq}、L_{10}、L_{50}、L_{90}、s、L_{dn}，绘制噪声分布直框图。

三、名词术语

1．A 声级　用 A 计权网络测得的声级，用 L_A 表示，单位 dB。

2．等效声级　在某规定时间内 A 声级的能量平均值，又称等效连续 A 声级，用 L_{Aeq} 表示，单位 dB。

按此定义此量为：

$$L_{Aeq} = 10\lg\left(\frac{1}{T}\int_0^T 10^{0.1L_A}\,dt\right) \tag{4-1-1}$$

式中：L_A——t 时刻的瞬时声级；

T——规定的测量时间。

当测量是采样测量，且采样的时间间隔一定时，式（4-1-1）可表示为：

$$L_{Aeq} = 10\lg\left(\frac{1}{n}\sum_{i=1}^{n} 10^{0.1L_{Ai}}\right) \tag{4-1-2}$$

式中：L_{Ai}——第 i 次采样测得的 A 声级；

n——采样总数。

3. 昼间等效声级　昼间 A 声级的能量平均值，用 L_d 表示，单位 dB。

4. 夜间等效声级　夜间 A 声级的能量平均值，用 L_n 表示，单位 dB。

5. 昼夜等效声级

$$L_{dn} = 10\lg\frac{1}{24}\left(16\times10^{0.1L_d} + 8\times10^{0.1(L_n+10)}\right) \tag{4-1-3}$$

四、测量条件

1. 测量仪器　测量仪器精度为 2 型以上的积分式声级计及环境噪声自动监测仪器，其性能符合 GB 3785 的要求。

测量仪器和声校准器应按 JJG 699、JJG 176 及 JJG 778 的规定定期检定。

2. 气象条件　测量应在无雨、无雪的天气条件下进行，风速为 5.5 m/s 以上时停止测量。测量时传声器加风罩。

五、测量方法

1. 测点选择　测量点选在居住或工作建筑物外，离任一建筑物的距离不小于 1 m。传声器距地面的垂直距离不小于 1.2 m。

2. 测量时间　测量分昼间和夜间两部分分别进行。

3. 采样方式　仪器的时间计权特性为“快”响应，采样时间间隔不大于 1 s。

4. 必须在室内测量时，室内噪声限值低于所在区域标准值 10 dB。测点距墙面和其他主要反射面不小于 1 m，距地板 1.2～1.5 m，距窗户约 1.5 m。开窗状态下测量。

5. 铁路两侧区域环境噪声测量，应避开列车通过的时段。

六、现场测量、读数与计算

1. 现场测量时每组至少 3 名同学，一人持声级计并读取瞬时值，一人计时并提供每 5 s 读数信号，一个人记录，记录参考表 4-1-1。开始测量后应不间断地测完 100 个数据。

2. 同时记录测量点被测期间的主要噪声源（社会、交通、工业、建筑、其他）。

3. 计算方法见式（4-1-2）和有关的标准或教材。

4. 结果的表达。L_{eq}、L_{10}、L_{50}、L_{90}、s、L_{dn}，绘制噪声分布直框图。

七、思考题

1. 为什么测量点要距离任何建筑物不小于 1 m？

2. 标准偏差能说明什么问题？

表 4-1-1 区域环境噪声测量记录表

班级		实验组号		实验组成员				仪器型号			
地点		主要声源		测量日期		测量时间	时 分至 时 分	地形特点		天气状况	

L_i	30	31	32	33	34	35	36	37	38	39	40	41	42	43	44	45	46	47	48	49
$10^{L_i/10}$	•10^3	1.26	1.58	2.0	2.51	3.16	3.98	5.01	6.30	7.94	•10^4	1.26	1.58	2.0	2.51	3.16	3.98	5.01	6.30	7.94
n_i																				
$\sum n_i$																				
L_i	50	51	52	53	54	55	56	57	58	59	60	61	62	63	64	65	66	67	68	69
$10^{L_i/10}$	•10^5	1.26	1.58	2.0	2.51	3.16	3.98	5.01	6.30	7.94	•10^6	1.26	1.58	2.0	2.51	3.16	3.98	5.01	6.30	7.94
n_i																				
$\sum n_i$																				
L_i	70	71	72	73	74	75	76	77	78	79	80	81	82	83	84	85	86	87	88	89
$10^{L_i/10}$	•10^7	1.26	1.58	2.0	2.51	3.16	3.98	5.01	6.30	7.94	•10^8	1.26	1.58	2.0	2.51	3.16	3.98	5.01	6.30	7.94
n_i																				
$\sum n_i$																				
$L_{eq}=10\lg\{1/100\sum 10^{L_i/10}\}=10\lg\sum 10^{L_i/10}-20$																				

实验二　交通噪声监测

一、实验目的

1. 学会用普通声级计测量交通噪声。
2. 熟练地计算等效声级、统计声级、标准偏差。
3. 声级计属于精密仪器，使用时要格外小心，防止碰撞、跌落，防止潮湿淋雨。

二、实验原理

运用声级计测量选定测点的 A 声级，并对取得的瞬时值进行计算，计算出 L_{eq}、L_{10}、L_{50}、L_{90}、s、L_{dn}，绘制噪声分布直框图。

三、测点选择

测点应选择在两路口之间的交通干线的马路边人行道上，离马路沿 20 cm 处，此处离路口的距离应大于 50 m。这样该测点的噪声可以代表两路口间的该段马路的噪声。

注：交通干线的划分见国家标准 GB 3096—82《城市区域环境噪声标准》第 1.2.7 款规定。

四、测量方法

在每测点上每隔 5 s 读一瞬时 A 声级，连续读取 200 个数据。同时记下车流量（辆 / h）。

五、现场测量、读数与计算

1. 现场测量时每组至少 3 名同学，一人持声级计并读取瞬时值，一人计时并提供读数信号，一个人记录。开始测量后应不间断地测完 200 个数据。

2. 同时记录测量点处各种车辆流量（载重车、大客车、小汽车、拖拉机、其他车辆），测量记录参考表 4-2-1。

3. 计算方法见城市区域环境噪声监测实验式（4-1-2）和有关的标准或教材。

4. 结果的表达。L_{eq}、L_{10}、L_{50}、L_{90}、s、L_{dn}，绘制噪声分布直框图。

六、思考题

1. 你监测的路段是否超过了交通噪声标准？
2. 请提出减少交通噪声污染的措施。

表 4-2-1　交通噪声测量记录表

班级		实验组号		实验组成员			测量日期		仪器型号	
地点		主要声源		测量时间	时　分至　时　分	总车流量	辆/h	重型车	辆/h	
								轻型车	辆/h	

L_i	30	31	32	33	34	35	36	37	38	39	40	41	42	43	44	45	46	47	48	49
$10^{L_i/10}$	$\cdot 10^3$	1.26	1.58	2.0	2.51	3.16	3.98	5.01	6.30	7.94	$\cdot 10^4$	1.26	1.58	2.0	2.51	3.16	3.98	5.01	6.30	7.94
n_i																				
$\sum n_i$																				
L_i	50	51	52	53	54	55	56	57	58	59	60	61	62	63	64	65	66	67	68	69
$10^{L_i/10}$	$\cdot 10^5$	1.26	1.58	2.0	2.51	3.16	3.98	5.01	6.30	7.94	$\cdot 10^6$	1.26	1.58	2.0	2.51	3.16	3.98	5.01	6.30	7.94
n_i																				
$\sum n_i$																				
L_i	70	71	72	73	74	75	76	77	78	79	80	81	82	83	84	85	86	87	88	89
$10^{L_i/10}$	$\cdot 10^7$	1.26	1.58	2.0	2.51	3.16	3.98	5.01	6.30	7.94	$\cdot 10^8$	1.26	1.58	2.0	2.51	3.16	3.98	5.01	6.30	7.94
n_i																				
$\sum n_i$																				
$L_{eq}=10\lg\{1/200\sum 10^{L_i/10}\}=10\lg\sum 10^{L_i/10}-23$																				

实验三　工业企业厂界噪声监测

一、实验目的

1. 按要求进行厂界噪声测量布点，界定稳态噪声，非稳态噪声、周期性噪声。

2. 声级计属于精密仪器，使用时要格外小心，防止碰撞、跌落，防止潮湿淋雨。

二、实验原理

运用声级计测量选定测点的 A 声级，并对取得的瞬时值进行计算，计算出 L_{eq}。

三、名词术语

1. 稳态噪声，非稳态噪声　在测量时间内，声级起伏不大于 3 dB（A）的噪声视为稳态噪声，否则称为非稳态噪声。

2. 周期性噪声　在测量时间内，声级变化具有明显的周期性的噪声。

3. 背景噪声　厂界外噪声源产生的噪声。

四、测量条件

1. 测量仪器　测量仪器精度为Ⅱ级以上的声级计或环境噪声自动监测仪，其性能符合 GB 3875《声级计电声性能及测量方法》之规定，应定期校验。并在测量前后进行校准，灵敏度相差不得大于 0.5 dB（A），否则测量无效。测量时传声器加风罩。

2. 气象条件　测量应在无雨、无雪的天气条件下进行，风力为 5.5 m/s 以上时停止测量。

测量应在被测企事业单位的正常工作时间内进行。分为昼、夜间两部分，时段的划分可由当地人民政府按当地习惯和季节规定。

3. 采样方式　用声级计采样时，仪器动态特性为“慢”响应，采样时间间隔为 5 s。

用环境噪声自动监测仪采样时，仪器动态特性为“快”响应，采样时间间隔不大于 1 s。

4. 测量值　稳态噪声测量 1 min 的等效声级。

周期性噪声测量一个周期的等效声级。

非周期性非稳态噪声测量整个正常工作时间的等效声级。

5. 测点位置的选择　测点（即传声器位置。下同）应选在法定厂界外 1 m，高度 1.2 m 以上的噪声敏感处，若厂界有围墙，测点应高于围墙。

若厂界与居民住宅相连，厂界噪声无法测量时，测点应选在居室中央，室内限值应比相应标准值低 10 dB（A）。

五、测量记录及数据处理

1. 测量记录　围绕厂界布点。布点数目及间距视实际情况而定。在每一测点测量，计算正常工作时间内的等效声级，填入工业企业厂界噪声测量记录表。并记录被测企业噪声设备开车情况，测量记录参考表 4-3-2。

2. 背景值修正　背景噪声的声级值应比待测噪声的声级值低 10 dB（A）以上，若测量值与背景值差值小于 10 dB（A），按表 4-3-1 进行修正。

表 4-3-1　修正值表

单位：dB（A）

差　值	3	4—6	7—9
修 正 值	–3	–2	–1

六、思考题

1. 举例说明什么是稳态噪声源、非稳态噪声源、周期性噪声源。
2. 为什么稳态噪声源只需测 1 min 的等效声级？

表 4-3-2　工业企业厂界噪声测量记录表

年　　月　　日

班级		实验组号			实验组成员													
测量地点	厂	车间	设备情况		仪器型号													
数据记录	声级/dB																	
	1	2	3	4	5	6	7	8	9	10	11	12	13	14	15	16	17	18

实验四　建筑施工场界噪声监测

一、实验目的

1．学习建筑施工噪声的有关名词定义，掌握建筑施工噪声监测要点。

2．声级计属于精密仪器，使用时要格外小心，防止碰撞、跌落，防止潮湿淋雨。

二、实验原理

运用声级计测量选定测点的 A 声级，并对取得的瞬时值进行计算，计算出昼间和夜间连续等效 A 声级 L_{eq}。

三、名词术语

1．建筑施工场地的边界　由政府有关部门限定的建筑施工场地最外面的边界线。

2．建筑施工场地　指工程限定的边界范围以内的区域，以及规定界线以外的确实用于建筑或拆毁的其他中间准备区域。

3．噪声敏感区域　受到建筑施工噪声影响的住宅区、机关、学校、商业区以及公共场所等，其背景噪声比建筑施工场地产生的噪声级低的区域。

4．背景噪声　当建筑场地停止施工时，上述区域的环境噪声。

四、测点的确定

1．根据城市建设部门提供的建筑方案和其他与施工现场情况有关的数据确定建筑施工场地边界线，并应在测量表中标出边界线与噪声敏感区域之间的距离。

2．根据被测建筑施工场地的建筑作业方位和活动形式，确定噪声敏感建筑或区域的方位，并在建筑施工场地边界线上选择离敏感建筑物或区域最近的点作为测点。由于敏感建筑物方位不同，对于一个建筑施工场地，可同时有几个测点。

五、测量条件

1．测量仪器　测量仪器为积分声级计，其性能至少应符合 GB 3785《声级计的电、声性能及测试方法》中对Ⅱ型仪器的要求。在测量前后要对使用的声级计进行校准。

如有条件，也可使用环境噪声自动监测仪，但仪器的动态范围应不小于 50 dB。以保证测量数据的准确性。

2．传声器设置　测量时声级计或传声器可以手持，也可以固定在三角架上，传声器处于距地面高 1.2 m 的边界线敏感处。如果边界处有围墙，为了扩大监测范围也可将传声器置于 1.2 m 以上的高度，但要在测量报告中加以注明。

3．气象条件　测量应选在无雨、无雪的天气条件下进行。当风速超过 1 m/s 时，要求在测量时加防风罩，如风速超过 5 m/s 时，应停止测量。

4．测量时间　分为昼间和夜间两部分，时间的划分可由当地人民政府确定。

六、测量方法

1．根据本文四的方法对施工现场和周围环境进行观测，确定噪声测量点。测量条件应符合本文五的有关规定。

2．采用环境噪声自动监测仪进行测量时，仪器动态特性为“快”响应，采样时间间隔不大于 1 s。白天以 20 min 的等效 A 声级表征该点的昼间噪声值，夜间以 8 h 的平均等效 A 声级表征该点夜间噪声值。

3．测量期间，各施工机械应处于正常运行状态。并应包括不断进入或离开场地的车辆。例如，卡车、施工机械车辆、搅拌机（车）等，以及在施工场地上运转的车辆，这些都属于施工场地范围以内的建筑施工活动。

4．背景噪声应比测量噪声低 10 dB（A）以上，若测量值与背景噪声值相差小于 10 dB（A），按表 4-4-1 进行修正。

5．测量记录请参考表 4-4-2。

表 4-4-1　修正值表

单位：dB（A）

差　值	3	4−5	6−9
修 正 值	−3	−2	−1

七、测量报告

测量报告中应包括以下内容：

1．建筑施工场地及边界线示意图；

2．敏感建筑物的方位、距离及相应边界线处测点；

3．各测点的等效连续 A 声级 L_{eq}。

表 4-4-2　建筑施工噪声测量记录表

年　　月　　日

班级						实验组号								实验组成员				
测量地点														仪器型号				
数据记录	声级/dB																	
	1	2	3	4	5	6	7	8	9	10	11	12	13	14	15	16	17	18

八、思考题

1. 传声器的方向是否对测定结果有影响？什么方向是正确的？
2. 测量时测量人员为什么要保持与传声器的距离？

第五部分　水质监测实验

实验一　pH 值的测定

pH 值是水中氢离子活度的负对数，即 $pH=-\lg\alpha_{H^+}$。

天然水中的 pH 值多为 6～9，这也是我国污水排放标准中的 pH 值控制范围。pH 值是水化学中常用的和最重要的检验项目之一。由于 pH 值受水温影响而变化，测定时应在规定的温度下进行，或者校正温度。

一、实验目的

1. 了解用直接电位法测定溶液 pH 值的原理和方法。
2. 掌握酸度计的使用方法。

二、实验原理

溶液的 pH 值通常是用酸度计进行测定的。

在实际工作中，当用酸度计测定溶液的 pH 值时，经常用已知 pH 值的标准缓冲溶液来校正酸度计（也叫"定位"）。校正时应选用与被测溶液的 pH 值接近的标准缓冲溶液，以减少在测量过程中可能由于液接电位、不对称电位以及温度等变化而引起的误差。校正后的酸度计，可直接测量水或其他低酸碱度溶液的 pH 值。

三、实验仪器

1. pHS—3 C 型酸度计。
2. pH 复合电极。

四、实验试剂

1. pH=4.00 的标准缓冲溶液（25 ℃）。
2. pH=6.86 的标准缓冲溶液（25 ℃）。

3．pH=9.18 的标准缓冲溶液（25 ℃）。

五、实验步骤

1．将仪器接通电源。

2．仪器选择开关置于 pH 挡，开启电源，仪器预热几分钟，然后进行校正。

3．仪器的校正：

方法一：一点校正法——用于分析精度要求不高的情况。

（1）仪器插上电极，选择开关置于“pH”挡；

（2）仪器斜率调节器调节在 100%位置（即顺时针旋到底的位置）；

（3）选择一种接近样品 pH 值的缓冲溶液（如 pH=7），并把电极放入这一缓冲溶液中，调节温度调节器，使所指示的温度与溶液的温度相同，并摇动缓冲溶液使溶液均匀；

（4）待读数稳定后，该读数应为缓冲溶液的 pH 值，否则调节定位调节器；

（5）清洗电极并吸干电极球泡表面的余水。

方法二：二点校正法——用于分析精度要求较高的情况。

（1）仪器插上电极，选择开关置于“pH”挡，仪器斜率调节器调节在 100%位置；

（2）选择两种缓冲溶液（即被测溶液的 pH 值在该两种缓冲溶液的 pH 值之间或接近的情况，如 pH=4 和 pH=7）；

（3）把电极放入第一种缓冲溶液中（如 pH=4），调节温度调节器，使所指示的温度与溶液的温度相同，并摇动缓冲溶液使溶液均匀；

（4）待读数稳定后，该读数应为缓冲溶液的 pH 值，否则调节定位调节器；

（5）电极放入第二种缓冲溶液中（如 pH=7），调节温度调节器，使所指示的温度与溶液的温度相同，并摇动缓冲溶液使溶液均匀；

（6）待读数稳定后，该读数应为缓冲溶液的 pH 值，否则调节定位调节器；

（7）清洗电极并吸干电极球泡表面的余水。

4．测量 pH 值：已经被校正过的仪器即可用来测量被测溶液。

（1）被测溶液和定位溶液温度相同时：

1）“定位”保持不变；

2）将电极夹向上移出，用蒸馏水清洗电极头部，并用滤纸吸干；

3）把电极插在被测溶液之内，摇动溶液使之均匀后读出该溶液 pH 值。

（2）被测溶液和定位溶液温度不同时：

1）“定位”保持不变；

2）将电极夹向上移出，用蒸馏水清洗电极头部，并用滤纸吸干，用温度计测出被测溶液的温度值；

3）调节“温度”调节器，使指示在该温度值上；

4）把电极插在被测溶液之内，摇动溶液使之均匀后读出该溶液 pH 值。

5. 实验完毕，将电极套好保护帽，放回电极盒中；仪器回零，关闭仪器开关，拔掉电源插头。

6. 清理实验台，物归原处，保持实验台面干净整洁。

表 5-1-1 溶液 pH 值测定数据记录表

溶液 / 测量值	缓冲溶液		待测溶液		
	1	2	1	2	3
温度/℃					
pH 值					

六、注意事项

1. 电极在使用前必须用已知 pH 值的标准缓冲溶液进行定位校准，为取得正确的结果，已知 pH 值要可靠，而且其 pH 值越接近被测值越好；

2. 电极取下帽后应注意，在塑料保护栅内的敏感玻璃泡不要与硬物接触，任何破损和擦毛都会使电极失效；

3. 测量完毕，不用时应将电极保护帽套上，帽内应有少量的补充液，以保持电极球泡的湿润；

4. 复合电极的外参比补充溶液为 3 mol/L 氯化钾溶液；

5. 复合电极的引出端必须保持清洁和干燥，绝对防止输出两端短路，否则将导致测量结果失准或失效。

七、思考题

1. 电位法测水溶液 pH 值的原理是什么？

2. 酸度计为什么要用已知 pH 值的标准缓冲溶液校正？校正时要注意什么问题？

3. 安装电极时，应注意哪些事项？

4. 有色溶液或混浊溶液的 pH 值是否可以用酸度计测定？

实验二　电导率的测定

电导率是以数字表示溶液传导电流的能力。纯水电导率很小，当水中含无机酸、碱或盐时，电导率增加。电导率常用于间接推测水中离子成分的总浓度。水溶液的电导率取决于离子的性质和浓度、溶液的温度和黏度等。

电导率的标准单位是S/m（西门子/米）。一般实际使用单位为μS/cm。

一、实验目的

1．了解电导率仪的使用原理和方法。
2．学习电极的维护方法。
3．掌握电导率的测定方法。

二、实验原理

由于电导是电阻的倒数，因此，当两个电极（通常为铂电极或铂黑电极）插入溶液中，可以测出两电极间的电阻 R。根据欧姆定律，温度一定时，这个电阻值与电极的间距 L（cm）成正比，与电极的截面积 A（cm^2）成反比。即：$R=\rho L/A$。

由于电极面积 A 与间距 L 都是固定不变的，故 L/A 是一常数，称电导池常数（以 Q 表示）。比例常数 ρ 叫做电阻率。其倒数 $1/\rho$ 称为电导率，以 K 表示。

用 S 表示电导度，反映导电能力的强弱。电导度和电阻成反比。即 $S=1/R=1/\rho Q$，所以，$K=QS$ 或 $K=Q/R$。

当已知电导池常数，并测出电阻后，即可求出电导率。

三、实验仪器

1．DDS－307型电导率仪：误差不超过1%
2．电极：不同常数的电极若干支

四、实验试剂

纯水：蒸馏水（或去离子水）

五、实验步骤

1．电极的选择

按被测介质电导率的高低，选择不同常数的电导电极，并且测定方法也不同。

一般当介质电导率小于 0.1 μS/cm 时选择 0.01 cm^{-1} 常数的电极，而且应流动测量。当电导率在 1～0.1 μS/cm 之间时应选择 0.1 cm^{-1} 常数的 DJS－0.1 型光亮电极，任意状态下测量。当电导率在 1～100 μS/cm 之间时选择常数为 1 cm^{-1} 的 DJS－1 型电极，当电导率在 100～1 000 μS/cm 之间时选择常数为 1 cm^{-1} 的 DJS－1 型铂黑电极。当电导率在 1 000～10 000 μS/cm 之间时选择常数为 1 cm^{-1} 或 10 cm^{-1} 的 DJS－1 型铂黑电极或 DJS－10 型铂黑电极，当电导率大于 10 000 μS/cm 时应选择常数为 10 cm^{-1} 的 DJS－1 型铂黑电极。

2．温度补偿调节器的使用

用温度计测出被测介质的温度后，把“温度”旋钮置于相应的温度刻度上。若把旋钮置于 25 ℃上，即为基准温度下补偿，也即无补偿方式。

3．常数选择开关的选择

若选用 0.01 cm^{-1}±20%常数的电极，则置于 0.01 挡；

若选用 0.1 cm^{-1}±20%常数的电极，则置于 0.1 挡；

若选用 1 cm^{-1}±20%常数的电极，则置于 1 挡；

若选用 10 cm^{-1}±20%常数的电极，则置于 10 挡。

4．常数的设定方法　量程开关置于校正挡

（1）对 0.01 cm^{-1} 电极，常数选择开关置 0.01 挡，若使用的电极常数为 0.009 5，则调节校正旋钮使仪器显示为 0.950；

（2）对 0.1 cm^{-1} 电极，常数选择开关置 0.1 挡，若使用的电极常数为 0.095，则调节校正旋钮使仪器显示为 9.50；

（3）对 1 cm^{-1} 电极，常数选择开关置 1 挡，若使用的电极常数为 0.95，则调节校正旋钮使仪器显示为 95.0；

（4）对 10 cm^{-1} 电极，常数选择开关置 10 挡，若使用的电极常数为 9.5，则调节校正旋钮使仪器显示为 950。

5．测量

（1）量程开关置于校正挡，按上述第 2～4 条步骤操作；

（2）将电极插头插入插口，再将电极浸入待测溶液中；

（3）把量程开关扳至测量挡，选择合适的量程挡（量程开关应由第Ⅳ量程起逐步转向Ⅲ、Ⅱ、Ⅰ量程），使仪器尽可能显示多位有效数字。此时仪器显示的读数×量程系数后，即为溶液的电导率，见表 5-2-1。

6．测量完毕，将仪器各开关复位，关闭电源开关，拔下电源插头。

7．从仪器上取下电极，用纯水清洗干净并放回原处。

8．清理实验台，物归原处，保持实验台面干净整洁。

表 5-2-1 溶液电导率换算表

电导率/（μS/cm）	常数/cm^{-1}	量程	被测介质电导率/（μS/cm）
0～10	1	Ⅰ	读数×0.1
0～100	1	Ⅱ	读数×1
0～1 000	1	Ⅲ	读数×10
0～10 000	1	Ⅳ	读数×100

表 5-2-2 溶液电导率测定数据记录表

待测溶液	电极型号	选择常数	设定常数	温　度	溶液电导率
1					
2					
3					
4					
5					

六、注意事项

1．电极应定期进行常数标定。

2．电极的插头、引线应保持干燥。在测量高电导（即低电阻）时应使插头接触良好，以减小接触电阻。

3．在测量高纯水时应避免污染，最好采用密封、流动的测量方式。

4．因温度补偿是采用固定的 2%的温度系数补偿的，故对高纯水测量尽量采用不补偿方式进行测量。

5．为确保测量精度，电极使用前应用小于 0.5 μS/cm 的蒸馏水（或去离子水）冲洗两次，然后用待测溶液冲洗 3 次方可测量。

6．在测量过程中需要重新校正仪器，只需将量程开关置校正挡即可重新校正仪器，而不必将电极插头拔出，也不必将电极从待测液中取出。

7．样品保存：水样采集后应尽快分析，如果不能在采样后 24 h 之内进行分析，样品应贮存于聚乙烯瓶中，并满瓶封存，于 4 ℃冷暗处保存，不得加保存剂。

8．干扰及消除：样品中含有粗大悬浮物质、油和脂，若有干扰测定，应过滤或萃取除去。

9．新制备的蒸馏水电导率为 0.05～0.2 mS/m，存放一段时间后，由于空气中的 CO_2 或氨的溶入，电导率可上升至 0.2～0.4 mS/m；饮用水电导率在 0.5～150 mS/m

之间；海水电导率大约为 3 000 mS/m；清洁河水电导率约为 10 mS/m。电导率随温度变而变化，温度每升高 1 ℃，电导率增加约 2%，通常规定 25 ℃为测定电导率的标准温度。

七、思考题

1. 测定溶液的电导率的原理是什么？
2. 安装电极时，应注意哪些事项？

实验三　浊度的测定

浊度是由于水中含有泥沙、黏土、有机物、无机物、浮游生物和微生物等悬浮物质所造成的，可使光散射或吸收。天然水经过混凝、沉淀和过滤等处理，使水变得清澈。

测定水样浊度可用分光光度法和目视比浊法。

方法一　分光光度法

一、实验目的

1．了解分光光度计的原理及使用方法。

2．掌握分光光度法测定浊度的方法。

二、实验原理

在适当温度下，硫酸肼与六次甲基四胺聚合，形成白色高分子聚合物。以此作为浊度标准液，在一定条件下与水样浊度相比较。

三、实验仪器

1．50 ml 具塞比色管　8 支。

2．100 ml 容量瓶　3 个。

3．分光光度计　配有光程 30 mm 比色皿。

4．10.0 ml 移液管　1 支。

四、实验试剂

1．无浊度水　将蒸馏水通过 0.2 μm 滤膜过滤，收集于用滤过水淋洗两次的烧瓶中。

2．浊度贮备液

（1）硫酸肼溶液：称取 1.000 g 硫酸肼[$(NH_2)_2SO_4 \cdot H_2SO_4$]，溶于水中，定容至 100 ml。

（2）六次甲基四胺溶液　称取 10.00 g 六次甲基四胺[$(CH_2)_6N_4$]，溶于水中，定容至 100 ml。

（3）浊度标准溶液　吸取 5.00 ml 硫酸肼溶液与 5.00 ml 六次甲基四胺溶液于 100 ml 容量瓶中，混匀。于 25℃±3℃下静置反应 24 h，用水稀释至标线，混匀。

此溶液的浊度为 400 度。可保存 1 个月。

五、实验步骤

1．标准曲线的绘制　吸取浊度标准溶液 0、0.5、1.25、2.50、5.00、10.00、12.5 ml，置于 50 ml 比色管中，加无浊度水至标线。摇匀后即得浊度为 0、4、10、20、40、80、100 度的标准系列。用 30 mm 比色皿于 680 nm 波长下测定吸光度，绘制浊度—吸光度校准曲线。

2．水样的测定　吸取 50.0 ml 摇匀水样（无气泡，如浊度超过 100 度，可酌情少取，用水稀释到 50.0 ml），于 50.0 ml 比色管中，按绘制校准曲线步骤测定吸光度。由校准曲线上查得水样浊度。

表 5-3-1　分光光度法测定浊度数据记录表

溶液 \ 测量值		体积/ml	稀释倍数	吸光度
标准溶液	1	0		
	2	0.5		
	3	1.25		
	4	2.50		
	5	5.00		
	6	10.00		
	7	12.5		
水样	1			
	2			
	3			
	4			
	5			

六、结果讨论

$$浊度=\frac{A(B+C)}{C} \tag{5-3-1}$$

式中：A——稀释后水样的浊度，度；

B——稀释水体积，ml；

C——原水样体积，ml。

七、注意事项

1．测定浊度的精度要求。

表 5-3-2　测定浊度的精度要求表

浊度范围/度	精度/度
1～10	1
10～100	5
100～400	10
400～1 000	50
＞1 000	100

2．实验过程中干扰及消除　水样应无碎屑及易沉淀的颗粒。器皿不清洁及水中溶解的空气泡会影响测定结果。如在 680 nm 波长下测定，天然水中存在的淡黄色、淡绿色无干扰。

3．方法的适用范围　本法适用于测定天然水、饮用水的浊度，最低检测浊度为 3 度。

4．玻璃量器精确程度会影响实验结果。

5．用移液管移取溶液时，要规范操作动作，以免影响结果。

6．硫酸肼毒性较强，属致癌物质，取用时注意。

八、思考题

1．分光光度计调0%和100%时，如果调试不准确，对实验结果会造成什么样的影响？

2．如何将校准曲线绘制得更精确？

3．分光光度法测定浊度时为什么用 30 mm 的比色皿？

方法二　目视比浊法

一、实验目的

学习并掌握用目视法测定水样浊度的方法。

二、实验原理

将水样与硅藻土（或白陶土）配制的浊度标准溶液进行比较，相当于 1 mg 一定粒度的硅藻土（或白陶土）在 1 000 ml 水中所产生的浊度，称为 1 度。

三、实验仪器

1．100 ml 具塞比色管　12 支。

2．250 ml 具塞无色玻璃瓶，玻璃质量和直径均需一致。

3．分筛　150 目。

4．1 000 ml 量筒　2 个。

5．虹吸管。
6．蒸发皿。
7．恒温水浴锅。
8．烘箱。
9．干燥器。
10．分析天平　精确到 0.1 mg。
11．1 000 ml 容量瓶　1 个。
12．250 ml 容量瓶　13 个。
13．研钵　1 套。
14．10.0 ml 移液管　1 支。

四、实验试剂

1．浊度标准液

（1）称取 10 g 通过 0.1 mm 筛孔（150 目）的硅藻土，于研钵中加入少许蒸馏水调成糊状并研细，移至 1 000 ml 量筒中，加水至刻度。充分搅拌，静置 24 h，用虹吸法仔细将上层 800 ml 悬浮液移至第二个 1 000 ml 量筒中。向第二个量筒内加水至 1 000 ml，充分搅拌后静置 24 h。

虹吸出上层较细颗粒的 800 ml 悬浮液，弃去。下部沉积物加水稀释至 1 000 ml。充分搅拌后贮于具塞玻璃瓶中，作为浑浊度原液。其中含硅藻土颗粒直径大约为 400 μm。

取上述悬浊液 50.0 ml 置于已恒重的蒸发皿中，在水浴上蒸干。于 105 ℃烘箱内烘 2 h，置于干燥器中冷却 30 min，称重。重复以上操作，即烘 1 h，冷却，称重，直至恒重。求出每毫升悬浊液中含硅藻土的质量（mg）。

（2）吸取含 250 mg 硅藻土的悬浊液，置于 1 000 ml 容量瓶中，加入 10 ml 甲醛溶液加水至刻度，摇匀。此溶液浊度为 250 度。

（3）吸取浊度为 250 度的标准液 100 ml 置于 250 ml 容量瓶中，用水稀释至标线，此溶液浊度为 100 度。

2．氯化汞　上述原液和各标准液中加入 1 g/L 氯化汞，以防菌类生长。

五、实验步骤

1．浊度低于 10 度的水样

（1）吸取浊度为 100 度的标准液 0 ml、1.0 ml、2.0 ml、3.0 ml、4.0 ml、5.0 ml、6.0 ml、7.0 ml、8.0 ml、9.0 ml 及 10.0 ml 于 100 ml 比色管中，加水稀释至标线，混匀。其浊度依次为 0 度、1.0 度、2.0 度、3.0 度、4.0 度、5.0 度、6.0 度、7.0 度、8.0 度、9.0 度、10.0 度的标准液。

（2）取 100 ml 摇匀水样置于 100 ml 比色管中，与浊度标准液进行比较。可在黑色度底板上，由上往下垂直观察。

2．浊度为 10 度以上的水样

（1）吸取浊度为 250 度的标准液 0 ml、10 ml、20 ml、30 ml、40 ml、50 ml、60 ml、70 ml、80 ml、90 ml 及 100 ml 于 250 ml 容量瓶中，加水稀释至标线，混匀。即得浊度为 0 度、10 度、20 度、30 度、40 度、50 度、60 度、70 度、80 度、90 度、100 度的标准液。移入成套的 250 ml 具塞玻璃瓶中，每瓶加入 1 g/L 氯化汞，以防菌类生长，密塞保存。

（2）取 250 ml 摇匀水样，置于 250 ml 具塞玻璃瓶中，瓶后放一有黑线的白纸作为判别标志，从瓶前向后观察，根据目标清晰程度，选出与水样产生视觉效果相近的标准液，记下其浊度值。

（3）水样浊度超过 100 度时，用水稀释后测定。

六、结果讨论

$$浊度=\frac{A(B+C)}{C} \qquad (5\text{-}3\text{-}2)$$

式中：A——稀释后水样的浊度，度；

B——稀释水体积，ml；

C——原水样体积，ml。

表 5-3-3　目视比浊法测定浊度数据记录表

溶液/测量值	标准液											水样		
												1	2	3
溶液体积/ml														
浊度/度														

七、注意事项

1．用移液管移取溶液时，要规范操作动作，以免影响结果。

2．使用的玻璃仪器要洗涤干净，否则会影响实验结果。

3．样品收集于具塞玻璃瓶内，应在取样后尽快测定。如需保存，可在 4 ℃冷暗处保存 24 h，测试前要激烈振摇水样并恢复到室温。

八、思考题

1．测定浊度时应该如何选择视线的角度？

2．测定浊度时，根据具体情况如何选择分光光度法和目视比浊法？

实验四　残渣的测定

残渣分为总残渣、总可滤残渣和总不可滤残渣 3 种。总残渣是水或污水在一定温度下蒸发，烘干后剩留在器皿中的物质，包括“总不可滤残渣”（即截留在滤器上的全部残渣，也称为悬浮物）和“总可滤残渣”（即通过滤器的全部残渣，也称为溶解性固体）。

水中悬浮物的理化特性，所用的滤器与孔径大小，滤片面积和厚度，以及截留在滤器上物质的数量和物理状态等均能影响不可滤残渣与可滤残渣的测定结果。鉴于这些因素复杂，且难以控制，因而上述两种残渣的测定方法只是为了实用而规定的近似方法，具有相对评价意义。

烘干温度和时间，对结果有重要影响，由于有机物挥发，吸着水、结晶水的变化和气体逸失等造成减重，也由于氧化而增重。通常有两种烘干温度供选择。103～105 ℃烘干的残渣，保留结晶水和部分吸着水，重碳酸盐将转为碳酸盐，而有机物挥发逸失甚少。由于在 105 ℃不易赶尽吸着水，故达到恒重较慢。而在 180 ℃±2 ℃烘干时，残渣的吸着水都除去，可能存留某些结晶水，有机物挥发逸失，但不能完全分解，重碳酸盐均转为碳酸盐，部分碳酸盐可能分解为氧化物及碱式盐，某些氯化物和硝酸盐可能损失。

下述方法适用于天然水、饮用水、生活污水和工业废水中 20 000 mg/L 以下残渣的测定。适合于供水、生活污水、工业废水处理过程中产生的沉淀物和悬浮物的测定。

103～105℃烘干的总残渣

一、实验原理

将混合均匀的水样，在称至恒重的蒸发皿中于蒸汽浴或水浴上蒸干，放在 103～105 ℃烘箱内烘至恒重，增加的重量为总残渣。

二、实验仪器

1．瓷蒸发皿　直径 90 mm（也可用 150 ml 硬质烧杯，或玻璃蒸发皿）。
2．烘箱。
3．蒸汽浴或水浴。

三、实验步骤

1．将每次在 103～105 ℃烘箱中烘 30 min，冷却后称重，直至恒重（两次称重相差不超过 0.000 5 g）。

2. 分别取适量振荡均匀的水样（如50 ml），使残渣量大于25 mg，置上述蒸发皿内，在蒸汽浴或水浴上蒸干（水浴面不可接触皿底）。移入103～105 ℃烘箱内每次烘1 h，冷却后称重，直到恒重（两次称重相差不超过0.000 5 g）。

表 5-4-1 103～105℃烘干的总残渣数据记录表

数据 水样	烘箱温度/℃	蒸发皿质量 *B*/g	水样体积 *V*/ml	蒸发皿和总残渣的质量 *A*/g	总残渣的质量 *A*－*B*/g
1					
2					
3					
4					

四、结果讨论

$$\rho = \frac{(A-B)\times 1\,000\times 1\,000}{V} \tag{5-4-1}$$

式中：ρ——总残渣质量浓度，mg/L；

A——总残渣＋蒸发皿质量，g；

B——蒸发皿质量，g；

V——水样体积，ml。

103～105℃烘干的可滤残渣

一、实验原理

将过滤后水样放在称至恒重的蒸发皿内蒸干，然后在 103～105 ℃烘至恒重，增加的重量为可滤残渣。

二、实验仪器

1. 滤膜（孔径 0.45 μm）及配套滤器，或中速定量滤纸。
2. 烘箱。
3. 蒸汽浴或水浴。

三、实验步骤

1. 将蒸发皿每次在 103～105 ℃烘箱中烘 30 min，冷却后称重，直至恒重（两次称重相差不超过 0.000 5 g）。

2．用孔径 0.45 μm 滤膜或中速定量滤纸过滤水样。

3．分取适量过滤后水样，使残渣量大于 25 mg 置于上述蒸发皿内，在蒸汽浴或水浴上蒸干（水浴面不可接触皿底）。移入 103～105 ℃烘箱内每次烘 1 h，冷却后称重，直到恒重（两次称重相差不超过 0.000 5 g）。

表 5-4-2　103～105 ℃烘干的可滤残渣数据记录表

数据 / 水样	烘箱温度/℃	蒸发皿质量 *B*/g	水样体积 *V*/ml	蒸发皿和可滤残渣的质量 *A*/g	可滤残渣的质量 *A*－*B*/g
1					
2					
3					
4					

四、结果讨论

$$\rho=\frac{(A-B)\times 1000\times 1000}{V} \quad (5\text{-}4\text{-}2)$$

式中：ρ——可滤残渣质量浓度，mg/L；

A——可滤残渣 ＋ 蒸发皿质量，g；

B——蒸发皿质量，g；

V——水样体积，ml。

注：采用不同滤料所测得的结果会存在差异。必要时，应在分析结果报告上加以注明。

五、精密度和准确度

103～105 ℃烘干的可过滤残渣：人工合成水样含可过滤残渣（103～105 ℃烘干）436.4 mg/L，经 7 个实验室分析，测得室内相对标准偏差为 6.9%；室间相对标准偏差为 18.8%；相对误差为 2.97%。

本方法还用于河水（黄河、淮河）、水库水、自来水、湖水、地下水、矿泉水等 15 种样品的分析，其质量浓度范围为 100.8～1 575 mg/L，加标回收率为 95.6%～103.6%。

103～105℃烘干的不可滤残渣（悬浮物）

许多江河由于水土流失使水中悬浮物大量增加。地面水中存在悬浮物使水体浑浊，降低透明度，影响水生生物的呼吸和代谢，甚至造成鱼类窒息死亡。悬浮物多时，还可能造成河道阻塞。造纸、皮革、冲渣、选矿、湿法粉碎和喷淋除尘等工业操作中产生大量含无机、有机的悬浮物废水。因此，在水和废水处理中，测定悬浮物具有特定意义。

不可滤残渣（悬浮物）是指不能通过孔径为 0.45 μm 滤膜的固体物。

一、实验原理

用 0.45 μm 滤膜过滤水样，经 103～105 ℃烘干后得到不可滤残渣（悬浮物）含量。

二、实验仪器

1. 全玻璃或有机玻璃微孔滤膜过滤器。
2. 滤膜　孔径 0.45 μm、直径 45～60 mm。
3. 吸滤瓶、真空泵。
4. 无齿扁嘴镊子。
5. 称量瓶　内径 30～50 mm。
6. 干燥器。
7. 烘箱。

三、实验试剂

蒸馏水或同等纯度的水。

四、实验步骤

1. 滤膜准备　用无齿扁嘴镊子夹取滤膜放于事先恒重的称量瓶里，移入烘箱中于 103～105 ℃烘干 0.5 h 后取出置于干燥器内冷却至室温，称其质量。反复烘干、冷却、称量，直至两次称量的质量差≤0.2 mg。将恒重的滤膜正确地放在滤膜过滤器托盘上，加盖配套的漏斗，并用夹子固定好。以蒸馏水湿润滤膜，并不断吸滤。

2. 测定　量取充分混合均匀的试样 100 ml 抽吸过滤，使水分全部通过滤膜，再以每次 10 ml 蒸馏水连续洗涤 3 次，继续吸滤以除去痕量水分。停止吸滤后，仔细取出载有悬浮物的滤膜放在原恒重的称量瓶里，移入烘箱中于 103～105 ℃下烘干 1 h 后移入干燥器中，使冷却到室温，称其质量。反复烘干、冷却、称量，直至两次称量的质量差≤0.4 mg 为止。

五、结果讨论

$$\rho=\frac{(A-B)\times 1000\times 1000}{V} \tag{5-4-3}$$

式中：ρ——不可滤残渣质量浓度，mg/L；

A——滤膜、称量瓶和不可滤残渣的质量，g；

B——滤膜和称量瓶的质量，g；

V——水样体积，ml。

表 5-4-3 103～105℃烘干的不可滤残渣数据记录表

数据／水样	烘箱温度/℃	滤膜和称量瓶的质量 B/g	水样体积 V/ml	滤膜、称量瓶和不可滤残渣的质量 A/g	不可滤残渣的质量 $A-B$/g
1					
2					
3					
4					

六、注意事项

1．采样所用聚乙烯瓶或硬质玻璃瓶要用洗涤剂洗净，再依次用自来水和蒸馏水冲洗干净。在采样之前，再用即将采集的水样清洗 3 次。然后，采集具有代表性的水样 500～1 000 ml，盖严瓶盖。

2．采集的水样应尽快分析测定。如需放置，应贮存在 4 ℃冷藏箱中，但最长不得超过 7 d。

3．贮存水样时不能加入任何保护剂，以防止破坏物质在固、液相间的分配平衡。

4．漂浮或浸没的不均匀固体物质不属于不可滤残渣（悬浮物），应从采集的水样中去除。

5．滤膜上截留过多的悬浮物可能夹带过多的水分，除延长干燥时间外，还可能造成过滤困难，遇此情况，可酌情少取试样。滤膜上悬浮物过少，则会增大称量误差，影响测定精度，必要时，可增大水样体积。一般以 5～100 ml 悬浮物量作为量取水样体积的使用范围。

七、思考题

1．蒸发皿、滤膜和称量瓶每次在使用前都要烘干至恒重，为什么？

2．总残渣、不可滤残渣、可滤残渣三者之间的关系如何？

实验五　溶解氧的测定

溶解在水中的分子态氧称为溶解氧。天然水的溶解氧含量取决于水体与大气中氧的平衡。溶解氧的饱和含量和空气中氧的分压、大气压力、水温有密切关系。清洁地面水溶解氧一般接近饱和。由于藻类的生长，溶解氧可能过饱和。水体受有机、无机还原性物质污染，使溶解氧降低。当大气中的氧来不及补充时，水中溶解氧逐渐降低，以致趋近于零，此时厌氧菌繁殖，水质恶化。废水中溶解氧的含量取决于废水排出前的工艺过程，一般含量较低，差异很大。

鱼类死亡事故多是由于大量受纳污水，使水体中耗氧性物质增多，溶解氧降低，造成鱼类窒息死亡，因此，溶解氧是评价水质的重要指标之一。

测定水中溶解氧常采用碘量法及其修正法、膜电极法和现场快速溶解氧仪法。清洁水可直接采用碘量法测定。水样有色或含有氧化性及还原性物质、藻类、悬浮物等干扰测定。氧化性物质可使碘化物游离出碘，产生正干扰。某些还原性物质可把碘还原成碘化物，产生负干扰。有机物（如腐植酸、丹宁酸、木质素等）可能被部分氧化，产生负干扰。所以大部分受污染的地面水和工业废水，必须采用修正的碘量法或膜电极法测定。

碘量法

一、实验目的

1．熟练掌握移液管、滴定管的使用方法。
2．掌握碘量法测定溶解氧的原理、方法和适用范围。
3．了解其他测定溶解氧的方法以及适用范围。
4．掌握滴定终点的控制方法。

二、实验原理

水样中加入硫酸锰和碱性碘化钾，水中溶解氧将低价锰氧化成高价锰，生成四价锰的氢氧化物棕色沉淀。加酸后，氢氧化物沉淀溶解并与碘离子反应而释出游离碘。以淀粉作指示剂，用硫代硫酸钠滴定释出碘，可计算溶解氧的含量。

三、实验仪器

1．250～300 ml 溶解氧瓶　若干个。
2．250 ml 碘量瓶　1 个。

3．移液管　10.00 ml，1 支；100.00 ml，1 支。

4．25 ml 滴定管　棕色，2 支。

5．5 ml 量筒　2 个。

6．吸管　3 支。

四、实验试剂

1．硫酸锰溶液　称取 480 g $MnSO_4·4H_2O$ 或 364 g $MnSO_4·H_2O$ 溶于水，用水稀释至 1 000 ml。此溶液加至酸化过的碘化钾溶液中，遇淀粉不得产生蓝色。

2．碱性碘化钾溶液　称取 500 g 氢氧化钠溶解于 300～400 ml 水中，另称取 150 g 碘化钾（或 135 g 碘化钠）溶于 200 ml 水中，待氢氧化钠溶液冷却后，将两溶液合并、混匀，用水稀释至 1 000 ml。如有沉淀，则放置过夜后，倾出上清液，贮于棕色瓶中。用橡皮塞塞紧，避光保存。此溶液酸化后，遇淀粉应不呈蓝色。

3．（1+5）硫酸溶液。

4．1%淀粉溶液　称取 1 g 可溶性淀粉，用少量水调成糊状，再用刚煮沸的水冲稀至 100 ml。冷却后，加入 0.1 g 水杨酸或 0.4 g 氯化锌防腐。

5．重铬酸钾溶液 c（$1/6K_2Cr_2O_7$）0.025 0 mol　称取于 105～110 ℃烘干 2 h 并冷却的优级纯重铬酸钾 1.225 8g，溶于水，移入 1 000 ml 容量瓶中，用水稀释至标线，摇匀。

6．硫代硫酸钠溶液　称取 6.2 g 硫代硫酸钠（$Na_2S_2O_3·5H_2O$）溶于煮沸放冷的水中，加入 0.2 g 碳酸钠，用水稀释至 1 000 ml。贮于棕色瓶中，使用前用 0.025 0 mol/L 重铬酸钾标准溶液标定，标定方法如下：

于 250 ml 碘量瓶中，加入 100 ml 水和 1 g 碘化钾，加入 10.00 ml　0.025 0 mol/L 重铬酸钾标准溶液、5 ml（1+5）硫酸溶液，密塞，摇匀。于暗处静置 5 min 后，用硫代硫酸钠溶液滴定至溶液呈淡黄色，加入 1 ml 淀粉溶液，继续滴定至蓝色刚好褪去为止，记录用量。

$$M=\frac{10.00\times 0.025\ 0}{V} \tag{5-5-1}$$

式中：M——硫代硫酸钠溶液的浓度，mol/L；

V——滴定时消耗硫代硫酸钠溶液的体积，ml。

7．硫酸：ρ =1.84 g/ml。

五、实验步骤

1．溶解氧的固定　用吸管插入溶解氧瓶的液面下，加入 1 ml 硫酸锰溶液、2 ml 碱性碘化钾溶液，盖好瓶塞，颠倒混合数次，静置。待棕色沉淀物降至瓶内一半时，再颠倒混合一次，待沉淀物下降到瓶底。一般在取样现场固定。

2．析出碘　轻轻打开瓶塞，立即用吸管插入液面下加入 2.0 ml 浓硫酸。小心盖好瓶塞，颠倒混合摇匀，至沉淀物全部溶解为止，放置暗处 5 min。

3．滴定　吸取 100.0 ml 上述溶液于 250 ml 锥形瓶中，用硫代硫酸钠溶液滴定至溶液呈淡黄色，加入 1 ml 淀粉溶液，继续滴定至蓝色刚好褪去为止，记录硫代硫酸钠溶液用量。

六、结果讨论

$$溶解氧（O_2，mg/L）=\frac{M \cdot V \times 8 \times 1\,000}{100} \tag{5-5-2}$$

式中：M——硫代硫酸钠溶液浓度，mol/L；

V——滴定时消耗硫代硫酸钠溶液的体积，ml。

表 5-5-1　水样中溶解氧的测定数据记录表

数据 / 水样	滴定硫代硫酸钠消耗重铬酸钾			滴定溶解氧消耗硫代硫酸钠		
	初始体积 V_1/ml	终点体积 V_2/ml	消耗体积 $V=V_2-V_1$/ml	初始体积 V_3/ml	终点体积 V_4/ml	消耗体积 $V'=V_4-V_3$/ml
1						
2						
3						
4						

七、注意事项

1．如果水样中含有氧化性物质（如游离氯大于 0.1 mg/L 时），应预先于水样中加入硫代硫酸钠去除。即用两个溶解氧瓶各取一瓶水样，在其中一瓶加入 5 ml（1+5）硫酸和 1 g 碘化钾，摇匀，此时游离出碘。以淀粉作指示剂，用硫代硫酸钠溶液滴定至蓝色刚好褪去为止，记下用量（相当于去除游离氯的量）。于另一瓶水样中，加入同样量的硫代硫酸钠溶液，摇匀后，按操作步骤测定。

2．如果水样呈强酸性或强碱性，可用氢氧化钠或硫酸溶液调至中性后测定。

3．水样中亚硝酸盐氮含量高于 0.05 mg/L，二价铁低于 1 mg/L 时，采用叠氮化钠修正法。此法适用于多数污水及生化处理出水；水样中二价铁高于 1 mg/L，采用高锰酸钾修正法；水样有色或有悬浮物，采用明矾絮凝修正法；含有活性污泥悬浊物的水样，采用硫酸铜—氨基磺酸絮凝修正法。

4．水样的采集与保存　用碘量法测定水中溶解氧，水样常采集到溶解氧瓶中。采集水样时，要注意不使水样曝气或有气泡残存在采样瓶中。可用水样冲洗溶解氧瓶后，沿瓶壁直接倾注水样或用虹吸法将吸管插入溶解氧瓶底部，注入水样至溢出瓶容积的 1/3～1/2。

水样采集后，为防止溶解氧变化，应立即加固定剂于样品中并存于冷暗处，同时记录水温和大气压力。

5．精密度和准确度　经不同海拔高度的 4 个实验室分析于 20 ℃含饱和溶解氧 6.85～9.09 mg/L 的蒸馏水，单个实验室的相对标准偏差不超过 0.3%；分析含 4.73～11.4 mg/L 溶解氧的地表水，单个实验室的相对标准偏差不超过 0.5%。

八、思考题

1．取水样时应注意哪些情况？

2．加入硫酸锰溶液、碱性碘化钾溶液和浓硫酸时，为什么必须插入液面以下？

3．当碘析出时，为什么把溶解氧瓶放置在暗处 5 min？

实验六　氨氮的测定

氨氮（NH_3-N）以游离氨（NH_3）或铵盐（NH_4^+）形式存在于水中，两者的组成比取决于水的 pH 值。当 pH 值偏高时，游离氨的比例较高。反之，则铵盐的比例较高，水温则相反。

水中氨氮的来源主要为生活污水中含氮有机物受微生物作用的分解产物，某些工业废水，如焦化废水和合成氨化肥厂废水等，以及农田排水。此外，在无氧环境中，水中存在的亚硝酸盐亦可受微生物作用，还原为氨。在有氧环境中，水中氨亦可转变为亚硝酸盐，甚至继续转变为硝酸盐。

测定水中各种形态的氮化合物，有助于评价水体被污染和“自净”状况。

鱼类对水中氨氮比较敏感，当氨氮含量高时会导致鱼类死亡。

氨氮的测定方法，通常有纳氏试剂比色法、气相分子吸收法、苯酚—次氯酸盐（或者水杨酸—次氯酸盐）比色法和电极法等。本书采用纳氏试剂比色法。纳氏试剂比色法具有操作简便、灵敏等特点，水中钙、镁和铁等金属离子、硫化物、醛和酮类、颜色，以及浑浊等均干扰测定，需做相应的预处理。

预处理

一、实验目的

水样带色或浑浊以及含其他一些干扰物质，影响氨氮的测定。为此，在分析时需做适当的预处理。对较清洁的水，可采用絮凝沉淀法，对污染严重的水或工业废水，则以蒸馏法使之消除干扰。

二、预处理方法

1．絮凝沉淀法

（1）实验原理　加适量的硫酸锌于水样中，并加氢氧化钠使呈碱性，生成氢氧化锌沉淀，再经过滤除去颜色和浑浊等。

（2）实验仪器

1）100 ml 具塞量筒或比色管。

2）锥形瓶　150 ml。

3）漏斗。

（3）实验试剂

1）10%硫酸锌溶液：称取 10 g 硫酸锌溶于水，稀释至 100 ml。

2）25%氢氧化钠溶液：称取 25 g 氢氧化钠溶于水，稀释至 100 ml，贮于聚乙烯瓶中。

3）硫酸：ρ =1.84 g/ml。

（4）实验步骤　取 100 ml 水样于具塞量筒或比色管中，加入 1 ml 10%硫酸锌溶液和 0.1～0.2 ml 25%氢氧化钠溶液，调节 pH 值至 10.5 左右，混匀。放置使其沉淀，用经无氨水充分洗涤过的中速滤纸过滤，弃去初滤液 20 ml。

2．蒸馏法

（1）实验原理　调节水样的 pH 值在 6.0～7.4，加入适量氧化镁使呈微碱性（也可加入 pH 值为 9.5 的 $Na_4B_4O_7$－NaOH 缓冲溶液使呈弱碱性进行蒸馏；pH 值过高能促使有机氮的水解，导致结果偏高）。蒸馏释出的氨，被吸收于硫酸或硼酸溶液中。采用纳氏试剂比色法或酸滴定法时，以硼酸溶液为吸收液；采用水杨酸—次氯酸盐比色法时，则以硫酸溶液为吸收液。

（2）实验仪器　带氮球的定氮蒸馏装置：500 ml 凯氏烧瓶、氮球、直形冷凝管和导管。

（3）实验试剂　水样稀释及试剂配制均用无氨水。

1）无氨水制备：①蒸馏法：每升蒸馏水中加 0.1 ml 硫酸，在全玻璃蒸馏器中重蒸馏，弃去 50 ml 初馏液，接取其余馏出液于具塞磨口的玻璃瓶中，密塞保存。②离子交换法：使蒸馏水通过强酸性阳离子交换树脂柱。

2）1 mol/L 盐酸溶液。

3）1 mol/L 氢氧化钠溶液。

4）轻质氧化镁（MgO）：将氧化镁在 500 ℃下加热，以除去碳酸盐。

5）0.05%溴百里酚蓝指示液（pH=6.0～7.6）。

6）防沫剂：如石蜡碎片。

7）吸收液：①硼酸溶液：称取 20 g 硼酸溶液于水，稀释至 1 L。②硫酸（H_2SO_4）溶液：0.01 mol/L。

（4）实验步骤

1）蒸馏装置的预处理：加 250 ml 水于凯氏烧瓶中，加 0.25 g 轻质氧化镁和数粒玻璃珠，加热蒸馏，至馏出液不含氨为止，弃去瓶内残液。

2）分取 250 ml 水样（如氨氮含量较高，可分取适量并加水至 250 ml，使氨氮含量不超过 2.5 mg），移入凯氏烧瓶中，加数滴溴百里酚蓝指示液，用氢氧化钠溶液或盐酸溶液调节至 pH=7 左右。加入 0.25 g 轻质氧化镁和数粒玻璃珠，立即连接氮球和冷凝管，导管下端插入吸收液液面下。加热蒸馏，至馏出液达 200 ml 时，停止蒸馏。定容至 250 ml。

采用纳氏试剂比色法时，以 50 ml 硼酸溶液为吸收液。

（5）注意事项

1）蒸馏时应避免发生暴沸，否则可造成馏出液温度升高，氨吸收不完全。

2）防止在蒸馏时产生泡沫，必要时可加少许石蜡碎片于凯氏烧瓶中。

3）水样如含余氯，则应加入适量 0.35%硫代硫酸钠溶液，每 0.5 ml 可去除 0.25 mg 余氯。

纳氏试剂光度法测定氨氮

一、实验目的

1．掌握分光光度计的使用方法。

2．熟悉纳氏试剂光度法测定氨氮的步骤和原理。

3．学会校准曲线的绘制方法。

二、实验原理

碘化汞和碘化钾的碱性溶液与氨反应生成淡红棕色胶态化合物，此颜色在较宽的波长范围内具有强烈吸收。通常测量用波长在 410～425 nm。

三、实验仪器

1．分光光度计　配有光程 10 mm 比色皿。

2．50 ml 比色管。

3．移液管　10.0 ml 1 支、5.0 ml 2 支。

四、实验试剂

配制试剂用水均应为无氨水。

1．纳氏试剂　可选择下列一种方法制备。

（1）称取 20 g 碘化钾溶于约 100 ml 水中，边搅拌边分次少量加入二氯化汞（$HgCl_2$）结晶粉末（约 10 g），至出现朱红色沉淀不易溶解时，改为滴加饱和二氯化汞溶液，并充分搅拌，当出现微量朱红色沉淀不再溶解时，停止滴加二氯化汞溶液。

另称取 60 g 氢氧化钾溶于水，并稀释至 250 ml，冷却至室温后，将上述溶液在边搅拌下，徐徐注入氢氧化钾溶液中，用水稀释至 400 ml，混匀。静置过夜，将上清液移入聚乙烯瓶中，密塞保存。

（2）称取 16 g 氢氧化钠，溶于 50 ml 水中，充分冷却至室温。

另称取 7 g 碘化钾（KI）和 10 g 碘化汞（HgI_2）溶于水，然后将此溶液在搅拌下徐徐注入氢氧化钠溶液中，用水稀释至 100 ml，贮于聚乙烯瓶中，密塞保存。

2．酒石酸钾钠溶液　称取 50 g 酒石酸钾钠（$KNaC_4H_4O_6 \cdot 4H_2O$）溶于 100 ml 水中，加热煮沸以除去氨，放冷，定容至 100 ml。

3．铵标准贮备溶液　称取 3.819 g 经 100 ℃干燥过的优级纯氯化铵（NH_4Cl）溶于水中，移入 1 000 ml 容量瓶中，稀释至标线。此溶液每毫升含 1.00 mg 氨氮。

4．铵标准使用溶液　移取 5.00 ml 铵标准贮备液于 500 ml 容量瓶中，用水稀释至标线。此溶液每毫升含 0.010 mg 氨氮。

五、实验步骤

1．校准曲线的绘制

（1）吸取 0 ml、0.50 ml、1.00 ml、3.00 ml、5.00 ml、7.00 ml 和 10.00 ml 铵标准使用液于 50 ml 比色管中，加水至标线，加入 1.0 ml 酒石酸钾钠溶液，混匀。加入 1.5 ml 纳氏试剂，混匀。放置 10 min 后，在波长 420 nm 处，用光程 10 mm 比色皿，以水为参比，测量吸光度。

（2）由测得的吸光度，减去零浓度空白管的吸光度后，得到校正吸光度，绘制以氨氮含量（mg）对校正吸光度的校准曲线。

2．水样的测定

（1）分取适量经絮凝沉淀预处理后的水样（使氨氮含量不超过 0.1 mg），加入 50 ml 比色管中，稀释至标线，加 1.0 ml 酒石酸钾钠溶液。加 1.5 ml 纳氏试剂，混匀。放置 10 min 后，同校准曲线步骤测量吸光度。

（2）分取适量经蒸馏预处理后的馏出液，加入 50 ml 比色管中，加一定量 1 mol/L 氢氧化钠溶液以中和硼酸，稀释至标线。加入 1.5 ml 纳氏试剂，混匀。放置 10 min 后，同校准曲线步骤测量吸光度。

3．空白试验　以无氨水代替水样，做全程序空白测定。

表 5-6-1　纳氏试剂光度法测定氨氮数据记录表

溶液＼测量值	标准使用液							水样				空白溶液	
								1	2	3	4	1	2
体积/ml	0	0.50	1.00	3.00	5.00	7.00	10.00						
含量/mg													
吸光度													

六、结果讨论

由水样测得的吸光度减去空白试验的吸光度后，从校准曲线上查得氨氮含量（mg）。

$$\text{氨氮（N，mg/L）}=\frac{m}{V}\times 1\,000 \qquad (5\text{-}6\text{-}1)$$

式中：m——由校准曲线查得的氨氮量，mg；

V——水样体积，ml。

七、注意事项

1．精密度和准确度　三个实验室分析含 1.14～1.16 mg/L 氨氮的加标水样，单个实验室的相对标准偏差不超过 9.5%；加标回收率为 95%～104%。

四个实验室分析含 1.81～3.06 mg/L 氨氮的加标水样，单个实验室的相对标准偏差不超过 4.4%；加标回收率为 94%～96%。

2．纳氏试剂中碘化汞与碘化钾的比例，对显色反应的灵敏度有较大影响。静置后生成的沉淀应除去。

3．滤纸中常含痕量铵盐，使用时注意用无氨水洗涤。所用玻璃器皿应避免实验室空气中氨的沾污。

4．干扰及消除　脂肪胺、芳香胺、醛类、丙酮、醇类和有机氯胺类等有机化合物，以及铁、锰、镁和硫等无机离子，因产生异色或浑浊而引起干扰，水中颜色和浑浊亦影响比色。为此，须经絮凝沉淀过滤或蒸馏预处理，易挥发的还原性干扰物质，还可在酸性条件下加热以除去。对金属离子的干扰，可加入适量的掩蔽剂加以消除。

5．方法的适用范围　本法最低检出浓度为 0.025 mg/L（光度法），测定上限为 2 mg/L。采用目视比色法，最低检出浓度为 0.02 mg/L。水样做适当的预处理后，本法可适用于地表水、地下水、工业废水和生活污水中氨氮的测定。

6．水样的保存　水样采集在聚乙烯瓶或玻璃瓶内，并应尽快分析，必要时可加硫酸将水样酸化至 pH<2，于 2～5 ℃下存放。酸化样品应注意防止吸收空气中的氨而污染。

八、思考题

1．生活污水处理过程中氨氮的来源？

2．生活污水处理过程中氮是如何转化的？

3．预处理絮凝沉淀时 pH 值调至 10.5 左右，为什么？

4．过滤时为什么要弃去初滤液 20 ml？

5．如何提高校准曲线的精确度？

实验七　亚硝酸盐氮的测定

亚硝酸盐（NO_2^-—N）是氮循环的中间产物，不稳定。根据水环境条件，可被氧化成硝酸盐，也可被还原成氨。亚硝酸盐可使人体正常的血红蛋白（低铁血红蛋白）氧化成为高铁血红蛋白，发生高铁血红蛋白症，失去血红蛋白在体内输送氧的能力，出现组织缺氧的症状。亚硝酸盐可与仲胺类反应生成具致癌性的亚硝胺类物质，在pH值较低的酸性条件下，有利于亚硝胺类的形成。

水中亚硝酸盐氮的测定方法通常采用重氮－偶联反应，使生成红紫色染料。方法灵敏、选择性强。所用重氮和偶联试剂种类较多，最常用的，前者为对氨基苯磺酰胺和对氨基苯磺酸，后者以N-（1-萘基）-乙二胺和α-萘胺。

N-（1-萘基）-乙二胺光度法

一、实验目的

1．掌握N-（1-萘基）-乙二胺光度法测定亚硝酸盐氮的原理及方法。

2．学会校准曲线的绘制方法。

二、实验原理

在磷酸介质中，pH值为1.8±0.3时，亚硝酸盐与对氨基苯磺酰胺反应，生成重氮盐，再与N-（1-萘基）-乙二胺偶联生成红色染料。在540 nm波长处有最大吸收。

三、实验仪器

1．分光光度计　配有光程10 mm的比色皿。

2．50 ml比色管。

3．移液管。

四、实验试剂

实验用水均为不含亚硝酸盐的水。

1．无亚硝酸盐的水　于蒸馏水中加入少许高锰酸钾晶体，使呈红色，再加氢氧化钡（或氢氧化钙）使呈碱性。置于全玻璃蒸馏器中蒸馏，弃去50 ml初馏液，收集中间约70%不含锰的馏出液。亦可于每升蒸馏水中加1 ml浓硫酸和0.2 ml硫酸锰溶液（每100 ml水中含36.4 g$MnSO_4\cdot H_2O$），加入1～3 ml 0.04%高锰酸钾溶液至呈红色，重蒸馏。

2．磷酸　ρ=1.70 g/ml。

3．显色剂　于 500 ml 烧杯内，加入 250 ml 水和 50 ml 磷酸，加入 20.0 g 对氨基苯磺酰胺，再将 1.00 g N-（1-萘基）-乙二胺二盐酸盐（$C_{10}H_7NHC_2H_4NH_2 \cdot 2HCl$）溶于上述溶液中，转移至 500 ml 容量瓶中，用水稀释至标线，混匀。

此溶液贮于棕色瓶中，保存在 2～5 ℃，至少可稳定 1 个月。

注意：本试剂有毒性，避免与皮肤接触或吸入体内。

4．亚硝酸盐氮标准贮备液　称取 1.232 g 亚硝酸钠（$NaNO_2$），溶于 150 ml 水中，转移至 1 000 ml 容量瓶中，用水稀释至标线。每毫升含约 0.25 mg 亚硝酸盐氮。

本溶液贮于棕色瓶中，加入 1 ml 三氯甲烷，保存在 2～5 ℃，至少可稳定 1 个月。贮备液的标定的如下：

在 300 ml 具塞锥形瓶中，加入 50.00 ml 0.050 mol/L 高锰酸钾溶液，5 ml 浓硫酸，用 50 ml 无分度吸管，使下端插入高锰酸钾溶液液面下，加入 50.00 ml 亚硝酸钠标准贮备液，轻轻摇匀，置于水浴上加热至 70～80 ℃，按每次 10.00 ml 的量加入足够的草酸钠标准溶液，使红色褪去并过量，记录草酸钠标准溶液用量（V_2）。然后用高锰酸钾标准溶液滴定过量的草酸钠至溶液呈微红色，记录高锰酸钾标准溶液总用量（V_1）。

再以 50.00 ml 水代替亚硝酸盐氮标准贮备液，如上操作，用草酸钠标准溶液标定高锰酸钾溶液的浓度（c_1）。按下式计算高锰酸钾标准溶液浓度：

$$c_1\ (1/5\mathrm{KMnO_4}) = \frac{0.050\ 0 \times V_4}{V_3} \tag{5-7-1}$$

按下式计算亚硝酸盐氮标准贮备液的浓度：

$$\text{亚硝酸盐氮（N，mg/L）} = \frac{(V_1 c_1 - 0.050\ 0 \times V_2) \times 7.00 \times 1\ 000}{50.00} \tag{5-7-2}$$

$$= 140 V_1 c_1 - 7.00 \times V_2$$

式中：c_1——经标定的高锰酸钾标准溶液的浓度，mol/L；

V_1——滴定亚硝酸盐氮标准贮备液时，加入高锰酸钾标准溶液总量，ml；

V_2——滴定亚硝酸盐氮标准贮备液时，加入草酸钠标准溶液总量，ml；

V_3——滴定水时，加入高锰酸钾标准溶液总量，ml；

V_4——滴定水时，加入草酸钠标准溶液总量，ml；

7.00——亚硝酸盐氮（1/2 N）的摩尔质量，g/mol；

50.00——亚硝酸盐标准贮备液取用量，ml；

0.050 0——草酸钠标准溶液浓度（$1/2Na_2C_2O_4$）mol/L。

5．亚硝酸盐氮标准中间液　分取适量亚硝酸盐氮标准贮备液（使含 12.5 mg 亚硝酸盐氮），置于 250 mg 容量瓶中，用水稀释至标线。此溶液每毫升含 50.0 μg 亚硝酸氮。

中间液贮于棕色瓶内，保存在 2～5 ℃，至少可稳定 1 周。

6．亚硝酸盐氮标准使用液　取 10.00 ml 亚硝酸盐氮标准中间液，置于 500 ml 容量瓶中，用水稀释至标线。每毫升含 1.00 μg 亚硝酸盐氮。此溶液使用时，当天配制。

7．氢氧化铝悬浮液　溶解 125 g 硫酸铝钾[$KAl(SO_4)_2 \cdot 12H_2O$]或硫酸铝铵[$NH_4Al(SO_4)_2 \cdot 12H_2O$]于 1 000 ml 水中，加热至 60 ℃，在不断搅拌下，徐徐加入 55 ml 氨水，放置约 1 h 后，移入 1 000 ml 量筒内，用水反复洗涤沉淀，最后至洗涤液中不含亚硝酸盐为止。澄清后，把上清液尽量全部倾出，只留稠的悬浮物，最后加入 100 ml 水，使用前应振荡均匀。

8．高锰酸钾标准溶液（$1/5\ KMnO_4$，c＝0.050 mol/L）　溶解 1.6 g 高锰酸钾于 1 200 ml 水中，煮沸 0.5～1 h，使体积减少到 1 000 ml 左右，放置过夜。用 G-3 号玻璃砂心滤器过滤后，滤液贮存于棕色试剂瓶中避光保存，按上述方法标定。

9．草酸钠标准溶液（$1/2Na_2C_2O_4$，c＝0.050 0 mol/L）　溶解经 105 ℃烘干 2 h 的优级纯无水草酸钠 3.350 g 于 750 ml 水中，移入 1 000 ml 容量瓶中，稀释至标线。

五、实验步骤

1．校准曲线的绘制

（1）在一组 6 支 50 ml 比色管中，分别加 0 ml、1.00 ml、3.00 ml、5.00 ml、7.00 ml 和 10.0 ml 亚硝酸盐氮标准使用液，用水稀释至标线。加入 1.0 ml 显色剂，密塞，混匀。静置 20 min 后，在 2 h 以内，于波长 540 nm 处，用光程长 10 mm 的比色皿，以水为参比，测量吸光度。

（2）从测得的吸光度中，减去零浓度空白管的吸光度后，获得校正吸光度，绘制以氮含量（μg）对校正吸光度的校准曲线。

2．水样的测定

（1）当水样 pH≥11 时，可加入 1 滴酚酞指示液，边搅拌边逐滴加入（1+9）磷酸溶液，至红色刚消失。

（2）水样如有颜色和悬浮物，可向每 100 ml 水中加入 2 ml 氢氧化铝悬浮液，搅拌，静置，过滤，弃去 25 ml 初滤液。

（3）分取经预处理的水样加入 50 ml 比色管中（如含量较高，则分取适量，用水稀释至标线），加入 1.0 ml 显色剂，然后按校准曲线绘制的相同步骤操作，测量吸光度。经空白校正后，从校准曲线上查得亚硝酸盐氮量。

3．空白试验　用水代替水样，按相同步骤进行测定。

表 5-7-1　N-（1-萘基）-乙二胺光度法测定亚硝酸盐氮数据记录表

溶液＼测量值	标准使用液							水样				空白溶液	
								1	2	3	4	1	2
体积/ml	0	0.50	1.00	3.00	5.00	7.00	10.00						
含量/mg													
吸光度													

六、结果讨论

$$亚硝酸盐氮（N，mg/L）=\frac{m}{V} \quad (5\text{-}7\text{-}3)$$

式中：m——由水样测得的校正吸光度，从校准曲线上查得相应的亚硝酸盐氮的含量，μg；

V——所取水样的体积，ml。

七、注意事项

1．精密度和准确度　三个实验室分析含 0.025 7～0.081 6 mg/L 亚硝酸盐氮的加标水样，单个实验室的相对标准偏差不超过 9.3%；加标回收率为 90%～114%。

五个实验室分析含 0.083～0.18 mg/L 亚硝酸盐氮的加标水样，单个实验室的相对标准偏差不超过 2.8%；加标回收率为 96%～102%。

2．如水样经预处理后，还有颜色时，则分取两份体积相同的经预处理的水样，一份加 1.0 ml 显色剂，另一份改加 1 ml（1+9）磷酸溶液。由加显色剂的水样测得的吸光度，减去空白试验测得的吸光度，再减去改加磷酸溶液的水样所测得的吸光度后，获得校正吸光度，以进行色度校正。

3．显色试剂除以混合液加入外，亦可分别配制和依次加入，具体方法如下：

对氨基苯磺酰胺溶液：称取 5 g 对氨基苯磺酰胺（磺胺），溶于 50 ml 浓盐酸和约 350 ml 水的混合液中，稀释至 500 ml。此溶液稳定。

N-（1-萘基）-乙二胺盐酸盐溶液：称取 500 mg N-（1-萘基）-乙二胺盐酸盐溶于 500 ml 水中，贮于棕色瓶内，置于冰箱中保存。当色泽明显加深时，应重新配制，如有沉淀，则过滤。

于 50 ml 水样（或标准管）中，加入 1.0 ml 对氨基苯磺酰胺溶液，混匀。放置 2～8 min，加 1.0 ml N-（1-萘基）-乙二胺盐酸盐溶液，混匀。放置 10 min

后，在 540 nm 波长，测量吸光度。

4．干扰及消除　氯胺、氯、硫代硫酸盐、聚磷酸钠和高铁离子有明显干扰。水样呈碱性（pH≥11）时，可加酚酞溶液为指示剂，滴加磷酸溶液至红色消失。水样有颜色或悬浮物，可加氢氧化铝悬浮液并过滤。

5．方法的适用范围　本法适用于饮用水、地表水、地下水、生活污水和工业废水中亚硝酸盐的测定。最低检出浓度 0.003 mg/L。测定上限为 0.20 mg/L 亚硝酸盐氮。

6．亚硝酸盐氮在水中可受微生物等作用而很不稳定，在采集水样后应尽快进行分析，必要时冷藏以抑制微生物的影响。

八、思考题

1．水中氮的转化过程中亚硝酸盐氮起到了什么作用？

2．在生活污水处理过程中进、出水中亚硝酸盐氮的浓度应该是什么样的关系？为什么？

实验八　总氮的测定

大量生活污水、农田排水或含氮工业废水排入水体，使水中有机氮和各种无机氮化物含量增加，生物和微生物类的大量繁殖，消耗水中溶解氧，使水体质量恶化。湖泊、水库中含有超标的氮、磷类物质时，造成浮游植物繁殖旺盛，出现富营养化状态。因此，总氮是衡量水质的重要指标之一。

总氮测定方法，通常采取过硫酸钾氧化，使有机氮和无机氮化物转变为硝酸盐后，再以紫外分光光度法、偶氮比色法以及离子色谱法进行测定。

过硫酸钾氧化—紫外分光光度法

一、实验目的

1．学习紫外分光光度计的使用方法。

2．掌握过硫酸钾氧化—紫外分光光度法测定总氮的原理和方法。

3．学会校准曲线的绘制方法。

二、实验原理

在 60 ℃以上的水溶液中过硫酸钾按如下反应式分解，生成氢离子和氧。

$$K_2S_2O_8+H_2O \longrightarrow 2KHSO_4+\frac{1}{2}O_2$$

$$KHSO_4 \longrightarrow K^+ + HSO_4^-$$

$$HSO_4^- \longrightarrow H^+ + SO_4^{2-}$$

加入氢氧化钠用以中和氢离子，使过硫酸钾分解完全。

在 120～124 ℃的碱性介质条件下，用过硫酸钾作氧化剂，不仅可将水样中的氨氮和亚硝酸盐氮氧化为硝酸盐，同时将水样中大部分有机氮化合物氧化为硝酸盐。而后，用紫外分光光度法分别于波长 220 nm 与 275 nm 处测定其吸光度，按 $A=A_{220}-2A_{275}$ 计算硝酸盐氮的吸光度值，从而计算总氮的含量。其摩尔吸光系数为 1.47×10^3 L/（mol·cm）。

三、实验仪器

1．紫外分光光度计。

2．压力蒸汽消毒器或家用压力锅（压力为 1.1～1.3 kg/cm^2，相应温度为 120～124 ℃）。

3. 25 ml 具塞玻璃磨口比色管。

4. 10.0 ml 移液管。

四、实验试剂

1. 无氨水　每升水中加入 0.1 ml 浓硫酸，蒸馏。收集馏出液于玻璃容器中或用新制备的去离子水。

2. 20%氢氧化钠溶液　称取 20 g 氢氧化钠，溶于无氨水中，稀释至 100 ml。

3. 碱性过硫酸钾溶液　称取 40 g 过硫酸钾（$K_2S_2O_8$），15 g 氢氧化钠，溶于无氨水中，稀释至 1 000 ml。溶液存放在聚乙烯瓶内，可贮存一周。

4.（1+9）盐酸。

5. 硝酸钾标准溶液　①标准贮备液：称取 0.721 8 g 经 105～110 ℃烘干 4 h 的优级纯硝酸钾（KNO_3）溶于无氨水中，移至 1 000 ml 容量瓶中，定容。此溶液每毫升含 100 μg 硝酸盐氮。加入 2 ml 三氯甲烷为保护剂，至少可稳定 6 个月。②硝酸钾标准使用液：将标准贮备液用无氨水稀释 10 倍而得。此溶液每毫升含 10 μg 硝酸盐氮。

五、实验步骤

1. 校准曲线的绘制

（1）分别吸取 0 ml、0.50 ml、1.00 ml、2.00 ml、3.00 ml、5.00 ml、7.00 ml、8.00 ml 硝酸钾标准使用溶液于 25 ml 比色管中，用无氨水稀释至 10 ml 标线。

（2）加入 5 ml 碱性过硫酸钾溶液，塞紧磨口塞，用纱布及纱绳裹紧管塞，以防迸溅出。

（3）将比色管置于压力蒸汽消毒器中，加热 0.5 h，放气使压力指针回零。然后升温至 120～124 ℃开始计时（或将比色管置于家用压力锅中，加热至顶压阀吹气开始计时）。使比色管在过热水蒸气中加热 0.5 h。

（4）自然冷却，开阀放气，移去外盖。取出比色管并冷却至室温。

（5）加入（1+9）盐酸 1 ml，用无氨水稀释至 25 ml 标线。

（6）在紫外分光光度计上，以新鲜无氨水作参比，用 10 mm 石英比色皿分别在 220 nm 及 275 nm 波长处测定吸光度。用校正的吸光度绘制校准曲线。

2. 样品测定　取 10 ml 水样，或取适量水样（使氮含量为 20～80 μg）。按校准曲线绘制步骤（2）～（6）操作。然后按校正吸光度，在校准曲线上查出相应的总氮含量。

六、结果讨论

$$总氮（N，mg/L）= \frac{m}{V} \qquad (5\text{-}8\text{-}1)$$

式中：m——从校准曲线上查得的含氮量，μg；

V——所取水样的体积，ml。

表 5-8-1　过硫酸钾氧化—紫外分光光度法测定总氮数据记录表

溶液 / 测量值	标准使用液							水样				空白溶液	
								1	2	3	4	1	2
体积/ml	0	0.50	1.00	3.00	5.00	7.00	8.00						
含量/mg													
吸光度													

七、注意事项

1．精密度和准确度

（1）21 个实验室对 3 种统一样品进行了测定，结果如表 5-8-2 所示。

表 5-8-2　协作实验测得方法的精密度和准确度表

样品编号	1	2	3
样品组成	亚硝酸钠、氨基丙酸、氯化铵	CW0604 氨氮标样	L-谷氨酸、葡萄糖
样品真值/mg/L	1.49	2.64	1.15
测定总均值/mg/L	1.49	2.63	1.16
室内相对标准偏差/%	2.3	1.6	2.5
室间相对标准偏差/%	3.8	1.9	4.9

（2）21 个实验室，共测定 64 种水样（水库、湖水、河水等地表水 55 种，井水 2 种，废水 7 种）。每种水样重复测定 6 次。相对标准偏差一般小于 5%，最大为 7%；平均回收率在 95%～105%之间，仅两种水样回收率为 90%。

2．参考吸光度比值 A_{275}/A_{220}×100%大于 20%时，应予鉴别（参见硝酸盐氮测定，紫外分光光度法）。

3．玻璃具塞比色管的密合性应良好。使用压力蒸汽消毒器时，冷却后放气要缓慢；使用家用压力锅时，要充分冷却方可揭开锅盖，以免比色管塞蹦出。

4．玻璃器皿可用10%盐酸浸洗，用蒸馏水冲洗后再用无氨水冲洗。

5．使用高压蒸汽消毒器时，应定期校核压力表；使用民用压力锅时，应检查橡胶密封圈，使不致漏气而减压。

6．测定悬浮物较多的水样时，在过硫酸钾氧化后可能出现沉淀。遇此情况，可吸取氧化后的上清液进行紫外分光光度法测定。

7．样品的保存

水样采集后，用浓硫酸酸化到pH＜2，在24 h内进行测定。

8．干扰及消除

（1）水样中含有六价铬离子及三价铁离子时，可加入5%盐酸羟胺溶液1～2 ml，以消除其对测定结果的影响。

（2）碘离子及溴离子对测定有干扰。测定20 μg硝酸盐氮时，碘离子含量相对于总氮含量的0.2倍时无干扰。溴离子含量相对于总氮含量的3.4倍时无干扰。

（3）碳酸盐及碳酸氢盐对测定结果的影响，在加入一定量的盐酸后可消除。

（4）硫酸盐及氯化物对测定结果无影响。

9．方法的适用范围　该方法主要适用于湖泊、水库、江河水中总氮的测定。方法检测下限为0.05 mg/L；检测上限为4 mg/L。

八、思考题

1．过硫酸钾氧化—紫外分光光度法测定总氮的过程中过硫酸钾起什么作用？

2．紫外分光光度计和可见光分光光度计有什么不同？

实验九　磷的测定

在天然水和废水中，磷几乎都以各种磷酸盐的形式存在，它们分为正磷酸盐，缩合磷酸盐（焦磷酸盐、偏磷酸盐和多磷酸盐）和有机结合的磷酸盐，它们存在于溶液中、腐殖质粒子中或水生生物中。

天然水中磷酸盐含量较少。化肥、冶炼、合成洗涤剂等行业的工业废水及生活污水中常含有大量磷。磷是生物生长的必需的元素之一，但水体中磷含量过高（如超过 0.2 mg/L），可造成藻类的过度繁殖，直至数量上达到有害程度（称为富营养化），造成湖泊、河流透明度降低，水质变坏。

水中磷的测定，通常按其存在的形式，而分别测定总磷、溶解性正磷酸盐和总溶解性磷，如图 5-9-1 所示。

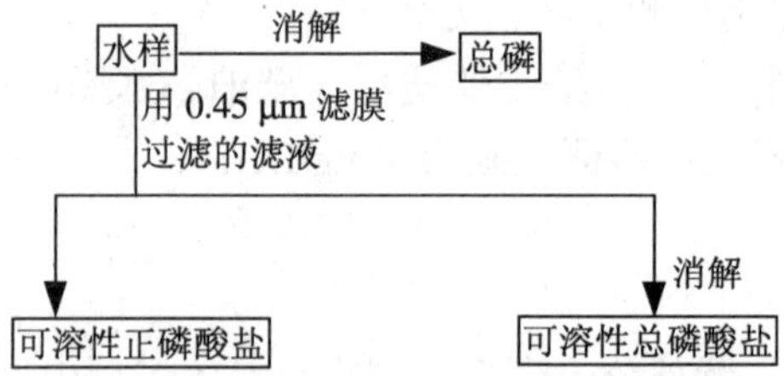

图 5-9-1　测定水中各种磷的流程图

磷酸盐的测定，可采用钼锑抗光度法、氯化亚锡还原钼蓝法、离子色谱法。

水样的预处理——过硫酸钾消解法

一、实验目的

1. 熟悉测定总磷的过程中水样预处理的方法。
2. 学会医用手提高压蒸汽消毒器的使用方法。

二、实验原理

采集的水样立即经 0.45 μg 微孔滤膜过滤，其滤液供可溶性正磷酸盐的测定。滤液经强氧化剂的氧化分解，测得可溶性总磷。取混合水样（包括悬浮物），也经下述强氧化剂分解，测得水中总磷含量。

三、实验仪器

1. 医用手提高压蒸汽消毒器。
2. 50 ml 磨口具塞比色管。

四、实验试剂

5%过硫酸钾溶液：溶解 5 g 过硫酸钾于水中，并稀释至 100 ml。

五、实验步骤

1. 吸取 25 ml 混匀水样（必要时，酌情少取水样，并加蒸馏水至 25 ml，使含磷量不超过 30 μg）于 50 ml 比色管中，加入 5%过硫酸钾溶液 4 ml，加塞后比色管口包一小块双层纱布并用线扎紧，以免加热时玻璃塞冲出。将具塞比色管放入大烧杯中，置于医用手提高压蒸汽消毒器中加热。等到医用手提高压蒸汽消毒器内部压力达到 0.15 MPa（此时消毒器内蒸汽相应温度为 121～126 ℃）时开始计时，30 min 后停止加热，待压力指针降至零后，取出比色管冷却到室温。
2. 试剂空白和标准溶液系列也经同样的消解操作。

六、注意事项

1. 如采样时水样用酸固定，则用过硫酸钾消解前将水样调至中性。
2. 认真阅读医用手提高压蒸汽消毒器的使用说明书，熟悉其操作步骤及注意事项。

钼锑抗分光光度法测定总磷

一、实验目的

1. 了解总磷的几种测定方法。
2. 了解钼锑抗分光光度法测定总磷的过程中各种试剂的作用以及使用方法。
3. 掌握钼锑抗分光光度法测定总磷的原理和方法。
4. 学会标准曲线的多种绘制方法（如描点法、最小二乘法等）。

二、实验原理

在酸性条件下，正磷酸盐与钼酸铵、酒石酸锑氧钾反应，生成磷钼杂多酸，被还原剂抗坏血酸还原，则变成蓝色络合物，通常即称磷钼蓝。

三、实验仪器

1. 分光光度计　配有 10 mm 比色皿。

2．50 ml 比色管。

3．移液管。

四、实验试剂

1．（1+1）硫酸。

2．10%（m/V）抗坏血酸溶液　溶解 10 g 抗坏血酸于水中，并稀释至 100 ml。该溶液贮存在棕色玻璃瓶中，在约 40℃可稳定几周。如颜色变黄，则弃去重配。

3．钼酸盐溶液　溶解 13 g 钼酸铵[$(NH_4)_6Mo_7O_{24}\cdot 4H_2O$]于 100 ml 水中。溶解 0.35 g 酒石酸锑氧钾[$K(SbO)C_4H_4O_6\cdot 1/2H_2O$]于 100 ml 水中。

在不断搅拌下，将钼酸铵溶液徐徐加到 300 ml（1+1）硫酸中，加酒石酸锑氧钾溶液并且混合均匀。

试剂贮存在棕色的玻璃瓶中于冷处保存。至少可稳定 2 个月。

4．浊度—色度补偿液　混合两份体积的（1+1）硫酸和一份体积的 10%（m/V）抗坏血酸溶液。此溶液当天配制。

5．磷酸盐贮备溶液　将磷酸二氢钾（KH_2PO_4）于 110 ℃干燥 2 h，在干燥器中放冷。称取 0.219 7 g 溶于水，移入 1 000 ml 容量瓶中。加（1+1）硫酸 5 ml，用水稀释至标线。此溶液每毫升含 50.0 μg 磷（以 P 计）。

6．磷酸盐标准溶液　吸取 10.00 ml 磷酸盐贮备液 250 ml 容量瓶中，用水稀释至标线。此溶液每毫升含 2.00 μg 磷。临用时现配。

五、实验步骤

1．校准曲线的绘制　取数支 50 ml 具塞比色管，分别加入磷酸盐标准使用液 0 ml、0.50 ml、1.00 ml、3.00 ml、5.00 ml、10.0 ml、15.0 ml，加水至 50 ml。

（1）显色：向比色管中加入 1 ml 10%（m/V）抗坏血酸溶液，混匀，30 s 后加 2 ml 钼酸盐溶液充分混匀，放置 15 min。

（2）测量：用 10 mm 比色皿，于 700 nm 波长处，以零浓度溶液为参比，测量吸光度。

2．样品测定　分取适量水样（使含磷量不超过 30 μg）加入 50 ml 比色管中，用水稀释至标线。以下按绘制校准曲线的步骤进行显色和测量。减去空白试验的吸光度，并从校准曲线上查出含磷量。

六、结果讨论

$$\text{磷酸盐（P，mg/L）}=\frac{m}{V} \qquad (5\text{-}9\text{-}1)$$

式中：*m*——由校准曲线查得的磷含量，μg；

V——所取水样的体积，ml。

表 5-9-1　钼锑抗分光光度法测定总磷数据记录表

溶液 / 测量值	标准使用液							水样				空白溶液	
								1	2	3	4	1	2
体积/ml	0	0.50	1.00	3.00	5.00	10.00	15.00						
含量/mg													
吸光度													

七、注意事项

1．精密度和准确度　各实验室分析质控样的精密度和准确度，见表 5-9-2。

表 5-9-2　协作实验测得方法的精密度和准确表

样品名称及磷含量/（mg/L）	实验室数	消解方法	室内相对标准差/%	室间相对标准差/%	相对误差/%
USEPA　2.06	13	$K_2S_2O_8$氧化	0.75	1.33	1.74
ESEPA　2.06	6	HNO_3-$HClO_4$氧化	1.41	1.49	+1.85
USEPA　0.20	11	$K_2S_2O_8$	1.9	3.3	+10

各实验室分析地面水和工业废水的精密度和准确度，见表 5-9-3。

表 5-9-3　各实验室测定实际水样的精密度和准确度表

样品类型及磷含量/mg/L	实验室数	消解方法	单个实验室相对标准偏差/%	加标回收率/%
地表水　0.02～2.54	14	$K_2S_2O_8$氧化	0.3～13	90.5～105
工业废水　0.06～6.17	14	$K_2S_2O_8$氧化	0.18～13.7	90～106
地表水 0.07～2.29	6	HNO_3-$HClO_4$氧化	0.9～8.1	97.2～104
工业废水 0.40～1.53	5	HNO_3-$HClO_4$氧化	0.89～2.12	97.4～101

2．如试样中浊度或色度影响测量吸光度时，需做补偿校正。在 50 ml 比色管中，分取与样品测定相同量的水样，水样定容后加入 3 ml 浊度补偿液，测量吸光度，然后从水样的吸光度中减去校正吸光度。

3．室温低于 13 ℃时，可在 20～30 ℃水浴中，显色 15 min。

4．操作所用的玻璃器皿，可用（1+5）盐酸浸泡 2 h，或用不含磷酸盐的洗涤剂刷洗。

5．比色皿用后应以稀硝酸或铬酸洗液浸泡片刻，以除去吸附的磷钼蓝显色物。

6．样品的采集和保存。

总磷的测定，于水样采集后，加硫酸酸化至 pH≤1 保存。溶解性正磷酸盐的测定，不加任何试剂，于 2～5 ℃冷处保存，在 24 h 内进行分析。

7．干扰及消除　砷含量大于 2 mg/L 有干扰，可用硫代硫酸钠去除。硫化物含量大于 2 mg/L 有干扰，在酸性条件下通氮气可以去除。六价铬大于 50 mg/L 有干扰，用亚硫酸钠去除。亚硝酸盐大于 1 mg/L 有干扰，用氧化消解或加氨磺酸均可以去除。铁浓度为 20 mg/L，使结果偏低 5%；铜浓度达 10 mg/L 不干扰；氟化物小于 70 mg/L 是允许的。海水中大多数离子对显色的影响可以忽略。

8．方法的适用范围　本方法最低检出浓度为 0.01 mg/L（吸光度 A=0.01 时所对应的浓度）；测定上限为 0.6 mg/L。

可适用于测定地表水、生活污水及日化、磷肥、机加工金属表面磷化处理、农药、钢铁、焦化等行业的工业废水中的正磷酸盐分析。

八、思考题

1．测定磷的过程中，如果加入试剂顺序颠倒了，会出现怎样的结果？

2．用分光光度计测吸光度时，如果比色皿中有气泡对结果有什么影响？如果比色皿外壁有水痕对结果有什么影响？

实验十　余氯的测定

氯以单质或次氯酸盐形式加入水中后，经水解生成游离性有效氯，包括含水分子氯、次氯酸和次氯酸盐离子等形式，其相对比例决定于水的 pH 值和温度，在一般水体的 pH 值下，主要是次氯酸和次氯酸盐离子。

游离性氯与铵和某些含氮化合物起反应，生成化合性有效氯。氯与铵反应生成氯胺：一氯胺、二氯胺和三氯化氮。游离性氯与化合性氯二者能同时存在于水中。氯化过的污水和某些工业废水的出水，通常只含有化合性氯。

水中余氯的来源主要是饮用水或污水中加氯以杀灭或抑制微生物；电镀废水中加氯以分解有毒的氰化物。

氯化作用产生不利的影响是可使含酚的水产生氯酚臭；还可生成有机氯化物，并可因存在化合性氯而对某些水生物产生有害作用。

碘量滴定法适用于测定总余氯含量＞1 mg/L 的水样。以 DPD 为指示剂，用硫酸亚铁铵溶液进行滴定，可分别测定游离性有效氯、一氯胺、二氯胺和三氯化氮。当含量较低时，还可采用 DPD（N,N-二乙基-1,4 苯二胺）比色法。

N，N−二乙基对苯二胺光度法

一、实验目的

1. 进一步熟悉分光光度计的使用、标准曲线的绘制以及有关计算。
2. 掌握 N,N-二乙基-1,4 苯二胺光度法测定余氯的原理和方法。

二、实验原理

游离氯在 pH 6.2～6.5 与 N,N-二乙基-1,4 苯二胺（DPD）直接反应生成红色化合物，用分光光度法进行测定。

三、实验仪器

1. 容量瓶　100 ml。
2. 分光光度计　适用于 510 nm 和配备有光程长 10 mm 或更长的比色皿。

四、实验试剂

1. 缓冲溶液（pH 6.5）　在水中依次溶解 0.8 g 二水合 Na_2-EDTA、24 g 无水磷酸氢二钠（Na_2HPO_4）、46 g 磷酸二氢钾（KH_2PO_4）、0.020 g 氯化汞（$HgCl_2$）。稀释

至1 000 ml并混匀。

2. DPD溶液　在约250 ml水中加入2 ml硫酸、0.2 g二水合Na_2-EDTA、1.1 g无水DPD硫酸盐（或五水合DPD硫酸盐1.5 g）。稀释至1 000 ml，移入棕色瓶内保存。1个月后如果褪色即重配。

3. 硫酸溶液（H_2SO_4=1 mol/L）　取800 ml水，并于不断搅拌下小心地加入54 ml硫酸（ρ=1.84 g/ml），冷却至室温并稀释至1 000 ml。

4. 氢氧化钠溶液（2 mol/L）　称取80 g氢氧化钠颗粒加入盛有800 ml水的锥形烧瓶内。不断搅拌至所有颗粒完全溶解，待溶液冷至室温后稀释至1 000 ml。

5. 碘酸钾贮备液（1.006 g/L）　称取于120～140 ℃烘干2 h的碘酸钾1.006 g，溶解于水中，移入1 000 ml容量瓶内，加水至标线，并混匀。

6. 碘酸钾标准溶液（10.06 mg/L）　吸取10.00 ml贮备液置1 000 ml容量瓶中，加入约1 g碘化钾并加水至标线。使用当天配置此溶液，置棕色瓶中备用。1 ml此标准溶液含10.06 μg碘酸钾，相当于10.0 μg氯（Cl_2）。

五、实验步骤

1. 试样制备　检查水样是否近中性，如偏酸或偏碱，用稀碱液或稀酸液中和，或在下一步操作中增大缓冲液的用量。

2. 校准曲线的绘制　向一系列100 ml容量瓶中，分别加入碘酸钾标准溶液0 ml、0.50 ml、1.00 ml、3.00 ml、5.00 ml、10.00 ml、15.00 ml，加水至50 ml。加入1.0 ml硫酸溶液，并于1 min后加入1.0 ml氢氧化钠溶液，用水稀释至标线。各管分别转移至在不超过1 min前加入5 ml缓冲液和5 ml DPD试剂的第二个100 ml容量瓶中，混匀（见注）。然后将各配制好的标准溶液相继装入10 mm比色皿，并在2 min内，以水为参比于510 nm波长下测量吸光度。最后绘制校准曲线。

注：分别制备各个标准溶液并立即测量，以免缓冲液和DPD的混合液在操作过程中放置过久而出现虚假的红色。

3. 测量　取试样100 ml（如游离氯浓度超过1.5 mg/L则取较小体积试样，并稀释至100 ml），移至盛有5 ml缓冲液和5 ml DPD试剂的100 ml容量瓶中。将此溶液注入比色皿，并立即按校准曲线所用相同条件进行测量吸光度。记录从校准曲线上读取的浓度（c_1）。

4. 干扰校正　为校正氧化锰的干扰，置100 ml试样于250 ml锥形瓶中，加入1 ml亚砷酸钠溶液或硫代乙酰胺溶液，混匀，再加入5.0 ml缓冲液和5.0 ml DPD试剂，混匀。将此溶液注入比色皿，并立即按校准曲线所用相同条件进行测量。记录从校准曲线读取的氧化锰相当于氯的浓度（c_2）。

表 5-10-1 N,N-二乙基对苯二胺光度法测定余氯数据记录表

测量值＼溶液	标准使用液							水样			
								1	2	3	4
体积/ml	0	0.50	1.00	3.00	5.00	10.00	15.00				
含量/mg											
吸光度											

六、结果讨论

$$\text{游离氯（}Cl_2\text{，mg/L）}=\frac{(c_1-c_2)V_0}{V_1} \qquad (5\text{-}10\text{-}1)$$

式中：c_1——测定试样所得氯的浓度，mg/L；

c_2——氧化锰相当于氯的浓度，mg/L，如不存在氧化锰，c_2=0；

V_0——试样最大体积，V_0=100 ml；

V_1——试样中含原水样体积，ml。

上述以毫克/升（mg/L）表示氯（Cl_2）浓度，可乘以换系数 0.014 1 而表示为毫摩尔/升（mmol/L）。

七、注意事项

1．精密度和准确度

(1)室内精密度：八个实验室共 10 个组分析 7 种类型共 81 个含量范围在 0.055～1.35 mg/L 的样品，所得实验室内相对标准偏差在 0.4%～8.5%范围内。

（2）加标回收率：八个实验室共10个组分析包括饮用水、医院污水、造纸废水、印染废水等在内的、浓度范围为 0.055～1.44 mg/L 的 49 种样品的加标回收率为 92.0%～110.6%；平均回收率为 100.0%；其 95%的置信区间为 88.1%～111.7%。

2．应使用不含氯和还原性物质的水　不含氯和还原性物质水的制备方法：去离子水或蒸馏水经氯化至约 0.14 mol/L（10 mg/L）的水平，并贮存于密闭的玻璃瓶中至少 16 h。然后暴露于紫外线或阳光下数小时，或用活性炭处理使水脱氯。

3．水样的采集和保存　余氯在水中很不稳定，尤其含有有机物或其他还原性无机物时，更易分解而消失。因此，余氯应在采集现场进行测定。

4．当样品混浊或有色将影响光度法测定时，不可过滤或脱色，以免余氯损失。此时可采用补偿法，即以纯水代替 DPD 试剂加入试样作为空白，或者以水样作参比将光度计调零后再测试样，以补偿其干扰影响。

5．当样品含游离氯浓度较高时，加入的 DPD 试剂所显深红色很快就褪尽，这

是因为被氧化而显色的试剂随即又被游离氯漂白，此时应将样品稀释后再测定。

6．含有机物较多的样品如医院污水等，测定时其显色完全时间较长，操作时除非使用记录式光度计，应相继进行多次测量，以便选取显色相对稳定后的测量值。

7．盛过显色液的比色皿必要时应处理，常用处理方法是先用（1+1）乙醇－10%盐酸荡洗，再用水充分洗涤干净。

8．测量波长除 510 nm 外，经用记录式光度计对显色液进行自动扫描，发现在 550 nm 处另有一相似吸收峰，而在 325 nm 紫外线下有大约高出 1 倍的吸收峰，这特别适合于测定浓度较低和有一定底色的样品。

9．干扰及其消除

（1）氧化锰和化合性氯都有干扰，可单独测定，并在结果计算中予以校正。

（2）其他氧化剂也有干扰，如溴、碘、溴化氨、碘化氨、臭氧、过氧化氢、铬酸盐、亚硝酸盐、三价铁离子和铜离子。常会遇到的二价铜离子（＞8 mg/L）和三价铁离子（＞20 mg/L）的干扰，可被配入缓冲液和 DPD 试液中的 Na_2-EDTA 所掩蔽，铬酸盐的干扰可以加入氯化钡消除。

10．方法的适用范围　本方法可应用的含氯浓度范围为 0.05～1.5 mg/L 游离氯。超过上限浓度的样品可稀释后测定。

本方法适用于经加氯（或漂白粉等）处理的饮用水、医院污水、造纸废水、印染废水等的监测。

八、思考题

1．为什么要测定水样中的余氯？

2．水样中的氯有哪些存在形式？

3．水样在测定前要调到中性，为什么？

4．测定过程中比色皿没有清洗干净，对结果有什么影响？

实验十一　化学需氧量（COD_{Cr}）的测定

化学需氧量（COD_{Cr}），是指在一定条件下，用强氧化剂处理水样时所消耗氧化剂的量，以氧的毫克/升来表示。化学需氧量反映了水中受还原性物质污染的程度。水中还原性物质包括有机物、亚硝酸盐、亚铁盐、硫化物等。水被有机物污染是很普遍的，因此化学需氧量也作为有机物相对含量的指标之一。

重铬酸钾法（COD_{Cr}）

一、实验目的

1．了解化学需氧量的测定方法。

2．掌握重铬酸钾法测定化学需氧量的原理和方法。

3．掌握滴定管的使用。

4．熟练掌握滴定终点的控制方法。

二、实验原理

在强酸性溶液中，一定量的重铬酸钾氧化水样中还原性物质，过量的重铬酸钾以试亚铁灵作指示剂、用硫酸亚铁铵溶液回滴。根据用量算出水样中还原性物质消耗氧的量。

三、实验仪器

1．回流装置　带 250 ml 锥形瓶的全玻璃回流装置（如取样量在 30 ml 以上，采用 500 ml 锥形瓶的全玻璃回流装置）。

2．加热装置　电热板或变阻电炉。

3．50 ml 酸式滴定管。

四、实验试剂

1．重铬酸钾标准溶液（$1/6\ K_2Cr_2O_7$=0.250 0 mol/L）　称取预先在 120 ℃烘干 2 h 的基准或优级纯重铬酸钾 12.258 g 溶于水中，移入 1 000 ml 容量瓶，稀释至标线，摇匀。

2．试亚铁灵指示液　称取 1.458 g 邻菲罗啉（$C_{12}H_8N_2 \cdot H_2O$，1，10-phenanthnoline），0.695 g 硫酸亚铁（$FeSO_4 \cdot 7H_2O$）溶于水中，稀释至 100 ml，贮于棕色瓶内。

3．硫酸亚铁铵标准溶液[$(NH_4)_2Fe(SO_4)_2 \cdot 6H_2O$≈0.1 mol/L]　称取 39.5 g 硫酸亚

铁铵溶于水中，边搅拌边缓慢加入 20 ml 浓硫酸，冷却后移入 1 000 ml 容量瓶中，加水稀释至标线，摇匀。临用前，用重铬酸钾标准溶液标定。

标定方法：准确吸取 10.00 ml 重铬酸钾标准溶液于 500 ml 锥形瓶中，加水稀释至 110 ml 左右，缓慢加入 30 ml 浓硫酸，混匀。冷却后，加入 3 滴试亚铁灵指示液（约 0.15 ml），用硫酸亚铁铵溶液滴定，溶液的颜色由黄色经蓝绿色至红褐色即为终点。

$$c_{[(NH_4)_2Fe(SO_4)_2]}=\frac{0.250\,0\times10.00}{V} \qquad (5\text{-}11\text{-}1)$$

式中：c ——硫酸亚铁铵标准溶液的浓度，mol/L；

V——硫酸亚铁铵标准滴定溶液的用量，ml。

4．硫酸—硫酸银溶液：于 2 500 ml 浓硫酸中加 25 g 硫酸银。放置 1～2 d，不时摇动使其溶解（如无 2 500 ml 容器，可在 500 ml 浓硫酸中加入 5 g 硫酸银）。

5．硫酸汞：结晶或粉末。

五、实验步骤

1．取 20.00 ml 混合均匀的水样（或适量水样稀释至 20.00 ml）置于 COD 瓶（或 250 ml 磨口的回流锥形瓶）中，准确加入 10.00 ml 重铬酸钾标准溶液及数粒小玻璃珠或沸石，慢慢地加入 30 ml 硫酸—硫酸银溶液，轻轻摇动 COD 瓶（或锥形瓶）使溶液混匀，连接回流冷凝管，接通冷却水，稍后接通加热装置，加热回流 2 h（自开始沸腾时计时）。

注：（1）对于化学需氧量高的废水样，可先取上述操作所需体积 1/10 的废水样和试剂，于 15 mm×150 mm 硬质玻璃试管中，摇匀，加热后观察是否变成绿色。如溶液显绿色，再适当减少废水取样量，直至溶液不变绿色为止，从而确定废水样分析时应取用的体积。稀释时，所取废水样量不得少于 5 ml，如果化学需氧量很高，则废水样应多次稀释。

（2）废水中氯离子含量超过 30 mg/L 时，应先把 0.4 g 硫酸汞加入 COD 瓶（或锥形瓶）中，再加 20.00 ml 废水（或适量废水稀释至 20.00 ml），摇匀。以下操作同上。

2．冷却后，用 90 ml 水冲洗冷凝管壁，取下 COD 瓶（或锥形瓶）。溶液总体积不得少于 140 ml，否则因酸度太大，滴定终点不明显。

3．溶液再度冷却后，加 3 滴试亚铁灵指示液，用硫酸亚铁铵标准溶液滴定，溶液的颜色由黄色经蓝绿色至红褐色即为终点，记录硫酸亚铁铵标准溶液的用量。

4．测定水样的同时，以 20.00 ml 重蒸馏水，按同样操作步骤做空白试验。记录滴定空白时硫酸亚铁铵标准溶液的用量。

六、结果讨论

$$COD_{Cr}（O_2，mg/L）= \frac{(V_0 - V_1)\times c \times 8 \times 1\,000}{V} \quad (5\text{-}11\text{-}2)$$

式中：c——硫酸亚铁铵标准溶液的浓度，mol/L；

V_0——滴定空白时硫酸亚铁铵标准溶液用量，ml；

V_1——滴定水样时硫酸亚铁铵标准溶液的用量，ml；

V——水样的体积，ml；

8——氧（1/2 O）摩尔质量，g/mol。

表 5-11-1 重铬酸钾法测定化学需氧量数据记录表

样品 \ 测量值		硫酸亚铁铵的体积/ml			COD_{Cr}（O_2，mg/L）
		初始 V_1	终点 V_2	消耗 $V=V_2-V_1$	
水样体积/ml	1				
	2				
	3				
	4				
空白溶液体积/ml	1				
	2				

七、注意事项

1．精密度和准确度　六个实验室分析 COD 为 150 mg/L 的邻苯二甲酸氢钾统一分发标准溶液，实验室内相对标准偏差为 4.3%；实验室间相对标准偏差为 5.3%。

2．使用 0.4 g 硫酸汞络合氯离子的最高量可达 40 mg，如取用 20.00 ml 水样，即最高可络合 2 000 mg/L 氯离子浓度的水样。若氯离子浓度较低，亦可少加硫酸汞，使保持硫酸汞∶氯离子=10∶1（*W/W*）。若出现少量氯化汞沉淀，并不影响测定。

3．水样取用体积可在 10.00～50.00 ml 之间，但试剂用量及浓度需按表 5-11-2 进行相应调整，也可得到满意的结果。

4．对于化学需氧量小于 50 mg/L 的水样，应改用 0.025 0 mol/L 重铬酸钾标准溶液。回滴时用 0.01 mol/L 硫酸亚铁铵标准溶液。

5．水样加热回流后，溶液中重铬酸钾剩余量应为加入量的 1/5～4/5 为宜。

6．用邻苯二甲酸氢钾标准溶液检查试剂的质量和操作技术时，由于每克邻苯二甲酸氢钾的理论 COD_{Cr} 为 1.176 g，所以溶解 0.425 1 g 邻苯二甲酸氢钾（$HOOCC_6H_4COOK$）于重蒸馏水中，转入 1 000 ml 容量瓶，用重蒸馏水稀释至标线，使之成为 500 mg/L 的 COD_{Cr} 标准溶液。用时现配。

7．COD_{Cr}的测定结果应保留三位有效数字。

8．每次实验时，应对硫酸亚铁铵标准滴定溶液进行标定，室温较高时尤其应注意其浓度的变化。

表 5-11-2　水样取用量和试剂用量表

水样体积/ml	0.250 0 mol/L $K_2Cr_2O_7$溶液/ml	H_2SO_4-Ag_2SO_4溶液/ml	$HgSO_4$/g	$(NH_4)_2Fe(SO_4)_2$/(mol/L)	滴定前总体积/ml
10.0	5.0	15	0.2	0.050	70
20.0	10.0	30	0.4	0.100	140
30.0	15.0	45	0.6	0.150	210
40.0	20.0	60	0.8	0.200	280
50.0	25.0	75	1.0	0.250	350

9．干扰及其消除　酸性重铬酸钾氧化性很强，可氧化大部分有机物，加入硫酸银作催化剂时，直链脂肪族化合物可完全被氧化，而芳香族有机物却不易被氧化，吡啶不被氧化，挥发性直链脂肪族化合物、苯等有机物存在于蒸气相，不能与氧化剂液体接触，氧化不明显。氯离子能被重铬酸盐氧化，并且能与硫酸银作用产生沉淀，影响测定结果，故在回流前向水样中加入硫酸汞，使成为络合物以消除干扰。氯离子含量高于 2000 mg/L 的样品应先作定量稀释，含量降低至 2 000 mg/L 以下，再行测定。

10．方法的适用范围　用 0.25 mol/L 浓度的重铬酸钾溶液可测定大于 50 mg/L 的 COD 值。用 0.025 mol/L 浓度的重铬酸钾溶液可测定 5～50 mg/L 的 COD 值，但低于 10 mg/L 时测量准确度较差。

11．水样的化学需氧量，可受加入氧化剂的种类及浓度、反应溶液的酸度、反应温度和时间，以及催化剂的有无而获得不同的结果。因此，化学需氧量亦是一个条件性指标，必须严格按操作步骤进行。

12．对于工业废水，我国规定用重铬酸钾法，其测得的值称为化学需氧量。

八、思考题

1．为什么要测定化学需氧量？

2．重铬酸钾法测定化学需氧量的过程中，硫酸汞和硫酸—硫酸银各起什么作用？

3．分析测定的数据，说一说影响结果的因素有哪些？

实验十二 生化需氧量（BOD_5）的测定

生活污水与工业废水中含有大量各类有机物。当其污染水域后，这些有机物在水体中分解时要消耗大量溶解氧，从而破坏水体中氧的平衡，使水质恶化。水体因缺氧造成鱼类及其他水生生物的死亡。

水体中所含的有机物成分复杂，难以一一测定其成分。人们常常利用水中有机物在一定条件下所消耗的氧，来间接表示水体中有机物的含量，生化需氧量即属于这类的一个重要指标。

生化需氧量的经典测定方法是稀释接种法。

稀释接种法

一、实验目的

1．加深对生化需氧量的理解。

2．掌握水样稀释接种的过程。

3．掌握测定生化需氧量的原理和方法。

二、实验原理

生化需氧量是指在规定条件下，微生物分解存在水中的某些可氧化物质，特别是有机物所进行的生物化学过程中消耗溶解氧的量。此生物氧化全过程进行的时间很长，如在 20 ℃培养时，完成此过程需 100 多天。目前国内外普遍规定于 20℃±1℃培养 5 天，分别测定样品培养前后的溶解氧，二者之差即为 BOD_5 值，以氧的毫克/升（mg/L）表示。

三、实验仪器

1．恒温培养箱（20 ℃±1 ℃）。

2．5～20 L 细口玻璃瓶。

3．1 000～2 000 ml 量筒。

4．玻璃搅棒：棒的长度应比所用量筒高度长 200 mm。在棒的底端固定一个直径比量筒底小、并带有几个小孔的硬橡胶板。

5．溶解氧瓶：在 250～300 ml 之间，带有磨口玻璃塞并具有供水封用的钟形口。

6．虹吸管：供分取水样和添加稀释水用。

四、实验试剂

1．磷酸盐缓冲溶液　将 8.5 g 磷酸二氢钾（KH_2PO_4）、21.75 g 磷酸氢二钾（K_2HPO_4）、33.4 g 七水合磷酸氢二钠（$Na_2HPO_4·7H_2O$）和 1.7 g 氯化铵（NH_4Cl）溶于蒸馏水中，稀释至 1 000 ml。此溶液的 pH 值应为 7.2。

2．硫酸镁溶液　将 22.5 g 七水合硫酸镁（$MgSO_4·7H_2O$）溶于蒸馏水中，稀释至 1 000 ml。

3．氯化钙溶液　将 27.5 g 无水氯化钙溶于蒸馏水，稀释至 1 000 ml。

4．氯化铁溶液　将 0.25 g 六水合氯化铁（$FeCl_3·6H_2O$）溶于蒸馏水，稀释至 1 000 ml。

5．盐酸溶液（0.5 mol/L）　将 40 ml（ρ=1.18 g/ml）盐酸溶于蒸馏水，稀释至 1 000 ml。

6．氢氧化钠溶液（0.5 mol/L）　将 20 g 氢氧化钠溶于蒸馏水，稀释至 1 000 ml。

7．亚硫酸钠溶液（$1/2Na_2SO_3$=0.025 mol/L）　将 1.575 g 亚硫酸钠溶于蒸馏水，稀释至 1 000 ml。此溶液不稳定，需每天配制。

8．葡萄糖—谷氨酸标准溶液　将葡萄糖（$C_6H_{12}O_6$）和谷氨酸（$HOOC—CH_2—CH_2—CHNH_2—COOH$）在 103 ℃干燥 1 h 后，各称取 150 mg 溶于水中，移入 1 000 ml 容量瓶内并稀释至标线，混合均匀。此标准溶液临用前配制。

9．稀释水　在 5～20 L 玻璃瓶内装入一定量的水，控制水温在 20 ℃左右。然后用无油空气压缩机或薄膜泵，将吸入的空气先后经活性炭吸附管及水洗涤管后，导入稀释水内曝气 2～8 h，使稀释水中的溶解氧接近于饱和。曝气亦可导入适量纯氧。瓶口盖以两层经洗涤晾干的纱布，置于 20 ℃培养箱中放置数小时，使水中溶解氧含量达 8 mg/L 左右。临用前每升水中加入氯化钙溶液、氯化铁溶液、硫酸镁溶液、磷酸缓冲溶液各 1 ml，并混合均匀。

稀释水的 pH 值应为 7.2，其 BOD_5 应小于 0.2 mg/L。

10．接种液　可选择以下任一方法，以获得适用的接种液。

（1）城市污水，一般采用生活污水，在室温下放置一昼夜，取上清液供用。

（2）表层土壤浸出液，取 100 g 花园或植物生长土壤，加入 1 L 水，混合并静置 10 min。取上清液供用。

（3）用含城市污水的河水或湖水。

（4）污水处理厂的出水。

（5）当分析含有难以降解物质的废水时，在其排污口下游 3～8 km 处取水样作为废水的驯化接种液。如无此种水源，可取中和或经适当稀释后的废水进行连续曝气，每天加入少量该种废水，同时加入适量表层土壤或生活污水，使能适应该种废水的微生物大量繁殖。当水中出现大量絮状物，或检查其化学需氧量的降低值出现突变时，表明适用的微生物已进行繁殖，可用作接种液。一般驯化过程需要3～8天。

11．接种稀释水　分取适量接种液，加于稀释水中，混匀。每升稀释水中接种液加入量为：生活污水1～10 ml；或表层土壤浸出液20～30 ml；或河水，湖水10～100 ml。

接种稀释水的pH值应为7.2，BOD_5值以在0.3～1.0 mg/L之间为宜。接种稀释水配制后应立即使用。

五、实验步骤

1．水样的预处理

（1）水样的pH值若超出6.5～7.5范围时，可用盐酸或氢氧化钠稀溶液调节pH值近于7，但用量不要超过水样体积的0.5%。若水样的酸度或碱度很高，可改用高浓度的碱液或酸液进行中和。

（2）水样中含有铜、铅、锌、镉、铬、砷、氰等有毒物质时，可使用经驯化的微生物接种液的稀释水进行稀释，或提高稀释倍数以减少毒物的浓度。

（3）含有少量游离氯的水样，一般放置1～2 h，游离氯即可消失。对于游离氯在短时间不能消散的水样，可加入亚硫酸钠溶液以去除。其加入量由下述方法决定。

取已中和好的水样100 ml，加入1+1乙酸10 ml，10%碘化钾溶液1 ml，混匀。以淀粉溶液为指示剂，用亚硫酸钠溶液滴定游离碘。由亚硫酸钠溶液消耗的体积，计算出水样中应加亚硫酸钠溶液的量。

（4）从水温较低的水域或富营养化的湖泊中采集的水样，可遇到含有过饱和溶解氧，此时应将水样迅速升温至20 ℃左右，在不使满瓶的情况下，充分振摇，并时时开塞放气，以赶出过饱和的溶解氧。

从水温较高的水域或废水排放口取得的水样，则应迅速使其冷却至20 ℃左右，并充分振摇，使与空气中氧的分压接近平衡。

2．不经稀释水样的测定　溶解氧含量较高、有机物含量较少的地面水，可不经稀释，而直接以虹吸法，将约20 ℃的混匀水样转移入两个溶解氧瓶内，转移过程应注意不使产生气泡。以同样的操作使两个溶解氧瓶充满水样后溢出少许，加塞。瓶内不应留有气泡。

其中一瓶随即测定溶解氧，另一瓶的瓶口进行水封后，放入培养箱中，在20℃±1 ℃培养5天。在培养过程中注意添加封口水。

从开始放入培养箱算起，经过五昼夜后，弃去封口水，测定剩余的溶解氧。

3．需经稀释水样的测定

（1）稀释倍数的确定：根据实践经验，提出下述计算方法，供稀释时参考。

1）地表水：由测得的高锰酸盐指数与一定的系数的乘积，即求得稀释倍数。见表5-12-1。

表 5-12-1　由高锰酸盐指数与一定系数的乘积求得的稀释倍数表

高锰酸盐指数/（mg/L）	系数
＜5	—
5～10	0.2、0.3
10～20	0.4、0.6
＞20	0.5、0.7、1.0

2）工业废水：由重铬酸钾法测得的 COD 值来确定。通常需作三种稀释比。

使用稀释水时，由 COD 值分别乘以系数 0.075、0.15、0.225，即获得三种稀释倍数。

使用接种稀释水时，则分别乘以 0.075、0.15 和 0.25 三个系数。

注：COD_{Cr} 值可在测定 COD 过程中，加热回流至 60 min 时，用由校核试验的苯二甲酸氢钾溶液按 COD 测定相同操作步骤制备的标准色列进行估测。

（2）稀释操作

1）一般稀释法：按照选定的稀释比例，用虹吸法沿筒壁先引入部分稀释水（或接种稀释水）于 1 000 ml 量筒中，加入需要量的均匀水样，再引入稀释水（或接种稀释水）至 800 ml，用带胶板的玻璃棒小心上下搅匀。搅拌时勿使搅棒的胶板露出水面，防止产生气泡。

按不经稀释水样的测定相同操作步骤，进行装瓶、测定当天溶解氧和培养 5 天后的溶解氧。

另取两个溶解氧瓶，用虹吸法装满稀释水（或接种稀释水）作为空白试验。测定 5 天前后的溶解氧。

2）直接稀释法：直接稀释法是在溶解氧瓶内直接稀释。在已知两个容积相同（其差＜1 ml）的溶解氧瓶内，用虹吸法加入部分稀释水（或接种稀释水），再加入根据瓶容积和稀释比例计算出的水样量，然后用稀释水（或接种稀释水）使刚好充满，加塞，勿留气泡于瓶内。其余操作与上述一般稀释法相同。

BOD_5 测定中，一般采用叠氮化钠改良法测定溶解氧。如遇干扰物质，应根据具体情况采用其他测定。

六、结果讨论

1. 不经稀释直接培养的水样

$$\rho_{BOD_5}\text{（mg/L）}=\rho_1-\rho_2 \qquad (5\text{-}12\text{-}1)$$

式中：ρ_1——在培养前的溶解氧质量浓度，mg/L；

ρ_2——水样经 5 天培养后，剩余溶解氧质量浓度，mg/L。

2．经稀释后培养的水样

$$\rho_{BOD_5}\text{（mg/L）}=\frac{(\rho_1-\rho_2)-(B_1-B_2)f_1}{f_2} \tag{5-12-2}$$

式中：B_1——稀释水（或接种稀释水）在培养前的溶解氧，mg/L；

B_2——稀释水（或接种稀释水）在培养后的溶解氧，mg/L；

f_1——稀释水（或接种稀释水）在培养液中所占比例；

f_2——水样在培养液中所占比例。

注：f_1、f_2的计算：例如培养液的稀释比为 3%，即 3 份水样，97 份稀释水，则 f_1=0.97，f_2=0.03。

表 5-12-2　稀释接种法测定生化需氧量数据记录表

序号＼项目		水样中溶解氧浓度		稀释水中溶解氧浓度		培养液中所占比例	
		培养前	经 5 天培养后	培养前	经 5 天培养后	稀释水	水样
水样	1						
	2						
	3						
	4						
	5						
	6						

七、注意事项

1．精密度与准确度　三个实验室分析含 5 mg/L 葡萄糖的统一标准液的 BOD_5 值，实验室内相对标准偏差为 5.6%；实验室间相对标准偏差为 32%。

三个实验室分析含 300 mg/L 葡萄糖（BOD_5 为 210 mg/L）的统一分发标准液的 BOD_5 值，实验室内相对标准偏差为 2.1%。

2．水中有机物的生物氧化过程，可分为两个阶段　第一阶段为有机物中的碳和氢，氧化生成 CO_2 和 H_2O，此阶段称为碳化阶段。完成碳化阶段在 20 ℃大约需 20 天。第二阶段为含氮物质及部分氨，氧化为亚硝酸盐及硝酸盐，称为硝化阶段。完成硝化阶段在 20 ℃时需要约 100 天。因此，一般测定水样 BOD_5 时，硝化作用很不显著或根本不发生硝化作用。但对于生物处理池的出水，因其中含有大量的硝化细菌，因此，在测定 BOD_5 时也包括了部分含氮化物的需氧量。对于这样的水样，如果我们只需要测定有机物降解的需氧量，可以加入硝化抑制剂，抑制硝化过程。为此目的，可在每升稀释水样中加入 1 ml 浓度为 500 ml/L 的丙烯基硫脲（ATU，$C_4H_8N_2S$）或一定量固定在氯化钠上的 2-氯代-6-三氯甲基吡啶（TCMP，

Cl-C_5H_3N-C-CH_3）使 TCMP 在稀释样品中的浓度大约为 0.5 mg/L。

3．测定生化需氧量的水样，采集时应充满并密封于瓶中。在 1～4 ℃下进行保存。一般应在 6 h 内进行分析。若需要远距离转运，在任何情况下，贮存时间不应超过 24 h。

4．玻璃器皿应彻底洗净。先用洗涤剂浸泡清洗，然后用稀盐酸浸泡，最后依次用自来水、蒸馏水洗净。

5．对某些地面水及大多数工业废水，因含较多的有机物，需要稀释后再培养测定，以降低其浓度和保证有充足的溶解氧。稀释的程度应使培养中所消耗的溶解氧大于 2 mg/L，而剩余溶解氧在 1 mg/L 以上。

6．为了保证水样稀释后有足够的溶解氧，稀释水通常要通入空气进行曝气（或通入氧气），使稀释水中溶解氧接近饱和。稀释水中还应加入一定量的无机营养盐和缓冲物质（磷酸盐、钙、镁和铁盐等），以保证微生物生长的需要。

7．对于不含或含少量微生物的工业废水，其中包括酸性废水、碱性废水、高温废水或经过氯化处理的废水，在测定 BOD_5 时应进行接种，以引入能分解废水中有机物的微生物。当废水中存在着难以被一般生活污水中的微生物以正常速度降解的有机物或含有剧毒物质时，应将驯化后的微生物引入水样中进行接种。

8．在两个或三个稀释比的样品中，凡消耗溶解氧大于 2 mg/L 和剩余溶解氧大于 1 mg/L 时，计算结果时，应取其平均值。若剩余的溶解氧小于 1 mg/L，甚至为零时，应加大稀释比。溶解氧消耗量小于 2 mg/L，有两种可能，一种可能是稀释倍数过大；另一种可能是微生物菌种不适应，活性差，或含毒物质浓度过大。这时可能出现在几个稀释比中，稀释倍数大的消耗溶解氧反而较多的现象。

9．为检查稀释水和接种液的质量，以及化验人员的操作水平，可将 20 ml 葡萄糖—谷氨酸标准溶液用接种稀释水稀释至 1 000 ml，按测定 BOD_5 的步骤操作。测得 BOD_5 的值应在 180～230 mg/L 之间。否则应检查接种液、稀释水的质量或操作技术是否存在问题。

10．水样稀释倍数超过 100 倍时，应预先在容量瓶中用水初步稀释后，再取适量进行最后稀释培养。

11．本方法适用于测定 BOD_5 大于或等于 2 mg/L，最大不超过 6 000 mg/L 的水样。当水样 BOD_5 大于 6 000 mg/L 时，会因稀释带来一定的误差。

八、思考题

1．为什么要测定水样中的生化需氧量？

2．某些水样在测定生化需氧量时需要接种稀释，为什么？

3．水样中的氧气过多或过少应如何处理？为什么？

实验十三　萘的测定

高效液相色谱法

一、实验目的

1. 了解高效液相色谱法分离有机物基本原理和操作条件。
2. 掌握色谱定量分析方法。

二、实验原理

采用正己烷提取水中萘，提取液经无水硫酸钠脱水，并通过 0.45 μm 滤膜过滤去除杂质，浓缩至一定体积后，用配备紫外检测器的高效液相色谱仪进行定量测定。

实现色谱分离的先决条件是必须具备固定相和流动相。色谱分离能够实现分内外因，其内因是由于固定相与被分离的各组分发生的吸附（或分配）作用的差别；其外因是由于流动相的不间断地流动。由于流动相的流动使被分离的组分与固定相发生反复多次（达几百次，几千次）的吸附（或溶解）过程，这样就使那些在同一固定相上吸附（或分配）系数只有微小差别的组分，在固定相上的移动速度产生了很大的差别，从而达到各个组分的完全分离。待测组分进入紫外检测器检测，测出的吸光度与待测组分的浓度成正比，与标准系列比较定量。

三、实验仪器

1. LC－5500 型液相色谱仪。

（1）工作原理图，如图 5-13-1 所示。

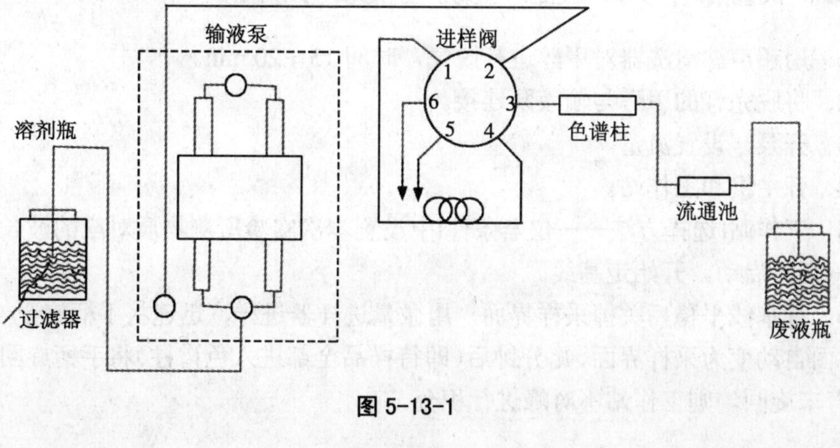

图 5-13-1

（2）仪器条件

流动相：甲醇，流速 1.0 ml/min。

固定相：C18 烷。

波长：254 nm。

柱箱温度：室温。

2．超声波清洗器。

3．进样器　25 μl。

4．振荡器　可调速、定时。

5．抽滤装置。

6．恒温水浴。

7．分液漏斗　1 000 ml，玻璃活塞不涂润滑油。

8．量筒　1 000 ml。

9．比色管　50 ml。

10．浓缩管　50 ml 所有玻璃器皿均需经过铬酸洗液浸泡，清洗干净，最后用二次蒸馏水清洗。

四、实验试剂

1．甲醇，色谱纯。

2．萘标准使用液　将萘标准溶液稀释成 50 μg/L。

3．正己烷　色谱纯，必要时重蒸馏，浓缩 50 倍后在待测组分的检测限内不出现色谱峰。

4．无水硫酸钠　分析纯无水硫酸钠经 400 ℃灼烧 2 h，保存于干燥器中备用。

5．硫代硫酸钠　分析纯。

6．二次蒸馏水。

五、仪器操作步骤（LC—5500 型液相色谱仪）

1．用超声波清洗器对甲醇进行脱气，时间 15～20 min。

2．将脱完气的甲醇与输液泵连接。

3．开泵，设置流量。

4．开主机和工作站。

5．工作站[选择方法——仪器条件]中设置本次实验所测物质对应的波长及其他条件→点击启动，开始走基线。

6．待基线平稳后关掉采样界面，用微量进样器进样，迅速将手柄旋至 INJECT 处，界面自动变为采样界面，几分钟后（即待样品全部进入色谱柱）将手柄旋回 LOAD 处，若未旋回，则工作站不对峰进行积分。

7. 出峰结束后对峰面积进行积分，存贮谱图→重复进样，所有样品都进样完了以后在工作站中进行数据处理。

8. 工作结束，清洗进样阀。

9. 关闭主机，用甲醇冲洗柱子至少 30 min。

10. 关泵，关工作站。

六、实验步骤

1. 水样预处理

（1）水样的萃取：摇匀水样，用 1 000 ml 量筒量取 1 000 ml 水样（萃取所用水样体积视具体情况而定，可增减）于 1 000 ml 分液漏斗中，加入 50 ml 正己烷，手摇分液漏斗，放气几次后，安装分液漏斗于振荡器架上振摇 5 min 进行萃取。取下分液漏斗静置约 15～30 min（静置时间视两相分开情况而定），弃去水相。

（2）萃取液的脱水净化：抽滤装置的准备：在抽滤装置中放置 0.45 μm 滤膜，滤膜上覆盖 3～5 g 无水硫酸钠，用少量正己烷润湿。将 50 ml 比色管放入滤瓶中，盛接过滤的萃取液。

萃取液的净化：启动抽滤装置电源，将萃取液全部转入抽滤装置进行抽滤。将过滤后的萃取液转入浓缩管中。

（3）萃取液的浓缩：将盛有萃取液的浓缩管放入恒温水浴中，在 70～80 ℃的水温下浓缩 1.0 ml，留待色谱分析。

2. 标准曲线的绘制　分别移取萘标准使用液 0 ml、1.00 ml、2.00 ml、6.00 ml、10.00 ml、14.00 ml 于 100 ml 容量瓶中，用二次蒸馏水稀释至标线，则溶液浓度分别为 0 μg/L、0.50 μg/L、1.00 μg/L、3.00 μg/L、5.00 μg/L、7.00 μg/L。用 25 μl 进样器将以上溶液一一注入进样口，待谱图出来后，用保留时间定性的确定萘所对应的峰，并一一对这些峰进行积分，得出峰面积。

3. 水样测定　移取预处理后的水样适量，同样用 25 μl 进样器将此溶液注入进样口，待谱图出来后，用保留时间定性的确定萘所对应的峰，并对此峰进行积分，得出峰面积。

七、数据处理

以浓度为横坐标，以峰面积为纵坐标，绘出标准曲线。从该曲线上求出试样中萘的含量。

八、注意事项

1. 使用的流动相必须经过过滤和脱气，使用中应注意柱前压是否稳定，若柱压突然升高，表明管道过滤器或色谱柱头堵塞，应立即停用，清洗过滤器或清理色谱柱头方可重新开启高压输液泵。

2．样品流动相的纯度要高，否则要污染柱子。

3．换流动相时必须把泵关了再换。

4．若色谱仪不经常使用，每隔 15 天应冲洗一次柱子。

九、思考题

1．为什么甲醇必须先脱气？

2．为什么实验结束后必须冲洗柱子 30 min？

实验十四　有机氯农药（六六六、滴滴涕）的测定

气相色谱法

一、实验目的

1. 掌握气相色谱法的分离原理和测定方法。

2. 了解电子捕获检测器的检测原理，掌握电子捕获检测器的操作特点及使用注意事项。

二、实验原理

本方法用石油醚萃取水中六六六、滴滴涕，萃取液用浓硫酸处理，处理后的石油醚萃取液经水洗、静置分层、脱水后用具有电子捕获器的气相色谱仪分离并测定。

1. 分离原理

气相色谱法主要用于低分子量、易挥发有机化合物（约占有机物的 15%～20%）的分析，具有选择性强、灵敏度高、分离效率高、分析速度快、应用范围广等优点。气相色谱法的分离原理是将被分离的组分在两相间进行分布，其中一相是具有大表面积的固定相，另一相是推动被分离组分流过固定相的惰性气体，叫流动相，也叫载气。当流动相载带被分离的组分经过固定相时，利用固定相与被分离的各组分产生的吸附（或分配）作用的差别，被分离的各组分在固定相中的滞留时间不同，使不同的组分按一定的先后顺序从固定相中被流动相洗脱出来，从而实现不同组分的分离。

2. 检测原理

电子捕获检测器，简称 ECD，是一种高选择性检测器。在离子室中装有一个圆筒状的β射线源（Ni）作为负极，一个与它同轴装置的不锈钢棒作为正极，两极间施以脉冲电压构成电场。当载气 N_2 通过离子室时，在β射线的作用下电离，形成正离子和电子。这些离子在电场作用下即是基流。当电负性样品进入离子室后，即捕获自由电子而形成负离子。正负离子碰撞时会再结合为中性分子，而使基流降低。

三、实验仪器

1. GC4000A 气相色谱仪（附 ECD Ni 放射源）。

仪器条件：柱箱温度：190 ℃；电子捕获温度：240 ℃；汽化室温度：240 ℃；柱压 A：0.22 MPa。

2．玻璃填充柱:2 m×2 mm 玻璃柱 1.5% OV-17＋2% QF-1。

3．微量进样器（5 μl）。

4．K－D 浓缩器，50 ml 梨形瓶下部接有 1 ml 刻度管的浓缩瓶。

5．500 ml 分液漏斗。

6．玻璃棉（过滤用），在索式提取器上用石油醚萃取 4 h，晾干后备用。

7．振荡器，每分钟振荡次数不小于 200 次，备有分液漏斗固定架。

四、实验试剂

1．载气（氮气）　纯度 99.999%。

2．石油醚　沸程 30～60 ℃或 60～90 ℃。浓缩 50 倍后，色谱测定无干扰峰。如有干扰，须用玻璃蒸馏器重新蒸馏。

3．浓硫酸　密度为 1.84 g/cm^3。

4．无水硫酸钠　在 300 ℃烘 4 h，放入干燥器中冷却至室温，装入玻璃瓶备用。

5．六六六，DDT 标准溶液　*α*-六六六 100 pg/μl、*β*-六六六 65 pg/μl、*γ*-六六六 100 pg/μl、*δ*-六六六 100 pg/μl、*p*, *p*′-DDT 90 pg/μl、*o*, *p*′-DDT 95 pg/μl、*p*, *p*′-DDD 95 pg/μl、*p*, *p*′-DDE 100 pg/μl。

五、仪器操作步骤（GC4000A 气相色谱仪）

1．打开载气，通 N_2 5 min。

2．开主机电源开关，参考国标设定合适的温度。等温度升到后把脉冲打到↑即可。

3．把柱前压 A 调至合适压力，打开工作站 A 通道走基线。

4．等基线平稳后进样，谱图进行存储，所有样品都进完了以后在工作站中进行数据处理。

5．关机时把脉冲打到↓，即可关闭电源。

6．等 ECD 检测器温度降到 100℃以下，关闭 N_2。

六、实验步骤

1．水样预处理

（1）水样的萃取：摇匀水样，用量筒量取 250 ml，放入 500 ml 分液漏斗中，再加入 25 ml 石油醚，振摇分液漏斗（注意放气）。然后将分液漏斗置于振荡器上，振摇 5～10 min，取下分液漏斗，静置 10～30 min，分层后弃去水相，上层石油醚供净化用。

（2）萃取液的净化：将 2～2.5 ml 硫酸注入石油醚萃取液中。开始轻轻振摇分液漏斗（注意放气），然后激烈振摇 5～10 s，静置分层后弃去下层硫酸。重复上述操作数次，至硫酸层无色为止。向净化后的有机相中加 25 ml 2%硫酸钠水溶液，洗涤有机相两次（振摇分液漏斗时注意放气）。弃去水相，有机相通过铺有 5～8 mm 厚无水硫酸钠的漏斗脱水后，放入 K—D 浓缩器中，再用 3～5 ml 石油醚洗涤分液漏斗和无水硫酸钠层。洗涤液亦收集在 K—D 浓缩器中。

（3）样品的浓缩：将 K—D 浓缩器置于水浴锅内，水浴温度 40～70 ℃，若使用沸程范围 60～90 ℃的石油醚时，水浴温度为 70～100 ℃，当浓缩样品体积接近 0.5～1 ml 时取下 K—D 浓缩器，冷却至室温。用石油醚冲洗玻璃接口并定容至 1 ml，备色谱分析用。

2．定性分析　用微量进样器将六六六，DDT 标准溶液注入进样口，根据所出谱图中各组分的保留时间，确定被测试样中色谱峰的组分名称。

3．标准曲线的绘制　在 ECD 检测的线性范围内，配制一系列浓度的标准使用溶液，分别将其用微量进样器注入进样口，待色谱峰出来后，分别记录各组分峰高。

4．水样的测定　用微量进样器将预处理后的水样注入进样口，待色谱峰出来后，分别记录各组分峰高。

七、数据处理

以浓度为横坐标，以峰高为纵坐标，绘出标准曲线。从该曲线上求出水样中各组分的含量。

八、注意事项

1．开机时先通载气 5 min，然后通电。

2．关机时先关电，待温度降 100 ℃以下再关载气。

3．色谱柱长时间不用，再用时要老化一段时间。

九、思考题

1．为什么开机时要先通气，再通电；而关机时又要先关电，再关气？

2．此实验中振摇分液漏斗时为什么要注意放气？

实验十五　铜的测定

火焰原子吸收法

一、实验目的

1. 通过对水中铜元素的测定，掌握原子吸收光谱仪的调节和使用。
2. 学习原子吸收分光光度法测定水中铜含量的方法。

二、实验原理

样品经适当处理后，导入火焰原子化器，原子化后，待测元素的基态原子吸收来自空心阴极灯发射的特征谱线，其吸光度与待测元素的浓度成正比，与标准系列比较定量。

三、实验仪器

1. AA7003 型原子吸收光谱仪工作原理图，如图 5-15-1 所示。

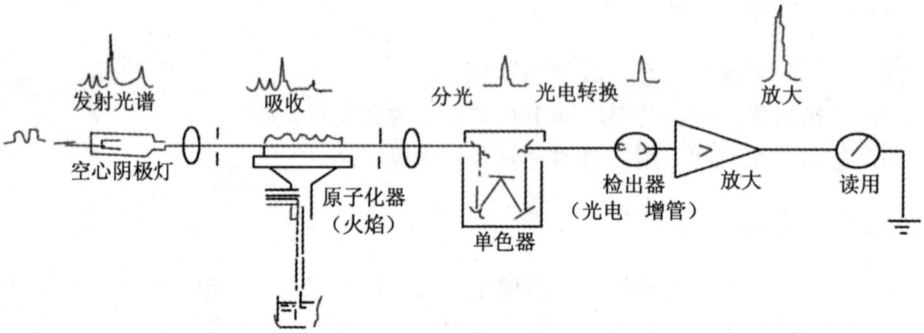

图 5-15-1

2. 空气压缩机。
3. 乙炔钢瓶。
4. 铜空心阴极灯。

四、实验试剂

1. 二次蒸馏水。

2. 铜标准液　1 000 μg/ml。

3. 铜标准使用液　准确移取 5.00 ml 标准液于 1 000 ml 容量瓶，用二次蒸馏水稀释至标线；浓度为 5.00 μg/ml。

4. 空气与乙炔（纯度为 99.99%）。

五、仪器操作步骤（AA7003 型原子吸收光谱仪）

1. 打开计算机，进入工作站后打开主机。

2. 进入工作站主界面，主页面由四部分组成：主菜单、分析方法、周期表和分析元素的基本参数；选择分析方法为火焰原子吸收，设置元素灯。

3. 进入分析参数界面，设置各项参数。

4. 设置仪器条件。

5. 返回工作站主界面，进入设置仪器条件界面。

6. 打开空压机，调整压力在 0.3 MPa，开乙炔瓶进气阀，调整压力至 0.07 MPa。

7. 点火　根据所选用的元素灯，调整相应的燃气流量，按点火按钮，使点火装置有火焰冒出；再次调整相应的燃气流量。

8. 再次按点火按钮，点燃燃烧头火焰。

9. 返回工作站主界面，进入采样分析界面。

10. 绘制标准曲线。

11. 测定样品浓度。

12. 全部实验结束后，进入仪器条件界面，点击系统复位。

13. 关闭空压乙炔瓶，关闭主机电源，最后关闭工作站。

六、实验步骤

1. 标准曲线的绘制　分别移取铜标准使用液 0 ml、5.00 ml、10.00 ml、20.00 ml、30.00 ml、50.00 ml 于 50 ml 容量瓶中，用水稀释至 50 ml，则溶液浓度分别为 0 μg/ml、0.50 μg/ml、1.00 μg/ml、2.00 μg/ml、3.00 μg/ml、5.00 μg/ml。将以上各溶液分别喷入火焰，测定其相应的吸光度值。

2. 水样的测定　移取水样适量，同样喷入火焰，测定其吸光度。

七、数据处理

以所测得的吸光度值为纵坐标，以对应的浓度为横坐标，绘出标准曲线。从该曲线上求出水样中铜的含量。

八、注意事项

1. 应该先开工作站后开主机。

2. 在给仪器通入乙炔气体之前，应该先通入压缩空气。

3. 每次进样结束后，用蒸馏水冲洗燃烧头，避免燃烧头堵塞。

4. 在实验结束时，应该在火焰燃烧时关闭乙炔气体，使残存在管道内的乙炔气体燃烧干净。

5. 应该进行系统复位后，关闭主机。

九、思考题

原子吸收分光光度计与紫外可见分光光度计的区别与联系。

实验十六　砷的测定

原子荧光光度法

一、实验目的

1. 熟悉原子荧光光度计的原理和操作方法。
2. 了解原子荧光光度法测定铜的方法。

二、实验原理

在酸性条件下，硼氢化钾作为强还原剂很快分解，产生新生态的活泼氢和三价砷（As^{3+}）容易生成氢化物 AsH_3。气态物质氢化物 AsH_3 导入原子化器吸收了砷元素灯产生的特征波长的辐射后被激发，去活化后产生的原子荧光由光电倍增管将光信号转化成电信号，并经检测电路放大后输至 AF7500 原子荧光数据工作站，进行适时曲线显示和数据处理。

三、实验仪器

AF7500 型原子荧光光度计。

四、实验试剂

1. 砷标准使用溶液　吸取 1.00 ml 浓度为 1.000 mg/ml 的砷贮备液，转入 1 000 ml 容量瓶中，用 1.5mol/L 盐酸稀释至刻度，此溶液为 1.00μg/ml 砷的标准液。用此溶液按下表配置标准系列：

标样号	加入 1.00μg/ml 标样体积/ml	加入 1.5mol/L 盐酸体积/ml	加入硫脲—抗坏血酸混合液*体积/ml	用水稀释至最终体积/ml	浓度/（μg/ml）
1	0.00	10.0	10	50	0.00
2	0.50	9.5	10	50	0.010
3	1.00	9.0	10	50	0.020
4	2.00	8.0	10	50	0.040
5	5.00	5.0	10	50	0.100

注：*混合液为 5%硫脲+5%抗坏血酸的水溶液

2. 硼氢化钾溶液　称取 1.0 g 优级氢氧化钾溶于 200 ml 纯水中，溶解后加入 4.0 g 优级氢氧硼氢化钾，搅拌溶解后过滤备用。

3. 盐酸　0.3 mol/L。

4. 二次蒸馏水　配制各种试剂。

五、实验步骤

1. 安装元素灯。

2. 检查气水分离器中的滤膜是否需要更换。

3. 先打开工作站，再打开主机开关。

4. 在工作站中设置实验时所需的各项参数以及建立样品表。

5. 连接蠕动泵及支管，将蠕动泵第一支（外侧）和第二支（中间）进液管分别插入载液和硼氢化钾溶液的液面以下（蠕动泵第三支进液管是进样管，进行测量时插入所测的标准溶液和未知样品中采样用），将 3 个流量控制杆扳于三挡（流量大约为 10 ml/min）。

6. 打开钢瓶总阀，调整好载气和屏蔽气的流量。

7. 原子化器炉温升到设定的温度值，打开蠕动泵开关，原子化器上部的点火线圈在十几秒钟后自动点火。

8. 进行采样。

9. 数据处理。

10. 实验结束后，用二次蒸馏水清洗进液管和两个定量管。

11. 关闭蠕动泵电源，弹起泵管定位夹释放片，使管处于松弛状态。

12. 关闭钢瓶。

13. 关闭主机和工作站电源。

14. 倒掉废液瓶中的废液。

六、数据分析

根据仪器所连接的工作站作出的标准曲线和数据结果进行记录和分析。

七、结果讨论

用仪器所连接的工作站可以自动计算出未知样品的浓度，再依据原始样品处理过程的各项数据（如采样量或采样体积，获取的分数等），求出原始样品中被测元素的含量。

八、注意事项

1. 载气和屏蔽气要求纯度为 99.99%的氩气。

2．安装元素灯必须在主机和工作站都断电的情况下进行。

3．测定完样品后先关元素灯，以延长元素灯的使用寿命。

4．关闭蠕动泵开关后，必须弹起泵管定位夹释放片，确保进样管处于松弛状态，延长进样管的使用寿命。

5．打开蠕动泵载液进入气水分离器后，如果长时间听不到电磁阀的声音，则要检查气水分离器中的水汽是否进入到炉体的玻璃棉中。若玻璃棉上有水分，则马上拔掉进气管，否则炉体潮湿会引起短路。

6．仪器不工作时，打开气水分离器的上盖，以便保护滤膜不潮湿。

九、思考题

1．原子荧光光度计在操作的过程中应注意什么？

2．如何测定矿石或其他固体物质中砷元素？

3．载气和屏蔽气的作用是什么？

第六部分　污水处理工艺实验

实验一　颗粒自由沉淀

一、实验目的

1．研究废水中颗粒自由沉淀的规律。

2．掌握自由沉淀特性曲线的测定方法。

二、实验原理

根据废水中悬浮颗粒的性质及浓度，沉淀过程可分为自由沉淀、絮凝沉淀、成层沉淀和压缩沉淀四类。

浓度较稀的、粒状颗粒的沉淀属于自由沉淀，其特点是静沉过程中颗粒互不干扰、等速下沉，其沉速在层流区符合 Stokes（斯托克斯）公式。

但是由于水中颗粒的复杂性，颗粒粒径、颗粒比重很难或无法准确地测定，因而沉淀效果、特性无法通过公式求得而是通过静沉实验确定。

由于自由沉淀时颗粒是等速下沉，下沉速度与沉淀高度无关，因而自由沉淀可在一般沉淀柱内进行，但其直径应足够大，一般应使 $D \geqslant 100$ mm 以免颗粒沉淀受柱壁干扰。

具有大小不同颗粒的悬浮物静沉总去除率与截留速度 u_0、颗粒重量百分率的关系如下：

$$E_T = (1-P_0) + \frac{1}{u_0}\int_0^{P_0} u_t \mathrm{d}p \qquad (6\text{-}1\text{-}1)$$

此种计算方法也称为悬浮物去除率的累积曲线计算法。

设在一水深为 H 的沉淀柱内进行自由沉淀实验，如图 6-1-1 所示。实验开始，沉淀时间为 0，此时沉淀柱内悬浮物分布是均匀的，即每个断面上颗粒的数量与粒径的组成相同，悬浮物浓度为 c_0（mg/L），此时去除率 $E=0$。

实验开始后，不同沉淀时间 t_i，颗粒最小沉淀速度 u_i 相应为

$$u_i=\frac{H}{t_i} \tag{6-1-2}$$

此即为 t_i 时间内从水面下沉到池底（此处为取样点）的最小颗粒 d_i 所具有的沉速。此时取样点处水样悬浮物浓度为 c_i，而

$$\frac{c_0-c_i}{c_0}=1-\frac{c_i}{c_0}=1-P_i=E_0 \tag{6-1-3}$$

此时去除率 E_0，表示具有沉速 $u_t \geqslant u_i$（粒径 $d \geqslant d_i$）的颗粒去除率，而

$$P_i=\frac{c_i}{c_0}\times 100\% \tag{6-1-4}$$

则反映了 t_i 时，未被去除之颗粒即 $d<d_i$ 的颗粒所占的百分比。

实际上沉淀时间 t_i 内，由水中沉至池底的颗粒是由两部分颗粒组成，即沉速 $u_t \geqslant u_i$ 的那一部分颗粒能全部沉至池底。除此之外，颗粒沉速 $u_t<u_i$ 的那一部分颗粒，也有一部分能沉至池底。这是因为，这部分颗粒虽然粒径很小，沉速 $u_t<u_i$。但是这部分颗粒并不都在水面，而是均匀地分布在整个沉淀柱的高度内，因此，只要在水面下，它们下沉至池底所用的时间能小于或等于具有沉速 u_i 的颗粒由水面降至池底所用的时间 t_i，那么这部分颗粒也能从水中被除去。

沉速 $u_t<u_i$ 那部分颗粒虽然有一部分能从水中去除，但其中也是粒径大的沉到池底的多，粒径小的沉到池底的少，各种粒径颗粒去除率并不相同。因此若能分别求出各种粒径的颗粒占全部颗粒的百分比，并求出该粒径在时间 t_i 内能沉至池底的颗粒占本粒径颗粒的百分比，则二者乘积即为此种粒径颗粒在全部颗粒中的去除率。如此分别求出 $u_t<u_i$ 的那些颗粒的去除率，并相加后，即可得出这部分颗粒的去除率。

为了推求其计算式，我们首先绘制 $P—u$ 关系曲线，其横坐标为颗粒沉速 u，纵坐标为未被去除颗粒的百分比 P，如图 6-1-2 所示。由图中可见，

$$\Delta P=P_1-P_2=\frac{c_1}{c_0}-\frac{c_2}{c_0}=\frac{c_1-c_2}{c_0} \tag{6-1-5}$$

故 ΔP 是当选择的颗粒沉速由 u_1 降至 u_2 时，整个水中所能多去除的那部分颗粒的去除率，也就是所选择的要去除的颗粒粒径由 d_1 减到 d_2 时，此时水中所能多去除的，即粒径在 $d_1 \sim d_2$ 间的那部分颗粒所占的百分比。因此当 ΔP 间隔无限小时，

则 dP 代表了小于 d_i 的某一粒径 d 占全部颗粒的百分比。这些颗粒能沉至池底的条件，应是由水中某一点沉至池底所用的时间，必须等于或小于具有沉速为 u_i 的颗粒由水面沉至池底所用的时间，即应满足

$$\frac{x}{u_t} \leqslant \frac{H}{u_i} \tag{6-1-6}$$

$$x \leqslant \frac{Hu_t}{u_i} \tag{6-1-7}$$

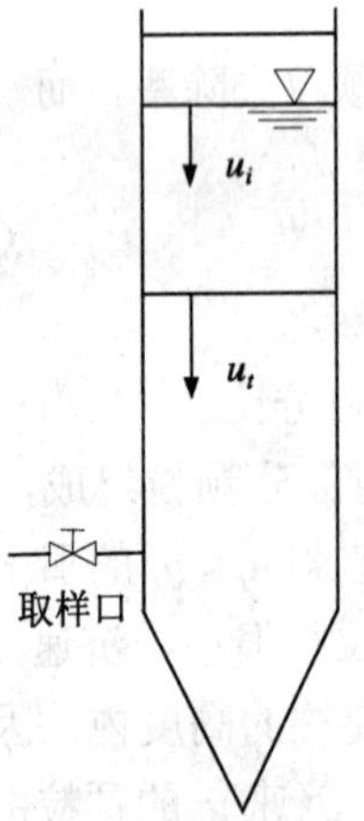

图 6-1-1　自由沉淀示意

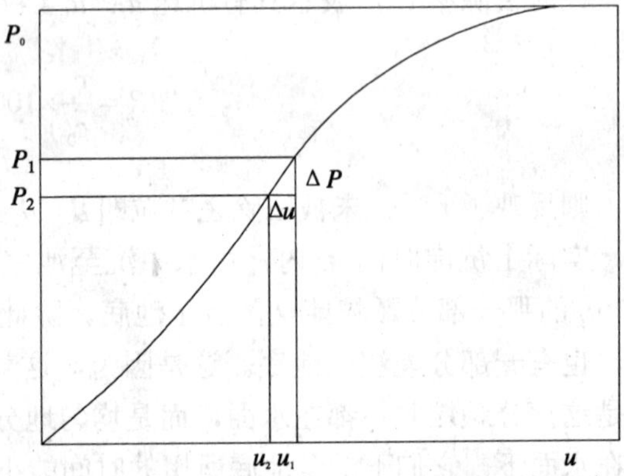

图 6-1-2　P—u 关系曲线

由于颗粒均匀分布，又为等速沉淀，故沉速 $u_t<u_i$ 颗粒只有在 x 水深以内才能沉到池底。因此能沉至池底的这部分颗粒，占这种粒径的百分比为 $\frac{x}{H}$，如图 6-1-1 所示，而

$$\frac{x}{H} = \frac{u_t}{u_i} \tag{6-1-8}$$

此即为同一粒径颗粒的去除率。取 $u_0=u_i$，且为设计选用的颗粒沉速，则有

$$\frac{u_t}{u_i} = \frac{u_t}{u_0} \tag{6-1-9}$$

由上述分析可见，dP 反映了具有沉速 u_t 的颗粒占全部颗粒的百分比，而

$$\frac{u_t}{u_0} \tag{6-1-10}$$

则反映了在设计沉速为 u_0 的前提下，具有沉速 u_t（$u_t<u_0$）的颗粒去除量占本颗粒总量的百分比。故

$$\frac{u_t}{u_0}\mathrm{d}P \tag{6-1-11}$$

正是反映了在设计沉速为 u_0 时，具有沉速为 u_t 的颗粒所能去除的部分占全部颗粒的比率。利用积分求解这部分 $u_t<u_0$ 的颗粒的去除率，则为

$$\int_0^{P_0}\frac{u_t}{u_0}\mathrm{d}P \tag{6-1-12}$$

故颗粒的去除率为

$$E_T=(1-P_0)+\frac{1}{u_0}\int_0^{P_0}u_t\mathrm{d}P \tag{6-1-13}$$

工程中常用下式计算

$$E=(1-P_0)+\frac{\sum\Delta Pu_t}{u_0} \tag{6-1-14}$$

三、实验装置及设备材料

实验装置如图 6-1-3 所示。

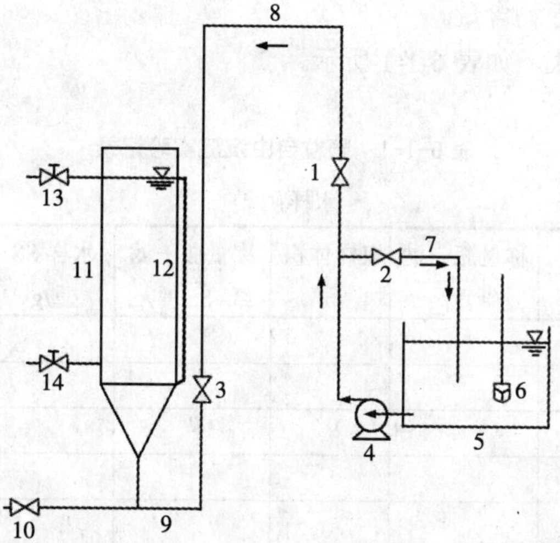

1，3—配水管上闸门；2—水泵循环管上闸门；4—水泵；5—水池；6—搅拌器；7—循环管；8—配水管；9—进水管；10—放空管闸门；11—沉淀柱；12—标尺；13—溢流管；14—取样口闸门

图 6-1-3 自由沉淀静沉实验装置

1. 有机玻璃管沉淀柱一根，内径 $D \geqslant 100$ mm，高 1.5 m。工作水深即由溢流口至取样口距离，共两种，$H_1 = 0.9$ m，$H_2 = 1.2$ m。每根沉降柱上设溢流管、取样管、进水及放空管。

2. 配水及投配系统包括钢板水池、搅拌装置、水泵、配水管和循环水管，如图 6-1-3 所示。

3. 计量水深用标尺，计时用秒表或手表。

4. 玻璃烧杯，移液管，玻璃棒，瓷盘等。

5. 悬浮物定量分析所需设备：万分之一天平、带盖称量瓶、干燥器、烘箱、抽滤装置、定量滤纸等。

6. 水样可用煤气洗涤污水，轧钢污水，天然河水或人工配制水样。

四、实验步骤

1. 将实验用水倒入水池内，开启循环管路闸门 2，用泵循环或机械搅拌装置搅拌，待池内水质均匀后，从池内取样，测定悬浮物浓度，此即为 c_0 值。

2. 开启闸门 1、3，关上闸门 2，水经配水管进入沉淀管内，当水上升到溢流口，并流出后，关闭闸门 3，停泵。记录时间，沉淀实验开始。

3. 隔 5 min、10 min、20 min、30 min、60 min、120 min 由取样口取样，记录沉淀柱内液面高度。

4. 观察悬浮颗粒沉淀特点、现象。

5. 测定水样悬浮物含量。

6. 实验记录用表，如表 6-1-1 所示。

表 6-1-1　颗粒自由沉淀实验记录

日期：　　　　　　　　　　　　水样：

静沉时间/min	滤纸编号	称量瓶号	称量瓶＋滤纸重/g	取样体积/ml	称量瓶＋滤纸+SS 重/g	水样 SS 重/g	c_0/(mg/L)	沉淀高度 H/cm
0								
5								
10								
20								
30								
60								
120								

五、结果讨论

1．将实验原始数据按表 6-1-2 整理，以备计算分析之用。

2．以颗粒沉速作横坐标，以 P 为纵坐标，在普通坐标纸上绘制 $P—u$ 曲线。

3．利用图解列表（表 6-1-3）计算不同沉速时，悬浮物的去除率。

表 6-1-2 实验原始数据整理表

沉淀高度 H_i/cm								
沉淀时间 t_i/min								
水样 SS/（mg/L）								
未被去除颗粒百分比 P_i								
颗粒沉速 u/（mm/s）								

4．根据上述计算结果，以 E 为纵坐标，分别以 u 及 t 为横坐标，绘制 $E—u$，$E—t$ 关系曲线。

表 6-1-3 悬浮物去除率 E 的计算

序号	u_0	P_0	$1-P_0$	ΔP	u_t	$u_t \cdot \Delta P$	$\sum u_t \cdot \Delta P$	$\frac{\sum u_t \cdot \Delta P}{u_0}$	$E=(1-P_0)+\frac{\sum u_t \cdot \Delta P}{u_0}$

六、注意事项

1．向沉淀柱内进水时，速度要适中，既要较快完成进水，以防进水中一些较重颗粒沉淀，又要防止速度过快造成柱内水体紊动，影响静沉实验效果。

2．取样前，一定要记录沉淀柱中水面至取样口距离 H（以 cm 计）。

3．取样时，先排除管中积水而后取样，每次约取 300～400 ml。

4．测定悬浮物时，因颗粒较重，从烧杯取样要边搅边吸，以保证两平行水样的均匀性。贴于移液管壁上细小的颗粒一定要用蒸馏水洗净。

七、思考题

1．自由沉淀中颗粒沉速与絮凝沉淀中颗粒沉速有何区别？

2．绘制自由沉淀静沉曲线的方法及意义。

3．沉淀柱高分别为 H＝1.2 m，H＝0.9 m，两组实验结果是否一样，为什么？

实验二　斜板沉淀

一、实验目的

1．通过进行双向流斜板沉淀的模拟实验，进一步加深对其构造和工作原理的认识。

2．进一步了解斜板沉淀池运行的影响因素。

3．熟悉双向流斜板沉淀池的运行操作方法。

二、实验原理

根据浅层理论，在沉淀池有效容积一定的条件下，增加沉淀面积，可以提高沉淀效率。斜板沉淀池实际上是把多层沉淀池底板做成一定倾斜率，以利排泥。斜板与水平成 60° 角，放置沉淀池中，水在斜板的流动过程中，水中颗粒则沉于斜板上，当颗粒积累到一定程度时，便自动滑下。双向流斜板沉淀池中具有上向流和下向流两种流态。中间为下向流（同向流）沉淀区，其水流方向与污泥滑动方向相同；两侧为上向流（异向流）沉淀区，其水流方向与污泥滑动方向相反。

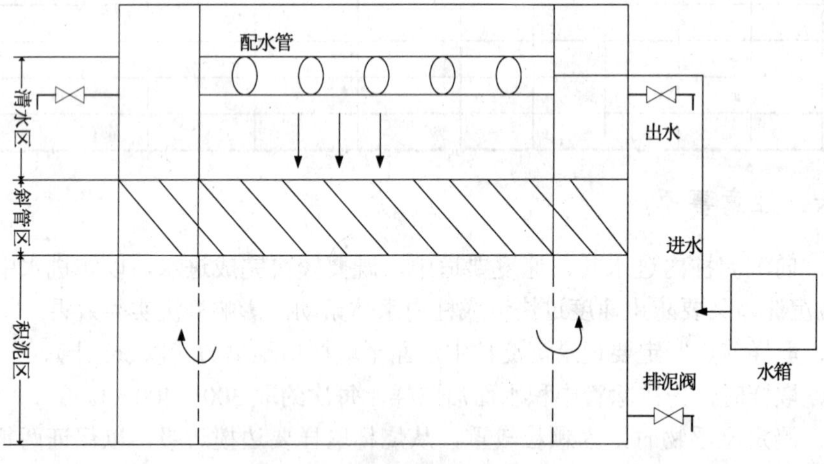

图 6-2-1　双向流斜板沉淀池

三、实验设备

在双向流斜板沉淀池中，原水从中间的下向流沉淀区顶部的穿孔管配水，经斜板沉淀区后至底部，又从底部向上进入两侧的上向流沉淀区，经出水顶部的溢流堰排出，污泥沉入斜板后滑下进入污泥斗，定期排放污泥。

需要测定分析的仪器有：

1. 光电式浊度仪
2. pH 计
3. 投药设备与反应器
4. 温度计
5. 200 ml 烧杯 5 个

四、实验步骤

1. 用清水注满沉淀池，检查是否漏水，水泵与闸阀等是否正常完好。

2. 一切正常后，将经过投药混凝反应后的原水用泵打入沉淀池，先将其流量控制在 400 L/h 左右。如果进行自由沉淀的实验，可以直接进水。

3. 根据 400 L/h 流量的实验情况，分别加大和减少进水流量，测定不同负荷下的进、出水浊度，并计算其去除率。

4. 定期从污泥斗排泥。

5. 也可以用不同的原水或混凝剂以及混凝剂的不同投加量来进行实验，测定其去除率。

五、结果讨论

按下表整理数据

实验记录表

序号	原水		投药		浊度		
	水温/℃	流量/（L/h）	名称	投药量/（mg/L）	进水	出水	去除率

六、思考题

1. 为什么斜板沉淀池具有更好的沉淀效果？
2. 影响斜板沉淀池运行的因素有哪些？

实验三　混凝沉淀

一、实验目的

1．观察混凝现象，从而加深对混凝理论的理解。

2．掌握可编程六联电动搅拌器的使用方法。

3．了解混凝剂的筛选方法。

4．掌握混凝工艺条件的确定方法。

二、实验原理

混凝沉淀是将化学药剂投入污水中，经充分混合与反应，使污水中悬浮态（>100 nm）和胶态（1～100 nm）的细小颗粒凝聚或絮凝成大的可沉絮体，再通过沉淀去除的工艺过程。

混凝是一种复杂的物理化学现象，目前对其认识尚不统一。悬浮态和胶态的细小颗粒在水中以负电荷亲水胶体的状态存在，且外围包着一层由极性分子组成的水壳，极其稳定，因而永远不可能借自身重力沉淀下来。当混凝剂加入到污水并与污水充分混合以后：一方面混凝剂水解出一系列阳离子（Al^{3+}或 Fe^{3+}及其络合离子）可以中和胶体颗粒表面所带的负电荷；另一方面由于这些离子有很强的水化能力（与 H_2O 结合成络合离子），能夺走胶粒周围的水分子，破坏水壳。通过以上两方面的作用，胶粒将失去原来的稳定性，相互之间发生凝聚，形成较大的矾花（经絮凝之后形成的大颗粒可沉絮体常俗称矾花）经沉淀去除。

混凝由混合、絮凝和沉淀 3 个过程组成。

混合的目的是均匀而迅速地将药液扩散到污水中，它是絮凝的前提。当混凝剂与污水中的胶体及悬浮颗粒充分接触以后，会形成微小的矾花。混合时间很短，一般要求在 10～30 s 内完成混合，最多不超过 2 min。因而要使之混合均匀，就必须提供足够的动力使污水产生剧烈的紊流。

将混凝剂加入污水中，污水中大部分处于稳定状态的胶体杂质将失去稳定。脱稳的胶体颗粒通过一定的水力条件相互碰撞、相互凝结、逐渐长大成能沉淀去除的矾花，这一过程称为絮凝或反应。要保证絮凝的顺利进行，需保证足够的絮凝时间、足够的搅拌外力，但搅拌强度要远远小于混合阶段。

污水经混凝过程形成的矾花，要通过沉淀去除。

混凝剂的种类有：有机混凝剂、无机混凝剂、人工合成混凝剂（阴离子型、阳离子型、非离子型）、天然高分子混凝剂（淀粉、树胶、动物胶）等。

混凝过程实质上是混凝剂—溶剂、混凝剂—胶体和胶体—溶剂这 3 种关系相互作用的综合结果。为了提高混凝效果，必须根据废水中胶体和细微悬浮物的性质和浓度，正确地控制混凝过程的工艺条件。

混凝的效果受很多因素影响：①胶体和细微悬浮物的种类、粒径和浓度；②废水中阳离子和阴离子的浓度；③pH 值；④混凝剂的种类、投加量和投加方式；⑤搅拌强度和时间；⑥碱度；⑦水温等。

三、实验设备及药品

1．设备

（1）1 000 ml 量筒 2 个。

（2）200 ml 烧杯 6 个。

（3）10 ml 移液管 5 个。

（4）光电式浊度仪。

（5）可编程六联电动搅拌器。

（6）pH 计。

2．药品

（1）硫酸铝 $Al_2(SO_4)_3 \cdot 18H_2O$：10 g/L。

（2）三氯化铁 $FeCl_3 \cdot 6H_2O$：10 g/L。

（3）盐酸 HCl：10%。

（4）氢氧化钠 NaOH：10%。

四、实验步骤

1．用 1 000 ml 量筒量取 6 个水样至 6 个 1 000 ml 混凝杯中，并测定原水的浊度、pH 值及温度。

2．将水样置于搅拌器上，与此同时，按给定的投药量，用移液管分别移取不同量的药液至加药管中。

3．投药量　$Al_2(SO_4)_3$ 1 ml，2 ml，4 ml，8 ml，10 ml，12 ml。

4．按表 6-3-1 设置六联电动搅拌器运行程序并开始搅拌。

表 6-3-1　搅拌器程序设置表

程序阶段号	时间	转速/（r/min）	加药	备注
1	20 s	500	1	加药
2	1 min	500	1	用洗气瓶快速第一次洗加药杯
3	30 s	150	1	用洗气瓶快速第二次洗加药杯
4	3 min	150		
5	5 min	50		

5．搅拌过程中，观察并记录“矾花”形成的过程，“矾花”外观、大小、密实程度等。

6．搅拌过程完成后，停机，静沉 10 min，观察并记录“矾花”沉淀的过程。

7．水样静沉 10 min 后，分别从混凝杯取样口取出 100 ml 上清液，置于 6 个洗净的 200 ml 烧杯中，立即用浊度仪测出剩余浊度，记入表 6-3-2。

8．取 6 个 1 000 ml 水样，置于搅拌器上，以混凝剂 $FeCl_3$ 代替混凝剂 $Al_2(SO_4)_3$，按步骤 3、4、5、6、7 进行，结果记入表 6-3-2。

9．取 5 个 1 000 ml 水样，用移液管投加 10% HCl 溶液和 10% NaOH 溶液，投加量分别为 4 ml（10%HCl）、2 ml（10%HCl）、0 ml、2 ml（10%NaOH）、4 ml（10%NaOH）快速搅拌 30 s（500 r/min），用 pH 计测溶液 pH 值。

10．按前面确定的最佳投药量加入 $Al_2(SO_4)_3$ 混凝剂，按步骤 4、5、6、7 进行，结果记入表 6-3-3。

五、结果分析

1．按下面两个表整理实验数据。

表 6-3-2　最佳投药量实验记录表

原水浊度/度		原水温度/℃		原水 pH 值		混凝剂名称	
水样编号	1	2	3	4	5	6	7
混凝剂投加量/（mg/L）							
水样剩余浊度/度							

表 6-3-3　最佳 pH 值实验记录表

原水浊度/度		原水温度/℃		混凝剂名称		混凝剂投加量/（mg/L）	
水样编号	1	2	3	4	5	6	7
HCl 投加量/（mg/L）							
NaOH 投加量/（mg/L）							
水样 pH 值							
水样剩余浊度/度							

2．以投药量为横坐标，以剩余浊度为纵坐标，绘制剩余浊度－投药量曲线，曲线最低点所对应的投药量即为最佳投药量值。同样以 pH 值为横坐标，以剩余浊度为纵坐标，绘制剩余浊度－pH 值曲线，曲线最低一段所对应的 pH 值即为最佳 pH 值范围。

3．比较混凝剂 $Al_2(SO_4)_3$ 和混凝剂 $FeCl_3$ 的混凝效果。

六、注意事项

1．整个实验采用同一水样，而且取水样时要搅拌均匀，要一次量取，以尽量减少取样浓度上的误差。

2．要充分冲洗加药管，以免药剂沾在加药管上太多，影响投药量的精确度。

3．取反应后上清液时，要用相同的条件取，不要把沉下去的矾花搅起来。

七、思考题

1．根据实验结果以及实验中所观察到的现象，简述影响混凝效果的几个主要因素。

2．为什么投药量大时，混凝效果不一定好？

实验四　加压溶气气浮

一、实验目的

1. 掌握加压溶气气浮实验方法和释气量测定方法。

2. 了解悬浮颗粒浓度、操作压力、气固比、澄清分离效率之间的关系，加深对基本概念的理解。

二、实验原理

气浮也是一种水处理的重要方法，它是将水、污染杂质和气泡这样一个多相体系中含有的疏水性污染粒子，或者附有表面活性物质的亲水性污染粒子，有选择地从废水中吸附到气泡上、以泡沫形式从水中分离去除的一种操作过程。因此，气浮法处理废水（或处理含藻类等饮用水）的实质是：气泡和粒子间进行物理吸附，并形成浮选体上浮分离。加压溶气气浮是，将空气在加压条件下溶入水中（在溶气罐内进行），而在常压下析出（在气浮中进行），与污染粒子一起形成浮选体上浮分离。加压气浮是国内外最常用的一种气浮法，是含乳化油废水的处理中不可缺少的工艺之一。

影响加压溶气气浮的主要因素有两个方面：一是废水中悬浮颗粒的物理化学性质，如密度、粒径、对水的浸润程度；二是加压溶气水释放出空气微气泡的大小、数量、稳定性以及和废水中悬浮颗粒的接触方式及接触时间等。

在加压溶气气浮系统设计中，常用的基本参数是气固比，即空气析出量与去除污染物量的比值。气固比与操作压力、悬浮固体的浓度、性质有关。对活性污泥进行气浮时，气∶固=0.005∶1～0.06∶1，变化范围较大。气固比可按下式计算：

$$\frac{A}{S}=\frac{1.3S_a(fP-1)Q_r}{QS_i} \tag{6-4-1}$$

式中：$\frac{A}{S}$——气固比（g 释放的空气/g 悬浮固体）；

S_i——入流中的悬浮固体浓度，mg/L；

Q_r——加压水回流量，L/d；

Q——污水流量，L/d；

P——绝对压力，Pa；

$$P=\frac{p+101.32}{101.32} \tag{6-4-2}$$

p——表压，kPa；

f——压力为 P 时水中的空气溶解系数，通常采用 0.5；

1.3——1 ml 空气的重量，mg；

S_a——某一温度时的空气溶解度（可查表得到）。

温度/℃	0	10	20	30
S_a/（ml/L）	29.2	22.8	18.7	15.7

出流水中的悬浮固体浓度和浮渣中的固体浓度与气固比的关系如图 6-4-1 所示。由图 6-4-1 可以看到，在一定范围内，气浮效果是随气固比的增大而增大的，即气固比越大，出水悬浮固体浓度越低，浮渣的固体浓度越高。

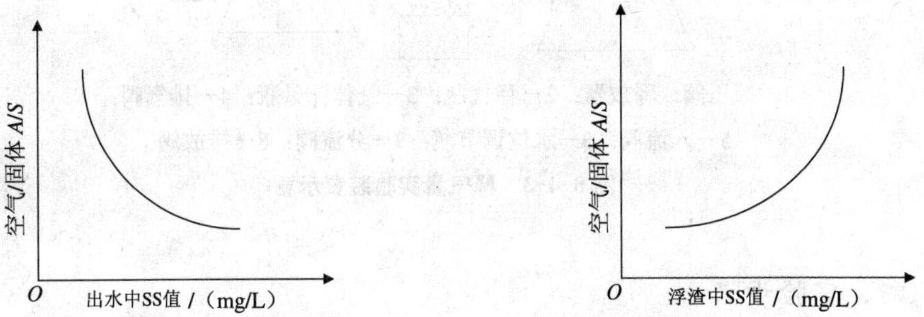

图 6-4-1　气固比对浮渣固体浓度和出水固体浓度的影响

三、实验设备与材料

1. 气固比实验装置见图 6-4-2

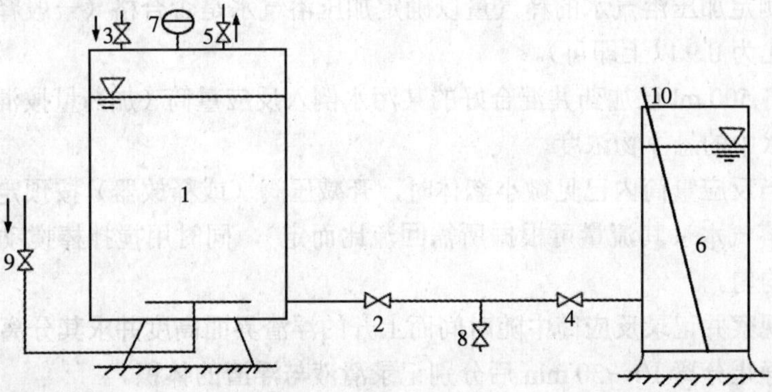

1—压力溶气罐；2—减压阀或释放器；3—加压水进水口；4—入流阀；5—排气口；
6—反应量筒（1 000~1 500 ml）；7—压力表；8—排放阀；9—压缩空气进气阀；10—搅拌棒

图 6-4-2　气固比实验装置

2．释气量实验装置见图 6-4-3

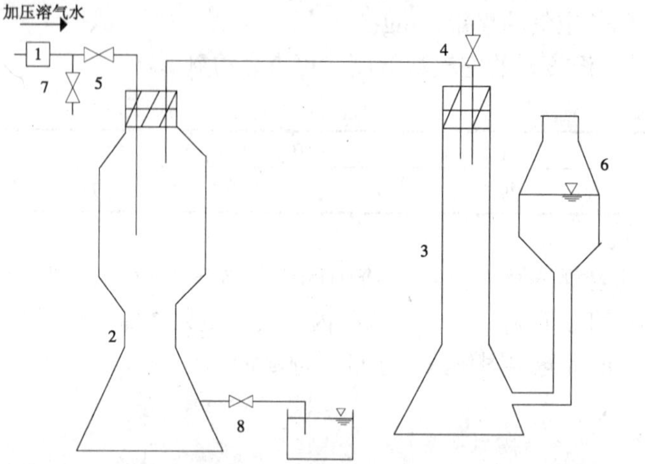

1－减压阀或释放器；2－释气瓶；3－气体计量瓶；4－排气阀；

5－入流阀；6－水位调节瓶；7－分流阀；8－排放阀

图 6-4-3　释气量实验装置示意

四、实验步骤

1．气固比实验

（1）将某污水加药混凝沉淀，然后取压力溶气罐 2/3 倍体积的上清液加入压力溶气罐。

（2）开进气阀门使压缩空气进入加压溶气罐，待罐内压力达到预定压力时（一般为 0.3～0.4 MPa）关进气阀门并静置 10 min，使罐内水中溶解空气达到饱和。

（3）测定加压溶气水的释气量以确定加压溶气水是否合格（一般释气量与理论饱和值之比为 0.9 以上即可）。

（4）将 500 ml 已加药并混合好的某污水倒入反应量筒（加药量按混凝实验定），并测原污水中的悬浮物浓度。

（5）当反应量筒内已见微小絮体时，开减压阀（或释放器）按预定流量往反应量筒内加溶气水（其流量可根据所需回流比而定），同时用搅拌棒搅动半分钟，使气泡分布均匀。

（6）观察并记录反应筒中随时间而上升的浮渣界面高度并求其分离速度。

（7）静止分离 10～30 min 后分别记录清液与浮渣的体积。

（8）打开排放阀门分别排出清液和浮渣，并测定清液和浮渣中的悬浮物浓度。

（9）按几个不同回流比重复上述实验即可得出不同的气固比与出水水质 SS 值。记录见表 6-4-1 和表 6-4-2。

表 6-4-1 气固比与出水水质记录表

内容 / 实验号	原污水					压力溶气水					出水			浮渣	
	水温/℃	pH 值	体积 V_0/ml	加药名称	加药量/%	悬浮物/mg/L	体积/ml	压力/MPa	释气/ml	气固比 A/S	回流比 R	悬浮物/mg/L	去除率/%	体积 V_1/ml	体积 V_2/ml	悬浮物/mg/L

表 6-4-2 浮渣高度与分离时间记录表

t/min								
h/cm								
$H—h$/cm								
V_1/L								
$V_2/V_1\times100\%$								

2．释气量实验

（1）打开气体计量瓶的排气阀，将释气瓶注入清水至计量刻度，上下移动水位调节瓶，将气体计量瓶内液位调至零刻度，后关闭排气阀。

（2）当加压溶气罐运行正常后，打开减压阀和分流阀，使加压溶气水从分流口流出，在确认流出的加压溶气水正常后，开入流阀，关分流阀，使加压溶气水进入释气瓶内。

（3）当释气瓶内增加的水达到 100～200 ml 后，关减压阀和入流阀并轻轻摇晃释气瓶，使加压溶气水中能释放出的气体全部从水中分离出来。

（4）打开释气瓶的排放阀，使瓶中液位降回到计量刻度，同时准确计量排出液的体积。

（5）上下移动水位调节瓶，使调节瓶中的液位与气体计量瓶中的液位处于同一水平线上，此时记录的气体增加量即所排入释放瓶中加压溶气水的释气量。实验记录如表 6-4-3 所示。

五、结果分析

1．绘制气固比与出水水质关系曲线，并进行回归分析。

2．绘制气固比与浮渣中固体浓度关系曲线。

3．完成释气量实验，并计算溶气效率。

表 6-4-3　释气量实验记录表

内容 / 实验号	加压溶气水				释　气	
	压力/MPa	体积/ml	水温/℃	理论释气量/（ml/L）	释气量/ml	溶气效率/%

注：1. 溶气效率 $\eta\%$ = 释气量/理论释气量 × 100%。

2. 理论释气量 $V = K_T PL$/m³ 水。

式中：P ——空气所受的绝对压力，以 MPa 计；

K_T ——温度溶解常数，见表 6-4-4。

表 6-4-4　不同温度时的 K_T 值

温度/℃	0	10	20	30	40	50
K_T 值	0.038	0.029	0.024	0.021	0.018	0.016

六、思考题

1. 气浮法与沉淀法有什么相同之处？有什么不同之处？
2. 气固比实验中得到的两条曲线各有什么意义？

实验五　活性污泥法好氧生物处理

一、实验目的

1. 熟悉活性污泥法的基本流程。
2. 加深对污水好氧生物处理和活性污泥法原理的理解。
3. 掌握利用完全混合系统处理生活污水的实验方法。

二、实验原理

1. 污水好氧生物处理

污水好氧生物处理是指在有氧的条件下，利用好氧微生物氧化分解有机物，从而进行污水处理的过程。有机物好氧分解过程可用图 6-5-1 表示：

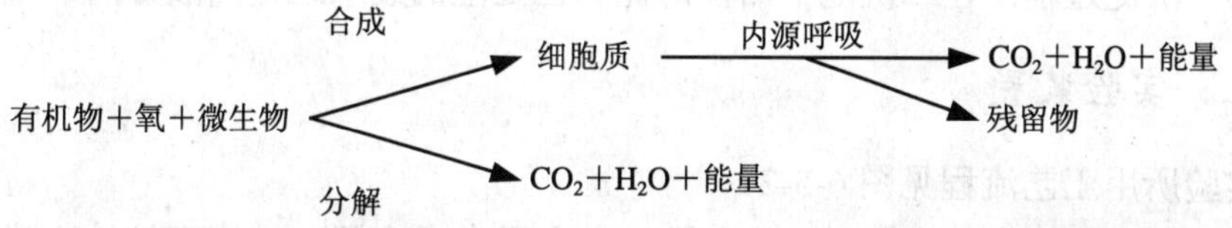

图 6-5-1　污水好氧生物处理原理示意

污水中的有机污染物，首先被吸附在微生物的表面，小分子的有机物能够直接透过细胞壁进入微生物体内，而如淀粉、蛋白质等大分子有机物，则必须在细胞外酶的作用下，被水解为小分子后再为微生物摄入细胞体内。

微生物对一部分有机物进行氧化分解，最终形成 CO_2 和 H_2O 等稳定的无机物质并从中获取合成新细胞物质所需的能量，这一过程可用下列化学方程式表示：

$$C_xH_yO_z+（x+y/4-z/2）O_2 \xrightarrow{酶} xCO_2+y/2H_2O+能量 \quad (6\text{-}5\text{-}1)$$

$C_xH_yO_z$—有机污染物

另一部分有机污染物被微生物用于合成新细胞，所需能量取自氧化分解过程。这一反应过程可用下列方程式表示：

$$nC_xH_yO_z+nNH_3+n(x+y/4-z/2-5)O_2 \xrightarrow{酶} (C_5H_7NO_2)_n+n(x-5)CO_2+n/2(y-4)H_2O-能量 \quad (6\text{-}5\text{-}2)$$

$C_5H_7NO_2$—微生物细胞组织的化学式

当有机污染物浓度低时，微生物会由于营养物质的缺乏而进入内源代谢阶段，即微生物对其自身的细胞物质进行代谢反应，其过程可用下列化学式表示：

$$(C_5H_7NO_2)_n + 5n\ O_2 \xrightarrow{\text{酶}} 5nCO_2 + 2nH_2O + nNH_3 + \text{能量} \tag{6-5-3}$$

2．活性污泥法

活性污泥法是处理生活污水、城市污水以及有机性工业废水最常用的方法，它以悬浮在水中的活性污泥为主体，通过采取一系列人工强化、控制技术措施，使活性污泥微生物所具有的，以对有机物氧化、分解为主体的生理功能得到充分发挥，从而达到对污水净化的目的。活性污泥法对有机污染物的去除主要通过以下 3 种过程：

（1）初期吸附过程：在污水开始与活性污泥接触后的较短的时间（5～10 min）内，污水中的有机污染物由于活性污泥的吸附作用被转移到活性污泥中从而被去除；

（2）氧化分解过程：在有氧的条件下，好氧性微生物将吸附在活性污泥中的有机污染物氧化分解以获得能量或合成细胞质；

（3）沉淀过程：在二沉池中活性污泥和已处理的废水进行固液分离。

三、实验装置

实验所用工艺流程见图 6-5-2。

1．完全混合系统一套　由进水槽、完全混合反应器、二次沉淀池、进水泵、污泥回流泵、空气压缩机、搅拌器、曝气盘、PLC 控制器等组成。

2．必要的水质分析仪器和玻璃仪器。

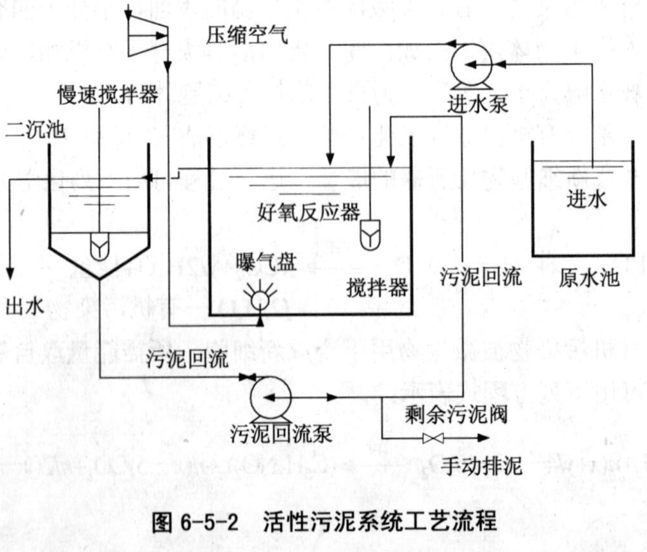

图 6-5-2　活性污泥系统工艺流程

四、实验步骤

1. 启动　将培养好的活性污泥注入好氧反应器，开启进水泵、污泥回流泵、曝气系统及搅拌器，连接好微电脑控制系统，整套实验系统即开始运行。

2. 试运行　试运行的目的是确定最佳的运行条件。在活性污泥系统的运行中，作为变数考虑的因素有混合液污泥浓度（MLSS）、空气量、污水的注入方式等。试运行的任务就是参照有关经验数据，将这些变数组合成几种运行条件分阶段进行实验，观察各种条件的处理效果，并确定最佳的运行条件。

3. 正式运行　试运行确定最佳条件后，即可转入正式运行。为了使系统能保持良好的处理效果，除每日对系统运转情况进行观察外，还应定期对系统的进出水水质、反应器中活性污泥的性状进行检测。通常需测定以下参数：

（1）进水流量，Q_{inf}　（L/h）

（2）污泥回流流量，Q_r（L/h）

（3）污泥沉降比，SV　（ml/L）

（4）曝气池内溶解氧浓度，DO（mg/L）

（5）进、出水的总 COD 浓度，COD_{tot}　（mg/L）

（6）进、出水的纸滤 COD 浓度，COD_{pf}　（mg/L）

（7）进、出水 BOD_5 浓度，BOD_5（mg/L）

（8）混合液悬浮固体浓度，MLSS（g/L）

（9）混合液可挥发性悬浮固体浓度，MLVSS　（g/L）

（10）活性污泥好氧速率，R_r（mg/L·h）

除此之外，还应对系统中的活性污泥不定期地进行镜检。

五、结果与讨论

1. 将监测数据列入表 6-5-1。

2. 计算以下参数

（1）污泥负荷率 $N_s=\dfrac{Q_{\text{inf}}\times \text{BOD}_{5(\text{inf})}\times 24}{\text{MLSS}\times V}$，单位 kgBOD_5/(kgMLSS·d)　（6-5-4）

（2）容积负荷率 $N_v=\dfrac{Q_{\text{inf}}\times \text{BOD}_{5(\text{inf})}\times 24}{V}$，单位 kgBOD_5/(L·d)　（6-5-5）

（3）水力停留时间，$\text{HRT}=\dfrac{V}{Q}$，单位 h　（6-5-6）

（4）污泥体积指数，$\text{SVI}=\dfrac{\text{SV}}{\text{MLSS}}$，单位 ml/g　（6-5-7）

（5）污泥回流比，$R=\dfrac{Q_r}{Q_{inf}}$ （6-5-8）

（6）COD 去除率，$\%=\dfrac{(COD_{inf}-COD_{eff})}{COD_{inf}}\times100\%$ （6-5-9）

表 6-5-1 活性污泥系统运行记录表

时间：

<table>
<tr><td>项目</td><td colspan="3">进水流量/（L/h）</td><td colspan="3">回流污泥流量/（L/h）</td><td colspan="3">DO/（mg/L）</td><td>SV/ ml/L</td><td>MLSS/ (mg/L)</td><td>MLVSS/ (mg/L)</td></tr>
<tr><td></td><td colspan="3"></td><td colspan="3"></td><td colspan="3"></td><td></td><td></td><td></td></tr>
<tr><td rowspan="2">项目</td><td colspan="3">COD_{tot}</td><td colspan="3">COD_{pf}</td><td colspan="3">BOD_5</td><td colspan="3" rowspan="2">活性污泥好氧速率 R_r/[mg/(L·h)]</td></tr>
<tr><td>进水/ (mg/L)</td><td>出水/ (mg/L)</td><td>去除率 /%</td><td>进水/ (mg/L)</td><td>出水/ (mg/L)</td><td>去除 率/%</td><td>进水/ (mg/L)</td><td>出水/ (mg/L)</td><td>去除率 /%</td></tr>
<tr><td></td><td></td><td></td><td></td><td></td><td></td><td></td><td></td><td></td><td></td><td colspan="3"></td></tr>
<tr><td>微生物镜检</td><td colspan="12"></td></tr>
<tr><td>备注</td><td colspan="12"></td></tr>
</table>

3．根据以下两式对 COD 进行物料衡算

（1）COD 随污泥流失量

$$gCOD_{wash\ out}=gCOD_{eff\,(tot)}-gCOD_{eff\,(pf)} \quad (6\text{-}5\text{-}10)$$

（2）COD 去除量

$$gCOD_{removal}=gCOD_{inf\,(tot)}-gCOD_{eff\,(pf)} \quad (6\text{-}5\text{-}11)$$

并解释为何要如此计算 COD 去除量。

六、思考题

1．影响污水好氧生物处理效果的因素都有哪些？

2．通过本实验系统的观测和控制，阐述完全混合式活性污泥法的优缺点。

附：

活性污泥耗氧速率的测定

一、实验目的

掌握活性污泥耗氧速率的测定方法。

二、实验原理

R_r 为单位时间单位容积的活性污泥的需氧率（耗氧速率）。设曝气池的需氧量为 O_2（kg/d），则有：

$$O_2 = R_r \cdot V \tag{6-5-12}$$

$$\frac{O_2}{X_V \cdot V} = \frac{R_r}{X_V} = \alpha' L_r' + b' \tag{6-5-13}$$

式中：X_V——曝气池混合液的 MLSS 浓度，g/L；

α'——氧化 1kg BOD_5 所需氧 kg 数；

b'——活性污泥自身氧化需氧率，L/d；

L_r'——有机物去除负荷，kgBOD_5/(kg·d)；

V——曝气池容积，m^3。

R_r 可通过实验测出，由 R_r 进一步可作图求出动力学常数 α' 和 b'。因此 R_r 是活性污泥法的重要参数之一。R_r 的测定方法有瓦勃呼吸仪法、排气分析法、极谱法、溶解氧仪测定，本实验介绍溶解氧仪法测定 R_r [mg/(L·h)]。

$$R_r = \frac{DO_1 - DO_2}{t_2 - t_1} \tag{6-5-14}$$

式中：DO_1、DO_2 分别是 t_1、t_2 时刻活性污泥混合液的溶解氧浓度（mg/L）。

三、实验设备

1. 溶解氧测定仪。
2. 50 ml 三角瓶。
3. 电磁搅拌器。
4. 空压机。

四、实验步骤

1．在 30 L 桶内放入 20 L 污水，根据污水水质补加一定量的营养使 C：N：P=100：5：1，启动空压机曝气直到溶解氧为 5～6 mg/L，将新鲜活性污泥（菌液）投加进桶内搅拌均匀（污泥投加量使混合液 MLSS 浓度与曝气池相同）。

2．同时将 50 ml 三角瓶取满瓶混合液，将溶解氧测定仪的探头插入三角瓶，塞紧，置于搅拌器上搅拌。

3．立即开启溶解氧测定仪的自动存贮功能，测定即正式开始。

4．测定完毕后，打开三角瓶，测定瓶中混合液的 MLSS 值或 MLVSS 值。

5．绘制 DO-t 曲线，斜率即为 R_r。

6．分析实验结果。

实验六 SBR 法计算机自动控制系统

一、实验目的

1. 通过 SBR 法计算机自动控制系统模型实验，了解和掌握 SBR 法计算机自动控制系统的构造与原理。

2. 通过实验，理解和掌握 SBR 法的原理、特征。

3. 通过实验，理解和掌握 SBR 法的监测指标的意义和运行管理。

二、SBR 法概述

间歇式活性污泥法（以下简称 SBR 法），又称序批式活性污泥法，是一种不同于传统的连续流活性污泥法的废水处理工艺。SBR 工艺具有工艺简单、所需费用较低等特点。采用该工艺处理城镇污水时，比普通的活性污泥法节省基建费用投资约 30%。而且该工艺布置紧凑，节省占地面积。此外，其理想的推流过程使生化反应推动力大，效率也高；运行方式较灵活，脱氯除磷效果好，可防止污泥膨胀，且耐冲击负荷。

然而，SBR 法实际上并不是一种新工艺，而是活性污泥法初创时期充排式反应器的改进与复兴。1914 年英国的 Ardern 和 Lockett 首创活性污泥法时，采用的就是间歇式。但由于当时的自动监控技术水平较低，间歇处理的控制阀门十分烦琐，操作复杂且工作量大，特别是后来由于城市和工业废水处理的规模趋于大型化，使得间歇式活性污泥法逐渐被连续式活性污泥法所代替。因此，SBR 法处理工艺在当时未能得到推广应用，主要是 SBR 法自动化控制要求高的特点造成的。

近年来，随着工业和自动化控制技术的飞速发展，特别是监控技术的自动化程度以及污水处理厂自动化管理要求的日益提高，出现了电动阀、气动阀、定时器及微处理机等先进的监控技术产品，为间歇式活性污泥法再度得到深入的研究和应用，提供了极为有利的先决条件。自从 1955 年 Hoover 与 Porges 用 SBR 法处理牛奶场废水取得成功后，人们逐渐认识到该工艺的巨大潜能，从而拉开了 SBR 复兴的序幕。此后，美国、日本、澳大利亚、荷兰等国相继投入大量的人力物力进行研究，并取得一定的成果。近年来，SBR 法也引起了我国水污染治理界的重视。

三、工作原理

SBR 工艺作为活性污泥法的一种，其去除有机物的机理与传统的活性污泥法相同，即微生物利用污水中的有机物合成新的细胞物质，并为合成提供所需的能量；同时通过活性污泥的絮凝、吸附、沉淀等过程来实现有机污染物的去除；所不同的只是其运行方式。典型的 SBR 系统包含一座或几座反应池及初沉池等预处理设施和污泥处理设施，反应池兼有调节池和沉淀池的功能。该工艺被称为序批间歇式，它有两个含义：一是其运行操作在空间上按序排列，是间歇的；二是每个 SBR 的运行操作在时间上也是按序进行，并且也是间歇的。当反应池充水，开始曝气后，就进入了反应期；待有机物含量达到排放标准或不再降解时，停止曝气。混合液在反应器中处于完全静止状态，进行固液分离，一段时间后，排放上清液。活性污泥留在反应池内，多余的污泥可通过放空管排出。至此，就完成了一个运行周期，反应器又处于准备进行下一周期运行的待机状态。图 6-6-1 为 SBR 法的基本运行模式。

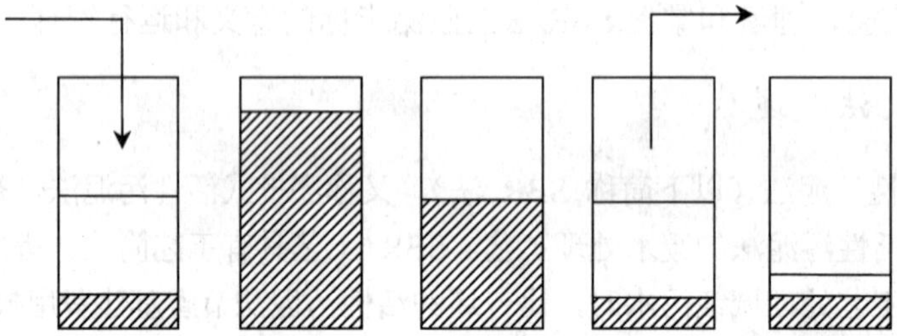

图 6-6-1 SBR 好氧生物处理基本过程

SBR 法系统的运行分 5 个阶段，即进水期、反应期、沉淀期、排水排泥期和闲置期。从进水到待进水的整个过程称为一个运行周期，在一个运行周期内，底物浓度、污泥浓度、底物的去除率和污泥的增长速率等都随时间不断地变化，因此，间歇式活性污泥法系统属于单一反应器内非稳定状态的运行。

1. 进水期

进水阶段不仅是水位上升过程，更重要的是在反应器内进行着重要的生化反应。在这期间，根据不同微生物生长的特点，可以用曝气、厌氧搅拌或二者轮换的方式运行，如脱氮、释磷，则应保持缺氧状态，只进行缓慢搅拌。进水需要时间根据实际排水情况和设备条件而定，从处理效果考虑，进水时间以短为宜。

2. 反应期

当反应器充水至设计水位后，污水不再流入反应器内，曝气和搅拌成为该阶段的主要运行方式。其间，曝气一方面降解污水中 BOD，另一方面进行硝化反应和磷的吸收。

在反应期，活性污泥中微生物周期性地处于高浓度及低浓度基质的环境中，反应器也相应的形成厌氧—缺氧—好氧的交替过程，使其不仅具有良好的有机物处理效能，而且具有良好的脱氮除磷效果。

反应期所需的反应时间是确定 SBR 处理工艺的一个非常重要的工艺设计参数。其取值的大小将直接影响处理工艺运行周期的长短。反应时间可通过对不同类型的废水进行研究，求出不同时间内污染物浓度随时间的变化规律来确定。

进入沉淀期之前，要进行短暂微曝气，来吹脱污泥上黏附的气泡或氮气，以保证沉淀效果。

3．沉淀期

沉淀过程的功能是澄清出水、浓缩污泥，在 SBR 法中澄清出水是更为主要的。在连续流活性污泥法中，泥水混合液必须经过管道流入沉淀池沉淀的过程，从而有可能使部分刚刚开始絮凝的活性污泥重新破碎，SBR 法有效地避免了这一现象。此外，该工艺中污泥的沉降过程是在相对静止的状态下进行的，因而受外界的干扰甚小，具有沉降时间短、沉淀效率高的优点。

SBR 工艺的沉淀阶段所需的时间应根据污水的类型及处理要求而具体确定，一般为 1～2 h。

4．排水排泥期

SBR 反应器中的混合液在经过一定时间的沉淀后，将反应器中的上清液排出反应器，然后将相当于反应过程中微生物生长而产生的污泥量排出反应器，以保持反应器内一定数量的污泥。一般而言，SBR 法反应器中的活性污泥数量一般为反应器容积的 50%左右。

5．闲置期

闲置期的设置是保证 SBR 工艺处理出水水质的重要内容。闲置期的功能是在静置无进水的条件下，使微生物通过内源呼吸作用恢复其活性，为下一个运行周期创造良好的初始条件。通过闲置期后的活性污泥处于一种营养物的饥饿状态，单位重量的活性污泥具有很大的吸附表面积，因而当进入下个运行周期的进水期时，活性污泥便可充分发挥其较强的吸附能力而有效地发挥其初始去除作用。

闲置期所需的时间也取决于所处理的污水种类、处理负荷和所要达到的处理效果。

四、SBR 的特点

1．工艺简单，调节池容积小或可不设调节池，不设二次沉淀池，无污泥回流。

2．投资省，占地少，运行费用低。

3．反应过程基质浓度梯度大，反应推动力大，处理效率高。

4．抗有机负荷和有毒物负荷冲击能力强，运行方式灵活，静止沉淀，出水水质好。

5．厌氧（缺氧）和好氧过程交替发生，有效抑制污泥膨胀，泥龄短且活性高，能够同时脱氮除磷。

五、实验装置和设备

1．SBR 处理设备。

2．计算机自动控制装置。

3．测定用相关仪器。

六、监测指标的意义

1．进出水的 BOD_5/COD

BOD_5、COD 分别代表废水中可被微生物氧化分解的有机物含量和近似的废水中全部有机物的含量。BOD_5/COD 指废水中可生物降解的有机物占全部有机物的百分比，即该废水的可生物降解程度。一般，BOD_5/COD＞0.25 就可以用生物法处理，反之可采用物理法或化学法处理。

通过对比进、出水 BOD_5/COD 来判断生物处理系统运行的状况。若进、出水 BOD_5/COD 变化不大，出水 BOD_5 值也比较高，表明该系统运行不正常；反之，出水 BOD_5/COD 与进水 BOD_5/COD 相比下降较快，说明系统运行正常。

2．出水的悬浮固体（ESS）

在废水中悬浮固体（SS）主要由砂、石等无机成分组成的非挥发性悬浮固体（FSS）和由纸、纤维、菜皮等有机成分组成的挥发性悬浮固体（VSS）两部分所组成。在生物处理中进水 SS 经沉砂、格栅、初沉等预处理工艺后被大部分去除，剩下的 SS 进入曝气池后也被大部分活性污泥吸附，只有极少部分随出水带走，成为出水悬浮固体（ESS）。其中 ESS 主要来源于沉降性能较差，结构松散，颗粒较小的活性污泥。因此，测定 ESS 对判断污泥性能好坏有极其重要的指标意义。污泥性能较好的处理系统，其 ESS 一般小于 30 mg/L。

3．曝气池中溶解氧（DO）的变化

当供气量不变，而曝气池 DO 有较大波动时，除了及时调整 DO 水平外，还须查明原因。比如进水 pH 值突变或毒物浓度突然增加时，DO 会增高，这是污泥中毒的最早症状；若曝气池 DO 长期偏低，则有可能是泥龄过短或负荷过高，应根据实际情况予以调整。

4．污泥系统的调节与控制

污泥系统往往根据某一设定水质水量参数及处理目标设计而建造的，但实际运行中，废水水质水量均在不断变化，环境条件也在变化，我们需要利用系统的弹性及特点，按照活性污泥中微生物的代谢规律进行调节控制，使系统处于最佳的运行状态。常用方法为 MLSS 法。即逐日测定 MLSS，根据 MLSS 增减情况掌握排泥量。具体使用时，应注意观察废水水质受季节而变化的规律，通过试凑法，找出不同季节与不同水质条件下能维持最佳运行状态的 MLSS 值，并维持下去。

一般难以降解的及有毒的废水宜采用较高浓度活性污泥以提高耐冲击的能力及减少污泥对毒物的负荷，但这时必须同时提高供氧量。

七、实验和数据分析

用城市污水注入 SBR 系统，记下进水时间和 pH 值；进入反应期、沉淀期后，监测并记录 SBR 系统的 HRT、DO、pH 值；在闲置阶段记录闲置时间和 pH 值，同时给予一定的曝气，以保证污泥的存活。

表 6-6-1　SBR 系统运行参数表

HRT				DO		pH 值			
进水期	反应期	沉淀期	闲置期	反应期	沉淀期	进水期	反应期	沉淀期	闲置期

对进、出水进行采集，并对以下指标进行监测，数据记录见表 6-6-2。

表 6-6-2　SBR 系统实验监测数据记录表

主要指标	COD		BOD_5		氨氮		污泥参数		
	进水/（mg/L）	出水/（mg/L）	进水/（mg/L）	出水/（mg/L）	进水/（mg/L）	出水/（mg/L）	MLSS/（mg/L）	SV/（ml/L）	SVI/（ml/g）

八、运行管理

对于活性污泥法这类工艺主要从气、水、泥三方面考虑。

1．气——维持曝气池合适 DO

DO 低引起 ESS 增加，菌胶团细菌胞外多聚物减少，导致污泥解絮，同时吞食游离细菌的微型动物数量减少；DO 高除耗能增加外，曝气翼轮高速转动或强烈的空气搅拌还会使絮体破碎，并易污泥老化，也会使 ESS 增加，影响出水水质，一般认为，曝气池出口处溶解氧控制在 2 mg/L 左右为适宜。

DO 的调节，对于鼓风曝气系统可控制进气量大小调节，曝气翼轮系统可改变翼轮的转速或浸没深度调节。

2．水——保持匀质匀量地进水及合适的营养

进水水质水量的调节可以通过设置调节池，使废水更均衡地进入处理系统，从而避免冲击负荷对后续构筑物的影响。对于生活污水，水质比较稳定，主要考虑调节水量，当处理水量较大时，水量的变化系数相对较小，此时后续构筑物可以承担进水水量波动的影响，故可以不设调节池，当水量较小时，水量变化系数相对较大，此时应考虑设置调节池。对于工业废水，种类复杂多变，水量、水质情况千差万别，故设置调节池时，应协同考虑水量、水质的调蓄作用，一般工业废水的调节池主要功能是调节水质作用。对于化工、农药等工业废水处理，应设置事故池，加强对废水检测，在有毒成分含量超过额定值时将其导入事故池暂时保存，在生产恢复正常时再将它掺入到进水中逐步处理掉。

3．泥——改善污泥质量

污泥性状不良的主要症状有污泥膨胀、小颗粒污泥上浮、大块污泥上浮。

（1）污泥膨胀　正常的活性污泥沉降性能良好。当污泥变质时，污泥不易沉降，污泥的结构松散和体积膨胀，颜色异变，严重时，污泥外溢、流失，处理效果急剧下降，这种现象就是污泥膨胀。污泥膨胀主要由丝状菌大量繁殖所引起的。

导致污泥膨胀的原因主要有：污水中营养物质不平衡，缺乏氮、磷等养料；溶解氧不足；水温高；pH 值低；泥龄长；负荷过高等，处理方法依引起膨胀的原因而定。

（2）小颗粒污泥上浮　小颗粒污泥不断随出水带出，俗称飘泥，一般引起飘泥的原因大致有如下几种：

① 进水水质，如 pH 值突变，使污泥无法适应或中毒，造成解絮。

② 污泥因缺乏营养或充氧过度造成老化。

当发生飘泥现象时，必须弄清原因，分别对待。对于 pH 值不稳定造成的飘泥，应该运用化学法调节；由于污泥因缺乏营养或充氧过度，适当补充生活污水和调节曝气量。

（3）大块污泥上浮　大块污泥上浮主要有两种反硝化污泥和腐化污泥。

硝化污泥色泽较淡，有时带铁锈色，是由于曝气池内硝化程度较高，排泥量少使得污泥长期得不到更新，池底发生反硝化，产生氮气集结于污泥上，最终使大块污泥上浮。改进办法是减小泥龄，多排泥以促进沉淀池底污泥更新；还可以适当降低曝气池 DO 水平。

腐化污泥颜色黑，并有恶臭，主要由于污泥停留时间过长，曝气池中溶解氧低引起厌氧消化。这时应适当提高曝气量，缩短排泥周期。

九、思考题

1．SBR 工艺具有同时脱氮除磷的效果，且运行方式灵活，当利用 SBR 处理高

浓度氨氮废水时，应该怎样合理调整SBR运行过程。

2. SBR工艺的沉淀性能比普通沉淀池好，试分析原因。

3. 通过主要指标的检测数据，对SBR工艺的运行状况进行分析。

4. 简单介绍各种监测指标的意义。

5. 溶解氧不足、水温高、pH值低、容易引起污泥膨胀，试分析原因。

6. 谈谈对SBR工艺运行管理的认识。

实验七　塔式生物滤池

一、实验目的

1．通过塔式生物滤池实验，了解和掌握塔式生物滤池的构造与原理。
2．通过模型演示实验，初步理解和掌握塔式生物滤池处理系统的特征。
3．通过塔式生物滤池实验，了解塔式生物滤池的运行管理。

二、构造及工艺

塔式生物滤池的构造主要由塔身、滤料、布水装置和池底的通风和集水设备等部分组成，如图 6-7-1 所示。

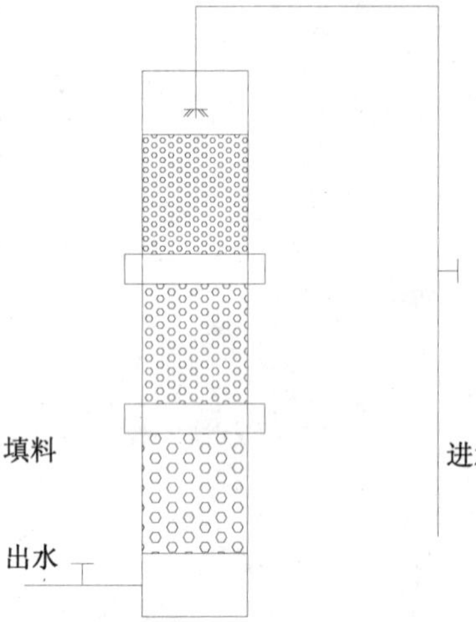

图 6-7-1　塔式生物滤池构造

1．塔身

塔身起围栏滤料的作用，一般为砖结构、钢筋混凝土结构、钢结构或钢框架和塑料板面的混合结构，平面形式多呈圆形或方形。整个塔体上沿高度方向用格栅分成数层，以支撑滤料和生物膜的重量。塔身上开有观察窗，供观察、采样和更换滤料用。

2．滤料

滤料的种类、强度、耐腐蚀等要求与普通生物滤池相同。但是塔式滤池由于塔身高，滤料如果重，塔体必须加固承重结构，不但增加造价，而且施工安装比较复杂，因此还要求滤料的容重要小。以往多采用炉渣、煤渣和高炉渣为滤料，粒径为 40～100 mm，目前一般采用轻质填料，如大孔径塑料填料、玻璃钢填料。

塔内滤料分层装填，每层填料均由钢制格栅支撑，层与层之间留有一定间隙，有利于布水均匀。

3．布水装置

塔式生物滤池的布水装置一般有旋转布水器、多孔管和喷嘴等。

4．池底的通风与集水设备

滤池底部设有集水池，以收集处理后污水，并由管、渠连续排入二次沉淀池或气浮池进行泥水分离。

集水池水面以上开有许多通风窗口。为保证空气流畅，集水池最高水位与最下层滤料层底面之间的空间高度，一般应不小于 0.5 m。当污水中含易挥发的有毒物质时，为防止污染空气，一般应采用机械通风。

三、实验装置和设备

1．塔式生物滤池模型 1 套。

2．测定用的相关仪器。

四、实验及数据分析

用城市生活废水通入塔式生物滤池中，通过反应器得到出水，对反应器的运行参数如 HRT、DO、pH 值进行监测，并且对进水和出水的 COD、氨氮、SS 进行分析，记录在表 6-7-1 中。

表 6-7-1　塔式生物滤池监测数据记录表

主要指标	COD		氨氮		SS		反应器参数		
	进水/（mg/L）	出水/（mg/L）	进水/（mg/L）	出水/（mg/L）	进水/（mg/L）	出水/（mg/L）	HRT/h	DO/（mg/L）	pH

五、适用范围和处理效果

塔式生物滤池具有负荷高、占地小、不需专设供氧设备等优点。近年由于塑料工业的发展，广泛使用轻质塑料，进一步促进了生物滤池的应用。

塔式生物滤池既适于生活污水和城市污水，也适于处理各种工业生产污水。由于塔式生物滤池对冲击负荷有较强的适应能力，故常用于高浓度工业污水（如制革生产污水），经常能够取得高度稳定的效果。

六、影响因素

1．生物膜的生长

厚度薄的生物膜耗氧速率高，活性强，生长过厚的膜，大部分处于厌氧环境下，有机物分解速率慢，分解代谢产物为有机酸、醇等低分子有机物，同时还有臭气，脱落后有可能造成局部堵塞，影响通气及处理效果。

2．废水的性质

塔式生物滤池一般适宜处理分子量小的或者较易生物降解的有机废水，对于难降解的有机废水，可以增加滤池级数，或在工艺中采取出水回流等措施。

3．溶解氧

生物膜的溶解氧从滤料间隙之间的空气中获得。为了提高反应效果，须注意改进滤料形状，使之既具有一定的强度，又具有尽可能大的空隙率，必要时采用强制通风。

4．温度

塔式生物滤池采用自然通风充氧，受气温影响较大，温度系数θ为 1.02～1.14，冬季处理效果极差。

5．pH 值和毒物

塔式生物滤池抗冲击负荷和缓冲能力比较强，同时生物膜具有一定的厚度及生物成层分布，在受冲击后恢复较快，但有一定的限度。废水 pH 值合适范围为 5.5～9.0，以 6.5～8.5 较佳。

七、运行管理

1．布水系统

布水系统的喷嘴须定期检查，清除喷口的污物，防止堵塞。冬天如需停水，防止存积在布水管道的水冻裂管道。

2．滤料

防止滤料堵塞，同时还要及时清理滤池表面杂物，以免堵塞和影响通风。

3．排水系统

排水系统定期检查，以确保不被过量生物物质所堵塞。

4．滤池蝇

对于滤池蝇可以采取以下措施防治：①使滤池连续进水，不可间断；②除去过剩的生物膜；③保持池壁潮湿，滤池蝇不能生存；④隔 1～2 周淹没滤池 24 h；⑤在厂区内铲除滤池蝇的避难场所；⑥在进水中加氯，避免滤池蝇完成生命周期；⑦在滤池壁表面施杀虫剂。

5．气味

防治办法：①整个系统维持好氧条件；②减少污泥和生物膜的累积；③在进水中短期加氯；④出水回流；⑤整个厂很好地保养；⑥疏通出水渠道中所有死角；⑦清洗所有通气口；⑧在排水系统中鼓风，以增加流通性。

6．滤池泥穴

在滤池表面形成一个个由污泥堆积形成的凹坑，成为滤池泥穴，会影响到布水的均匀程度，并因此影响处理效果。

防治办法：①在进水中短期加氯；②使滤池停止运行 1 天至数天，使膜干；③使滤池至少淹没 24 h；④当上述方法失效时只能重新铺滤料，用新的滤料往往比用旧的冲干净后铺更经济。

7．滤料表面结冻

防治办法：①减少出水回流倍数，有时可以完全不回流，直到气温暖和；②当采用两级滤池时，可使它并联运行，回流小或无回流，直到气温转暖；③调节喷嘴，使之能均匀布水；④滤池风头设挡风装置；⑤经常破冰，并将冰去除。

八、工艺特点

1．处理污水量大，容积负荷高，占地面积小，运转费用低。

2．由于塔内微生物存在着分层的特点，所以能承受较大有机物和有毒物质的冲击负荷。

3．由于塔身较高，自然通风良好，氧气供给充足，产泥量比普通活性污泥法少。

4．当进水的 BOD_5 浓度较高时，生物膜生长迅速，容易引起滤料堵塞。所以，废水浓度应控制在 50 mg/L 以下，否则必须采用处理后的水回流稀释。

5．基础投资较大，BOD_5 去除率较低。

九、思考题

1．通过运行参数和重要指标的分析，对塔式生物滤池的运行状况进行评价。

2．通过查阅资料，简单介绍生物滤池填料的种类，各类填料的适用范围。

3．简单介绍塔式生物滤池的运行管理中的注意事项。

4．通过塔式生物滤池实验，简单介绍塔式生物滤池优缺点和适用范围。

5．对 SBR 和塔式生物滤池的原理、特点、适用范围和处理效果等进行对比。

实验八　生物接触氧化

一、实验目的

1．通过生物接触氧化实验，了解和掌握生物接触氧化的构造与原理。

2．通过演示实验，初步理解和掌握生物接触氧化处理系统的特征。

3．通过生物接触氧化实验，初步掌握生物接触氧化的运行管理和异常对策。

二、工艺概述

生物接触氧化法是介于活性污泥与生物滤池之间的生物膜法。生物接触氧化法是在池内设置填料，经过充氧的污水以一定的速度流经填料，使填料上长满生物膜，污水和生物膜相接触，在膜上生物的作用下，污水得到净化的一种生物膜反应器。

生物接触氧化的早期形式为淹没式好氧滤池，后来随着各种新型的塑料填料的制成和使用，目前发展成为接触氧化池。生物接触氧化池的形式很多，从水流状态可分为分流式和直流式。从供氧方式可分为鼓风式、机械曝气式、洒水式和射流曝气式几种。分流式普遍用于国外，目前国内大多采用直流式，并以鼓风式和射流式为主。

三、接触氧化池的构造

接触氧化池的构造主要由以下几部分组成，如图 6-8-1 所示：

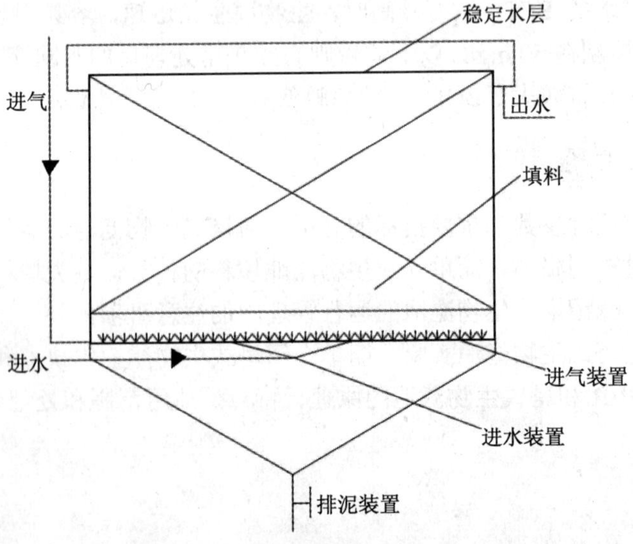

图 6-8-1　接触氧化池构造

1. 池体

池体是接触氧化的主要组成部分之一，除了进行净化污水外，还要考虑填料、布水、布气等设施的安装。池体的平面尺寸以满足布水、布气均匀，填料安装、维护方便为准。池体的底壁须有支撑填料的格栅和进水进气的支座。池体厚度根据池的结构强度要求来计算。高度由填料、布水布气层、稳定水层以及超高的高度来计算。

2. 填料

载体填料是接触氧化池的关键，直接影响生物接触氧化法的效能。填料的要求：易于生物膜的生长繁殖、比表面积大，空隙率大，水流阻力小，强度大，化学和生物稳定性好，截留悬浮物能力强，不溶出有害物质，不引起二次污染，与水的比重相差不大，避免池体负荷过重，能使填料间形成均一的流速，价廉易得，运输和施工方便。

目前采用的滤料主要有：合成树脂类填料，如硬聚氯乙烯塑料、聚丙烯塑料、环氧玻璃钢等硬性填料；还有软性填料、半软型填料、弹性生物环填料以及漂浮填料等多种形式的填料。

3. 布气设备

在运行中要求均匀布气，故一般采用多孔管布气。布气管可设置在滤床下部或滤床的一侧、并将孔眼作均匀分布。生物接触氧化池的溶解氧一般控制在4～5 mg/L。

4. 布水设备

要求废水均匀布入滤床，使废水、空气、生物膜三者之间均匀接触，提高滤床的工作效率。布水管一般大多采用多孔管，其上均布孔眼，布水管可直接设在滤床的上部或下部。

四、实验装置和设备

1. 生物接触氧化模型1套（有机玻璃或硬塑料制品）。
2. 空压机。
3. 测定用的相关仪器。

五、实验及数据分析

用城市生活废水通入生物接触氧化池中，通过反应器得到出水，对反应器的运行参数如HRT、DO、pH值进行监测，并且对进水和出水的COD、氨氮、SS进行分析，记录在数据表中，可参考表6-7-1。

六、运行管理

1. 防止生物膜过厚、结球

定期将填料提出水面观察其生物膜厚度，在发现生物膜不断增厚，呈黑色并发出臭味，处理效果下降。此时应采取措施“脱膜”，可通过瞬时的大流量、大气量的冲刷使过厚的生物膜从填料上脱落；此外还可以停止曝气一段时间，使内层厌氧生物膜与填料间黏性降低，再以大气量冲刷脱膜，效果较好。

某些工业废水中含有黏性污染物导致填料严重结球，处理效率大大降低，因此在设计时应选择空隙较大的漂浮填料或弹性立体填料等，对已经结球的填料应瞬时使用气或水进行高强度冲洗，必要时应立即更换填料。

2．及时排除过多的积泥

排泥时可以采用一面曝气一面排泥的方式，通过曝气使池底积泥松动后再排，必要时还可以向池子的四角及易积泥的底部充气，使积泥重新漂浮后随出水排出或从排泥口排走。

七、工艺特点

1．在充分发挥生物膜法优点的基础上兼具活性污泥法的净化特征。

2．BOD 负荷高，污泥生物量大，相对而言处理效率较高，而且对进水冲击负荷（水力冲击负荷及有机浓度冲击负荷）的适应力强。

3．处理时间短，动力消耗低。

由于在接触氧化池内有填料存在，增加了氧的传递效率，省去污泥回流。采用生物接触氧化法处理污水，一般能节省动力 30%。

4．在处理水量相同的条件下，所需装置的设备较小，因而占地面积小。

5．出水水质好而稳定，污泥产量低。

接触氧化和接触沉淀工艺有较好的出水水质。在城市污水处理中，出水 BOD 可达 5～12 mg/L，悬浮物在 20 mg/L 左右，出水外观清澈透明，如再加砂滤处理，出水可回用于工业。

接触氧化法出水水质稳定的另一表现是，在进水浓度短期突变时，出水水质受影响很小；在毒物和 pH 值的冲击下，生物膜受影响小。

6．能够克服污泥膨胀问题。

7．可以间歇运转。

当停电或发生其他突然事故后，生物膜对间歇运转有较强的适应力。长时间的停车，细菌为适应环境的不利条件，它和原生动物都可进入休眠状态，一旦环境条件好转，微生物又重新开始生长、代谢。

八、思考题

1．对比生物接触氧化与活性污泥法，分析两种方法的优缺点。

2．通过监测的各项指标，综合评价生物接触氧化的运行状况。

3．生物接触氧化的填料常用的有哪几类？需满足什么要求？为什么？

4．生物接触氧化的主要由哪几部分构成？并介绍各部分的特点。

实验九 生物转盘

一、实验目的

1．通过生物转盘模型实验，了解和掌握生物转盘的构造与原理。
2．通过模型演示实验，初步理解和掌握生物转盘处理系统的特征。
3．通过生物转盘模型实验，了解和掌握生物转盘的影响因素和运行管理措施。

二、工艺概述

生物转盘又称转盘式生物滤池，是在生物滤池的基础上发展起来的，其性能、效率与生物滤池相似，但其基本特性很特殊，主要区别是它以一系列转动的盘片代替固定的滤料。生物转盘的有机物降解机理依据于生物膜，由许多平行的圆盘垂直固定在一个通过圆盘的中心水平旋转轴上而形成的，整个组件置于池内，水平轴略高于液面，即圆盘一半淹没在水中。旋转轴将全部微生物与液体接触，微生物去除液体中的有机物，并在圆盘表面生长。圆盘在液体中转动，产生了恒定的剪切力，使生物膜不断脱落，因而生物厚度大体不变，圆盘的转动也搅动液体，使脱落的生物膜处于悬浮状态，然后从反应槽的出水中带出。

生物转盘也是利用生物膜净化污水的一种新型的处理设备。目前国内外已用于处理生活污水和多种工业污水，并取得了较好的效果。生物转盘技术已被公认为是一种净化效果好、能源消耗低的生物处理技术。生物转盘处理系统中，除核心设备生物转盘外，还包括初次沉淀池和二次沉淀池。二次沉淀池的作用是去除经生物盘处理后的污水所携带的脱落生物膜。

三、构造和布置形式

生物转盘主要由盘体、氧化槽、转动轴和驱动装置等部分组成，如图 6-9-1 所示。

1．盘体

盘体由装在水平轴上的一系列间距很近的圆盘所组成。其中一部分浸没在氧化槽里的污水里，另一部分暴露在空气中，在电动机驱动下，经减速传动装置带动进行缓慢地旋转，随着在盘片上的生物膜交替地与污水和空气接触、对污水中的有机物进行吸附和氧化、使污水得以净化。盘片一般用塑料板、玻璃钢板或金属板材制成。

2．氧化槽

氧化槽一般做成与盘体外形基本吻合的半圆形，槽底设有排泥和放空闸门，槽的两侧面设有进出水设备，常用进出水设备为锯齿形溢流堰。对于多级转盘，氧化槽分为若干格，格与格之间有导流槽。大型氧化槽一般用钢筋混凝土制成，中小型氧化槽一般用钢板焊制。

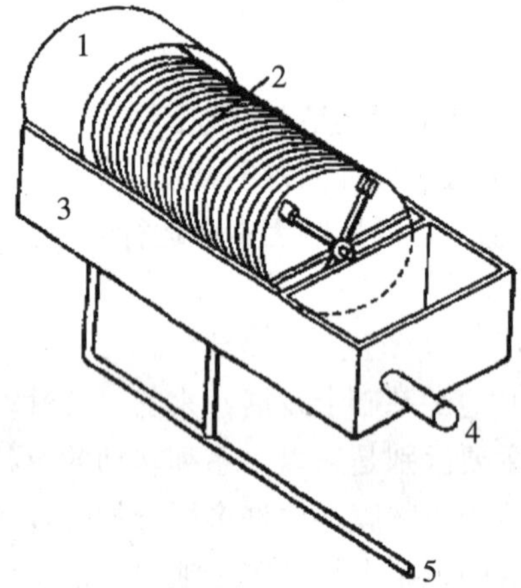

1—罩子；2—转盘；3—氧化槽；4—进水；5—进气

图 6-9-1 气动生物转盘

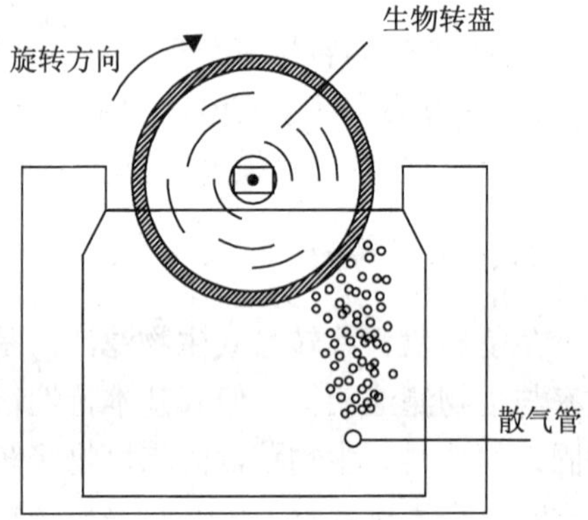

图 6-9-2 生物转盘剖面

3．转动轴

转动轴是支撑盘体并带动其旋转的重要部件。转动轴两端安装于固定氧化槽两端 0.5～0.7 m 之间。转动轴不能太长，否则往往由于同心度加工不良，容易挠曲变形，发生磨断或扭断。

4．驱动装置

生物转盘的驱动装置包括动力设备和减速装置两部分。动力设备分电力机械传动、空气传动及水力传动 3 部分。我国一般采用电力机械传动或空气传动。电力机械传动即用电动机为动力，用链条传动或直接传动。对于中小型转盘，可由 1 套驱动装置带动 1 组（一般为 3～4 级）转盘工作。空气传动兼有充氧作用，动力消耗较省。生物转盘的布置形式一般分为单轴单级、单轴多级和多轴多级 3 种形式。其中单轴单级转盘的处理效果较差，多轴多级转盘需要增加电动机个数或增加传动装置。对于中小规模的处理厂宜采用单轴多级生物转盘。

四、工作原理

当生物转盘开始运转时，应先培养生物膜。一般采用微生物接种方法，利用粪便污水中原有的微生物来培养，由于培养液中含有足够的营养成分和微生物，在适合的条件下，微生物便大量生长繁殖。当运转 1 周左右，便会在整个盘面上形成一层生物膜（厚 1～4 mm）。在生物膜的外面有一薄薄的水层，叫附着水层。

由于转盘的旋转，盘面时而在水中，时而暴露在空气中。当盘面浸没在污水中时，污水中有机物被生物膜吸附；当转盘夹带着污水薄膜离开液面后，接触空气中的氧气，便从空气中溶解了氧，氧从污水膜表层通过混合、渗透和扩散等作用输入到液膜内部，附着水层中的溶解氧和有机物质进入到生物膜中。

生物膜中的微生物，可分解由水层送来的有机物，生物氧化的代谢产物同时排出。由于转盘在污水中不断旋转，盘面上各部分的生物膜便不断交换着与水、空气接触，使吸附有机物—吸附溶解氧—分解氧化有机物的过程不断进行。由于上述过程的反复进行，使氧化槽里的污水有机物浓度逐渐降低，净化了污水。

五、实验装置和设备

1. 生物转盘模型 1 套（有机玻璃或硬塑料制品）。
2. 空压机。
3. 测定用的相关仪器。

六、实验及数据分析

用城市生活废水通入生物转盘中，通过反应器得到出水，对反应器的运行参数如 HRT、DO、pH 值进行监测，并且对进水和出水的 COD、氨氮、SS 进行分析，记录在数据表中，详见表 6-7-1。

七、工艺特点

1. 适用范围广，可用于生活污水和多种工业污水的处理，可作为污水的二级处理或脱氮的处理设备。
2. 处理程度较高，出水清澈。
3. 维护管理简单，动力消耗低，卫生条件较好，无盘堵塞、无苍蝇、无恶臭和低噪声。
4. 通过调节转盘的转速可以控制污水与生物膜的接触时间和曝气强度，运转比较灵活。
5. 承受冲击负荷的性能较强，工作较稳定。
6. 生物膜培养快，成熟时间短，通常在 10 d 内就可以完成。
7. 产泥量较少，污泥的沉淀性能较好，易于分离脱水。沉淀速度为 0.8～1.20 mm/s，污泥含水率为 95%～96%。
8. 容易受低温的影响，对于北方寒冷地区，生物转盘必须加罩或建在室内，增加基建投资。
9. 对于含有易挥发性有毒物质的工业污水，因为挥发出有毒气体，不宜采用生物转盘。

八、影响因素

1．流量和负荷的波动

短时期的流量和负荷的波动对处理效果影响不大，但长时间的超负荷运行可使多级转盘系统中的第一级超负荷，造成生物膜过厚，厌氧发黑，BOD 去除率下降，且脱落的生物膜沉降性能差，给后面处理带来困难。

2．覆盖物

由于转盘受气温影响大，并且为防止藻类生长、雨淋等需要予以覆盖，保证生物膜的正常生长。

3．二沉池

从盘片上脱落的生物膜呈大块絮状，容易随出水带出，由于不设回流，应定期排除二沉池的污泥，通常每隔 4 h 排一次，使之不发生腐化。排泥频率过高，泥太稀，会加重后面处置工艺的压力。

4．溶解氧

用于去除 BOD 的转盘，第一级 DO 为 0.5～1.0 mg/L，后几级可增高至 1.0～3.0 mg/L，常为 2.0～3.0 mg/L，最后几级达 4.0～8.0 mg/L。

5．出水悬浮物

生物转盘中出水悬浮物主要是脱落的生物膜，对仅去除 BOD 的转盘，出水悬浮物浓度为进水 BOD 的一半左右；对于硝化转盘，出水悬浮物浓度为进水 BOD 的 1/3 左右。

九、异常问题及解决对策

1．生物膜严重脱落

在生物转盘启动后两周内，盘面上生物膜大量脱落是正常的，当转盘采用其他水质的活性污泥接种，脱落现象更为严重。但在正常运行阶段，膜大量脱落可给运行带来困难。主要原因有以下几方面。

进水含有过量毒物或抑制生物生长的物质。这时首先查明引起中毒的物质和浓度。立即将槽内的水排空，以其他废液稀释。

pH 值突变。当进水 pH 值在 6.0～8.5 范围时，运行正常，膜不会大量脱落，但若进水 pH 值急剧变化，在 pH＞10 或 pH＜5 时，将引起生物量的减少。这时应投加化学药剂予以中和，使其保持在正常范围内。

2．产生白色生物膜

当进水已发生腐败或含有高浓度的含硫化合物，或负荷过高使得混合液缺氧时，生物膜中硫细菌会大量产生，并占优势生长。有时除上述条件外，进水偏酸性，使膜中丝状菌大量繁殖，盘面会呈现白色，处理效果大大下降。

解决方法：①对原水进行曝气；②投加氧化剂，以提高污水的氧化还原电位；③从污水中脱硫；④消除超负荷状况，增加第一级转盘面积，将第一、第二级串联运行改为并联运行以降低第一级转盘的负荷。

3．处理效率低

主要原因有：①废水温度下降，生物活性减弱，有机物去除率降低；②流量或有机负荷的突变；③pH 值超出合适的变化范围；④固体累积使得悬浮固体腐败，影响处理效果。

十、思考题

1．通过实验七、实验八、实验九，对生物转盘、生物滤池、生物接触氧化 3 种生物膜工艺进行对比。

2．介绍生物转盘的工作原理和注意事项。

3．通过 3 种生物膜处理工艺的监测指标，对它们的处理效果进行分析和对比。

4．查阅相关资料，简述生物转盘在我国废水处理上的应用。

5．通过 3 种生物膜处理工艺以及 SBR 工艺的演示实验，对生物膜法与活性污泥法进行对比。

实验十　UCT 生物脱氮除磷处理

一、实验目的

1．熟悉 UCT 系统的基本流程。

2．加深对污水生物脱氮、除磷原理的理解。

3．了解污水生物脱氮、除磷工艺的运行控制要点。

4．掌握利用 UCT 系统处理生活污水的实验方法。

二、实验原理

1．氮、磷对水体的危害

氮、磷是植物生长所必需的营养物质，但过量的氮、磷进入天然水体会导致：①水体富营养化；②影响水源水质，增加给水处理的成本；③对人和生物也会产生毒性。因此城市污水在排入天然水体之前必须经过脱氮、除磷处理。常规的生物处理工艺其主要功能是去除污水中的含碳有机物，某些工艺对氮有一定的去除率，但对磷的去除效果非常差。污水中的含磷化合物除少部分用于微生物自身生长繁殖的需要外，大部分难以去除而以磷酸盐的形式随二级处理出水排入受纳水体。

2．生物除磷

含磷污水主要来源于各种洗涤剂、工业原料、农业肥料的生产和人体排泄物。污水中的磷根据污水的类型而以不同的形态存在。最常见的有磷酸盐、聚磷酸盐和有机磷。生活污水中的含磷量一般在 3～4 mg/L，其中有 70%是可溶性的。传统的二级处理出水中有 90%左右的磷以磷酸盐形式存在。污水中磷的去除一般可以采取两种方式：化学沉淀法和生物法。化学沉淀法是通过投加氯化铁或硫酸铁，使污水中的磷以磷酸铁的形式沉淀从而达到除磷的目的。这种方法效果很好，但费用高，出水含高浓度的氯盐或硫酸盐且污泥产生量高。因此越来越多的国家选择生物法除磷。生物除磷是利用一种特殊的微生物种群——聚磷菌来完成污水除磷目的的。通常在厌氧—好氧交替变化的活性污泥系统中，会产生这种聚磷菌。在厌氧/缺氧条件下聚磷菌的生长会受到抑制，为了生存它释放出其细胞中的聚磷酸盐（以溶解性的磷酸盐形式释放到溶液中），并利用此过程中产生的能量（以 ATP 形式）摄取污水中的低分子量的脂肪酸（LMFA）以合成聚-β-羟基丁酸盐（PHB）颗粒贮存在其体内。此时表现为磷的释放。

当聚磷菌进入好氧环境后，它们的活力将得到充分的恢复。而此时水中有机物由于经过了厌氧环境下的降解其浓度已非常低，为了生存它们将 PHB 降解为 LMFA

和能量（以 ATP 形式）。它们从污水中大量摄取溶解态正磷酸盐用于合成 ATP，并在其细胞内以多聚磷酸盐的形式贮存能量。这种对磷的积累作用大大超过微生物正常生长所需的磷量。这一阶段表现微生物对磷的吸收。

最后将富含磷的污泥以剩余污泥的方式排出处理系统以外，从而降低处理出水中磷的含量。

3．生物脱氮

污水中的氮一般以有机氮、氨氮、亚硝酸盐氮和硝酸盐氮四种形态存在。生活污水中的氮的主要形态是有机氮和氨氮。其中有机氮占生活污水含氮量的 40%～60%，氨氮占 50%～60%，亚硝酸盐氮和硝酸盐氮仅占 0～5%。污水脱氮主要采用生物法。其基本机理是在传统二级生物处理中，在将有机氮转化为氨氮的基础上，通过硝化菌和反硝化菌的作用，将氨氮通过硝化转化为亚硝酸氮、硝酸氮，再通过反硝化作用将亚硝酸盐氮、硝酸盐氮转化为氮气，而达到从废水中脱氮的目的。通常生物脱氮包括氨氮硝化和亚硝酸盐氮及硝酸盐氮的反硝化两个阶段。只有当废水中的氮以亚硝酸盐氮和硝酸盐氮的形态存在时，仅需反硝化一个阶段。

4．UCT 工艺

UCT 工艺是在 A/A/O 工艺基础上对回流方式作了调整以后提出的工艺，它兼具脱氮、除磷的功能。污水首先进入一个厌氧池。在这里兼性厌氧发酵菌将污水中的可生物降解的大分子有机物转化为 VFA 这类分子量较低的发酵中间产物。在厌氧区聚磷菌的生长受到抑制，为了生存，其将体内聚磷酸盐分解以溶解性磷酸盐形式释放入溶液中，同时释放其生存所需能量。并利用此阶段释放出的能量摄取水中的 VFA，合成 PHB 颗粒贮存在体内。其次，污水进入第一个缺氧池。反硝化菌利用有机基质和从进水中进来的和从沉淀池回流来的硝酸盐进行反硝化。然后污水进入第二个缺氧池，反硝化细菌利用好氧区中回流液中的硝酸盐以及污水中的有机基质进行反硝化，达到同时除磷脱氮的效果。最后，污水进入一个好氧池，在此，聚磷菌在利用污水中残留的有机基质的同时，主要通过分解其体内贮存的 PHB 所放出的能量维持其生长，同时过量摄取环境中的溶解态磷。硝化菌将污水中的氨氮转化成为硝酸盐。此时有机物经厌氧、缺氧段分别被聚磷菌和反硝化菌利用后，浓度已相当低。最后混合液进入二沉池，在二沉池中完成泥水分离。二沉池的污泥回流和好氧区的混合液回流到缺氧区，这样阻止了处理系统中硝酸盐进入到厌氧池而影响厌氧过程中磷的释放。为了补充厌氧区中的污泥流失，缺氧区混合液向厌氧区回流。在污水的 TKN/COD 适当的情况下，可实现完全的反硝化作用，使缺氧区出水中的硝酸盐浓度接近于零，从而使其向厌氧段的回流混合液中的硝酸盐浓度接近于零。这样使厌氧段保持严格的厌氧环境而保证良好的除磷效果。

三、实验装置

实验工艺流程如图 6-10-1 所示。

1. UCT 系统一套　由进水泵、污泥回流泵、混合液回流泵、厌氧反应器、缺氧反应器、好氧反应器、搅拌器、曝气盘、空气压缩机等组成。

2. 必要的水质分析仪器和玻璃仪器。

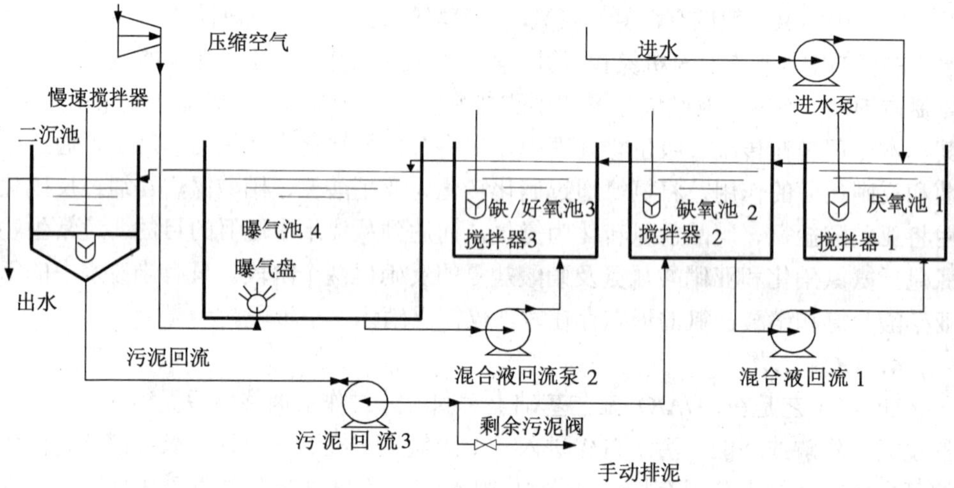

图 6-10-1　UCT 系统工艺流程

四、实验步骤

1. 启动和试运行

本系统是在传统活性污泥运行方式基础上改良而来，因此本系统在正式运行之前也要进行试运行以确定最佳的运行条件。在本系统运行中，作为变数考虑的因素同样是混合液污泥浓度（MLSS）、空气量、污水的注入方式等。

2. 正式运行

试运行确定最佳条件后，即可转入正式运行。为了经常保持良好的处理效果，需要对处理情况定期进行检测。通常需测定以下参数：

（1）进水流量，Q_{inf}（L/h）

（2）二沉池污泥回流流量，Q_r（L/h）

（3）好氧池向缺氧池回流的混合液流量，Q_{m_1}（L/h）

（4）缺氧池向厌氧池回流的混合液流量，Q_{m_2}（L/h）

（5）好氧池内溶解氧浓度，DO（mg/L）

（6）厌氧池、缺氧池、好氧池内 pH 值

(7) 进、出水 BOD_5 浓度，BOD_5（mg/L）
(8) 进、出水 COD 浓度，COD_{tot}（mg/L）
(9) 进、出水总氮浓度，N_{total}（mg/L）
(10) 厌氧池、缺氧池、好氧池中混合液悬浮固体浓度，MLSS（g/L）
(11) 进、出水总磷浓度，P_{total}（mg/L）

五、结果与讨论

1. 将监测数据列于下表。

项目	进水流量/(L/h)	二沉池污泥回流流量/(L/h)	好氧池向缺氧池回流的混合液流量，Q_{m_1}/（L/h）	缺氧池向厌氧池回流的混合液流量，Q_{m_2}/（L/h）	DO/(mg/L)	pH 值			MLSS/(mg/L)		
						厌氧池	缺氧池	好氧池	厌氧池	缺氧池	好氧池

项目	COD_{tot}			BOD_5			总氮			总磷		
	进水/(mg/L)	出水/(mg/L)	去除率/%	进水/(mg/L)	出水/(mg/L)	去除率/%	进水/(mg/L)	出水/(mg/L)	去除率/%	进水/(mg/L)	出水/(mg/L)	去除率/%

微生物镜检	
备注	

2. 计算以下参数
(1) 污水在各池中的水力停留时间，HRT（h）
(2) 二沉池的污泥回流比，*R*

六、思考题

1. 试分析水力停留时间对总氮、总磷去除效率的影响。
2. 根据你的操作经验，简单介绍一下 UCT 系统运行的控制要点。

实验十一　UASB高效厌氧生物处理

一、实验目的

1．熟悉UASB反应器的构造。

2．加深对污水厌氧生物处理原理的理解。

3．掌握利用UASB反应器处理各类高浓度有机污水的实验方法。

二、实验原理

1．污水厌氧生物处理

污水厌氧生物处理是指在无氧的条件下，利用专性厌氧菌作用进行污水处理的过程。有机物的厌氧分解过程可以分为以下4个阶段：

（1）水解或液化阶段　复杂的、不溶的大分子有机物不能透过细胞膜，因此不能为细菌直接利用。在这一阶段它们被水解成小分子有机物（糖、氨基酸、脂肪酸）。这些小分子的水解产物能够溶解于水并透过细胞膜为细菌所利用。

（2）发酵或酸化阶段　在这一阶段，上述小分子的化合物在发酵细菌（即酸化菌）的细胞内转化为更简单的化合物并分泌到细胞外。这一阶段的主要产物有挥发性脂肪酸（VFA）、醇类、乳酸、二氧化碳、氢气、氨、硫化氢等。与此同时酸化菌也利用部分物质合成新的细胞物质。

（3）产乙酸阶段　在此阶段，上一阶段的产物被进一步转化为乙酸、氢气、碳酸以及新的细胞物质。

（4）产甲烷阶段　这一阶段里，乙酸、氢气、碳酸、甲酸和甲醇等被转化为甲烷、二氧化碳和新的细胞物质。

2．UASB反应器

UASB反应器通常有两种构造形式：一种是周边出水，顶部出沼气的构造形式（本系统）；另一种是周边出沼气，顶部出水的构造形式。无论何种构造形式，其基本构造都包括以下几个部分：

（1）污泥床　污泥床位于整个UASB反应器的底部。污泥床内具有很高浓度的生物量，其污泥浓度（MLSS）一般为40 000～80 000 mg/L。污泥床中的污泥由活性生物量（或细菌）占70%～80%的高度发展的颗粒污泥组成，正常运行的UASB中的颗粒污泥的粒径一般在0.5～5 mm，具有优良的沉降性能，其沉降速度一般在1.2～1.4 cm/s，其典型的污泥体积指数（SVI）为10～20 ml/g。污泥床的容积一般占整个UASB反应器容积的30%左右，但它对UASB反应器的整体处理效果起着极为重要的作用。它对反应器中有机物的降解量一般可占到整个反应器全部降解量的 70%～90%。污泥床对有机物如此有效的降解作用使得在污泥床内产生大量的沼气，微小的沼气气泡经过不断地积累、合并而逐渐形成较大的气泡，并通过其上升的作用而使整个污泥床层得到良好的混合。

（2）污泥悬浮层　污泥悬浮层位于污泥床的上部。它占据整个 UASB 反应器容积的 70%左右，其中的污泥浓度要低于污泥床，通常为 15 000～30 000 mg/L，由高度絮凝的污泥组成，一般为非颗粒状污泥，其沉速要明显小于颗粒污泥的沉速，污泥体积指数一般在 30～40 ml/g 之间，靠来自污泥床中上升的气泡使此层污泥得到良好的混合。污泥悬浮层中絮凝污泥的浓度呈自下而上逐渐减小的分布状态。这一层污泥担负着整个 UASB 反应器有机物降解量的 10%～30%。

（3）沉淀区　沉淀区位于 UASB 反应器的顶部，其作用是使得由于水流夹带作用而随上升水流进入出水区的固体颗粒（主要是污泥悬浮层中的絮凝性污泥）在沉淀区沉淀下来，并沿沉淀区底部的斜壁滑下而重新回到反应区内（包括污泥床和污泥悬浮层），以保证反应器中污泥不致流失而同时保证污泥床中污泥的浓度。沉淀区的另一个作用是，可以通过合理调整沉淀区的水位高度来保证整个反应器的有效空间高度而防止集气空间的破坏。

（4）三相分离器　三相分离器一般设在沉淀区的下部，但有时也可将其设在反应器的顶部，具体视所用的反应器的形式而定。三相分离器的主要作用是将气体（反应过程中产生的沼气）、固体（反应器中的污泥）和液体（被处理的废水）三相加以分离，将沼气引入集气室，将处理出水引入出水区，将固体颗粒导入反应区。它由集气室和折流挡板组成。有时，也可将沉淀装置看做三相分离器的一个组成。具有三相分离器是 UASB 反应器的主要特点之一。三相分离器的合理设计是保证其正常运行的一个重要内容。

运行过程中，废水以一定的流速自反应器的底部进入反应器，水流在反应器中的上升流速一般在 0.5～1.5 m/h 之间，最佳上升流速在 0.6～0.9 m/h 之间。水流依次流经污泥床、污泥悬浮层至三相分离器及沉淀区。UASB 反应器中的水流呈推流形式，进水与污泥床及污泥悬浮层中的微生物充分混合接触并进行厌氧分解。厌氧分解过程中产生的沼气在上升过程中将污泥颗粒托起，由于大量气泡的产生，即使在较低的有机和水力负荷条件下，也能看到污泥床明显膨胀。随着反应器中产气量的不断增加，由气泡上升所产生的搅拌作用（微小的沼气气泡在上升过程中相互结合而逐渐形成较大的气泡，将污泥颗粒向反应器的上部携带。最后由于气泡的破裂，绝大部分污泥颗粒又返回到污泥区）变得日趋剧烈，从而降低了污泥中夹带气泡的阻力，气体便从污泥床内突发性地逸出，引起污泥床表面呈沸腾和流化状态。反应器中沉淀性能较差的絮状污泥则在气体的搅拌下，在反应器上部形成污泥悬浮层。沉淀良好的颗粒污泥则在反应器的下部形成高浓度的污泥床。随着水流的流动，气、水、泥三相混合液上升至三相分离器中，气体遇到反射板或挡板后折向集气室而被有效地分离排出；污泥和水进入上部的静止沉淀区，在重力作用下泥水发生分离。

三、实验装置

实验所用装置如图 6-11-1 所示。

1．升流式厌氧污泥床（UASB）反应器一套　由 UASB 反应器、集气瓶、沼气计量系统、进水泵、温水水泵、恒温水浴、原水池等部分组成。

2．必要的水质分析仪器和玻璃仪器。

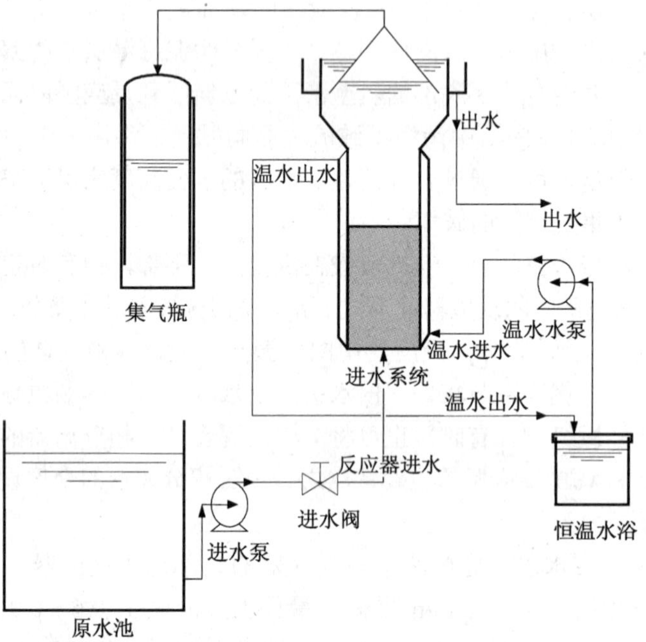

图 6-11-1　厌氧 UASB 反应器工艺流程

四、实验步骤

1．启动

当接种好颗粒污泥、连接好三相分离器、生物气测量装置和恒温水浴装置后，实验即可开始。厌氧生物处理对环境条件的变化非常敏感，因此在采用本系统处理污水之前，需充分了解污水的物理、化学性质。对于成分较复杂的污水，需经过污水厌氧可生物降解性测试来确定其是否适宜采用厌氧处理方法。

2．污泥活化

厌氧装置启动以后，首先用易于生物降解的合成水样来活化污泥。合成水样的配制有很多种方法。表 6-11-1 介绍一种常用方法。

除此之外，还需投加微量和痕量营养元素。方法是从花园中取 100 g 泥土，加 1 L 自来水混合，摇匀，用滤纸过滤，即得痕量营养元素贮备液。1 L 合成水样中加 5 ml 上述滤液。

表 6-11-1　合成水样配制

化合物名称	浓度/（g/L）
乙酸	0.25
丙酸	0.25
丁酸	0.25
葡萄糖	0.25
尿素（N 源）	0.5
Na_2HPO_4 或 NaH_2PO_4（P 源）	0.1

为防止产酸过程酸过度积累，引起系统 pH 值下降，合成水样中还需加入一定量的缓冲物质。可以在 1 L 合成水样中加入 1 g $NaHCO_3$。

水样 pH 值用 1 mol/L $NaHCO_3$ 或 1 mol/L HCl 调整到 6.5～7.5 之间。

3．试运行

污泥活化后，可逐步引入预处理的废水，使污泥逐渐适应废水理化性质。本实验采用中温（37 ℃）消化，加热方式为水浴加热法。生物气的计量采用排水法。即在集气瓶中装入 NaOH 溶液，通过用量筒测定每日所排出的 NaOH 溶液体积来计量每日产气量。

4．正式运行

当系统稳定后，即可正式运行。系统正式运行后，需经常测定以下参数，以监控系统运行：

（1）反应器内污泥床层高度，H（m）

（2）进水流量，Q_{inf}（L/h）

（3）总产气量，Q_{gas}（L/d）

（4）甲烷总产量，Q_{CH_4}（L/d）

（5）进、出水 pH 值

（6）反应器内温度，T（℃）

（7）进、出水 COD 浓度，COD_{tot}（mg/L）

（8）纸滤后进、出水 COD 浓度，COD_{pf}（mg/L）

（9）膜滤后进、出水 COD 浓度，COD_{mf}（mg/L）

（10）进、出水总氮浓度，N_{total}（mg/L）

五、结果与讨论

1. 将监测数据列于表 6-11-2
2. 计算以下参数

（1）容积负荷率[$kgBOD_{inf}$/（L·d）]

（2）COD 去除率，%

① COD_{tot} ② COD_{pf} ③ COD_{mf}

（3）水力停留时间，HRT，（h）

表 6-11-2 UASB 系统运行记录表

时间：

<table>
<tr><td rowspan="2">项目</td><td colspan="2" rowspan="2">进水流量，Q_{inf}/(L/h)</td><td colspan="2" rowspan="2">总产气量，Q_{gas}/(L/d)</td><td colspan="2" rowspan="2">甲烷总产量，Q_{CH_4}/(L/d)</td><td colspan="2" rowspan="2">污泥床层高度，H/m</td><td rowspan="2">反应器内温度，T/℃</td><td colspan="2">pH 值</td></tr>
<tr><td>进水</td><td>出水</td></tr>
<tr><td></td><td colspan="2"></td><td colspan="2"></td><td colspan="2"></td><td colspan="2"></td><td></td><td></td><td></td></tr>
<tr><td>项目</td><td colspan="2">COD_{tot}/（mg/L）</td><td colspan="2">COD_{pf}/（mg/L）</td><td colspan="2">COD_{mf}/（mg/L）</td><td colspan="2">N_{total}/（mg/L）</td><td></td><td colspan="2"></td></tr>
<tr><td></td><td>进水</td><td>出水</td><td>进水</td><td>出水</td><td>进水</td><td>出水</td><td>进水</td><td>出水</td><td></td><td colspan="2"></td></tr>
<tr><td></td><td></td><td></td><td></td><td></td><td></td><td></td><td></td><td></td><td></td><td colspan="2"></td></tr>
</table>

3. 试根据以下几个公式对 COD 进行物料衡算

（1）COD 随污泥洗出量

$$gCOD_{wash\ out}=gCOD_{eff（tot）}-gCOD_{eff（pf）} \qquad (6\text{-}11\text{-}1)$$

（2）COD 去除量

$$gCOD_{removal}=gCOD_{inf（tot）}-gCOD_{eff（tot）} \qquad (6\text{-}11\text{-}2)$$

（3）以污泥形式积累在反应器内的 COD 量

$$gCOD_{sludge\ acc}=gCOD_{inf（tot）}-gCOD_{eff（tot）} \qquad (6\text{-}11\text{-}3)$$

（4）反应器中污泥增长量

$$Y_{acc}=\frac{gCOD_{sludge\ acc}}{gCOD_{removal}}\times\frac{1}{1.41} \qquad (6\text{-}11\text{-}4)$$

1 kg 污泥（以 MLVSS 计）=1.41 kgCOD

1 gCOD≈400 ml CH_4（37 ℃）

六、思考题

1. 试说明三相分离器的作用。
2. 颗粒污泥与絮状污泥相比有何优点。
3. 试说明好氧处理法与厌氧处理法各有什么特点。

实验十二　厌氧污泥的产甲烷活性测定

一、实验目的

了解厌氧污泥（以 VSS 计）的比产甲烷活性，即单位重量的以 VSS 计的污泥在单位时间所能产生的甲烷量。

二、实验原理

利用厌氧污泥处理污水时，被去除的 COD 主要转化为甲烷，因此污泥产甲烷活性可以反映出污泥所能具有的去除 COD 及产生甲烷的潜力，它是污泥品质的重要参数。

三、实验装置

实验装置如图 6-12-1 所示。

液体置换系统　由污泥反应器、生物气取样管、集气瓶、量筒、温水水泵、恒温水浴、搅拌器、气体计量系统等组成。

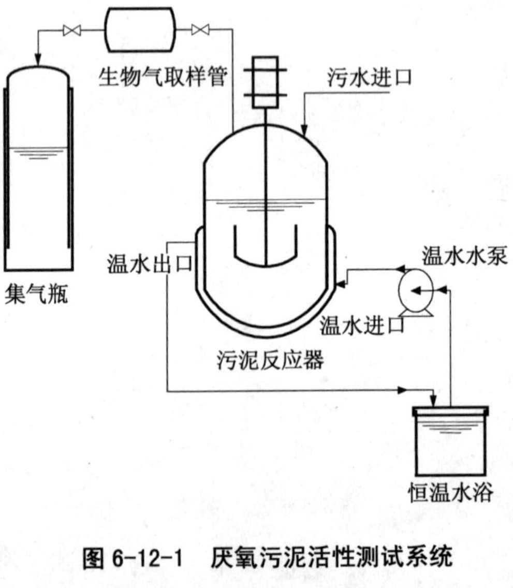

图 6-12-1　厌氧污泥活性测试系统

四、实验药品的配制

在进行厌氧测试时，实验药品的配制有很多方法。可参考实验十一中污泥活化所用的方案，也可采用以下这种方案。

1. VFA 贮备液　COD=20 mg/L，其中乙酸、丙酸、丁酸 COD 浓度比为 73∶23∶4，根据表 6-12-1　所列数据配制挥发性脂肪酸溶液，用 1 mol/L $NaHCO_3$ 调至 6.5～7.5，定容至 1L。

表 6-12-1　VFA 贮备液配比

挥发性脂肪酸（VFA）	gCOD/gVFA	密度/（g/cm^3）	体积/ml
乙酸	1.067	1.05	13.04
丙酸	1.514	0.993	3.06
丁酸	1.818	0.957	0.46

2. 微量元素及营养液的配制见表 6-12-2。

表 6-12-2　微量元素贮备液及营养液贮备液的配制

化合物名称	浓度/（mg/L）	化合物名称	浓度/（mg/L）
$FeCl_3\cdot 4H_2O$	2 000	$(NH_4)_6Mo_7O_2\cdot 4H_2O$	90
$CoCl_2\cdot 6H_2O$	2 000	$Na_2SeO_3\cdot 4H_2O$	100
$MnCl_2\cdot 6H_2O$	500	$NiCl_2\cdot 4H_2O$	50
$CuCl_2\cdot 6H_2O$	30	EDTA	1 000
$ZnCl_2$	50	HCl 36%	1
营养贮备液			
NH_4Cl	170（g/L）	$CaCl_2\cdot 6H_2O$	8（g/L）
KH_2PO_4	37（g/L）	$MgSO_4\cdot 6H_2O$	9（g/L）

五、实验步骤

1. 向反应器中加去离子水至有效体积的 50%左右。

2. 投加一定量的含挥发性脂肪酸（VFA）和营养物的合成水样。

3. 向瓶中加入厌氧污泥，使最终浓度约为 3.0 gVSS/L。

4. 再加去离子水至整个有效体积。

5. 用 CO_2 和 N_2 的混合气体通入反应器底部 2～3 min，以吹脱瓶中剩余空间的空气。

6. 立即将反应器密封，连接好液体置换系统，将系统置于恒温水浴中进行培养。

7．当恒温系统温度升至37.5 ℃时，测定即正式开始。

8．将每日产气量记录于表 6-12-3 中（以量筒中的碱液体积代表产甲烷体积），直到底物的 VFA 的 80%已被利用。

9．开始第二次投加水样。第二次投加水样即向原混合液中加入与第一次水样成分、数量均相同的 VFA 和营养物。然后将每日产气量记录于表 6-12-3 中，直到底物的 VFA 的 80%已被利用。

10．为了消除污泥自身消化产生甲烷气体的影响，需做空白实验，空白实验是以去离子水代替合成水样，其他操作与活性测定实验相同。

表 6-12-3　产气量记录表

日期	水样投加量	当日产气量/L	累积产气量/L

六、结果与讨论

1．根据测定的记录绘制出累积产甲烷量——发酵时间曲线。

2．依据此曲线计算污泥的产甲烷活性。

注：污泥的产甲烷活性计算应以第二次投加底物的曲线计算。在曲线中有一最大活性区间，污泥的产甲烷活性即应以此区间的产甲烷速率 R 来计算，产甲烷速率 R 是这一区间的平均斜率。最大活性区间应当覆盖已利用的底物的 50%。根据最大活性区间的平均斜率 R 即可计算出污泥的产甲烷活性。计算如下：

$$\mathrm{ACT}=\frac{24R}{CF\times V\times VSS}\quad \text{单位：} \mathrm{gCOD_{CH_4}/gVSS\cdot d} \qquad (6\text{-}12\text{-}1)$$

式中：R——产甲烷速率，$\mathrm{mlCH_4/h}$；

CF——含饱和水蒸气的甲烷毫升数转换为以克为单位的 COD 的转换系数；

V——反应器中液体的体积，L；

VSS——反应器中污泥的浓度，gVSS/L。

3．据计算结果判断污泥品质。

七、思考题

此实验中所采用的实验装置还可用于测定废水厌氧可生物降解性、厌氧毒性，试设计以上两个实验的实验步骤。

实验十三　侧置式MBR系统

一、实验目的

1. 熟悉侧置式MBR系统的工艺流程。
2. 掌握运用侧置式MBR系统处理各类污水的实验方法。
3. 加深对侧置式MBR工作原理的理解。
4. 了解膜污染的产生原因及减缓方法。

二、实验原理

MBR即膜分离生物反应器，是由膜组件与生物反应器组合在一起而构成的。在膜分离生物反应器中，膜组件相当于传统生物处理系统中的二沉池，利用膜组件进行固液分离，截留的污泥回流至生物反应器中，透过水外排。

MBR与传统废水生物处理工艺相比，具有出水水质好，出水可以直接回用，设备占地面积小，活性污泥浓度高，泥龄长，系统硝化效率高，剩余污泥产量低甚至达到零排放和便于自动控制等优点，所以该工艺在废水处理领域具有很广阔的前景。

根据生物反应器与膜组件的相对位置，膜生物反应器可分为侧置式MBR系统和浸入式MBR系统。

在侧置式MBR中，膜组件独立于生物反应器之外，运行过程中，生物反应器的混合液由泵增压后进入膜组件，在压力作用下膜过滤液成为系统处理出水，活性污泥、大分子物质等则被膜截留，并回流到生物反应器内。

侧置式MBR通过料液循环错流运行，其特点是：运行稳定可靠，操作管理容易，易于膜的清洗、更换及增设。但为了减少污染物在膜面积沉积，由循环泵提供的料液流速很高，为此动力消耗较高。

膜污染是膜技术应用中所面临的一个重要问题之一，对于膜生物反应器．要使其获得长期稳定的运行效果，必须研究其膜污染机理及其防治办法。膜污染的“防”表现在三方面，即增加膜本身的抗污染能力，改变污泥混合液的特征以及优化膜过滤的水力条件，膜污染的“治”则体现为对膜的水力清洗和化学清洗。

三、实验装置

侧置式MBR系统工艺流程见图6-13-1。

1. 侧置式MBR系统一套　由超滤管式膜组件、生物反应器、曝气盘、搅拌装置、渗滤液收集池、进水泵、反冲洗水泵、空气压缩机、PLC控制器、压差计和压力传感器等组成。

2. 必要的水质分析仪器和玻璃仪器。

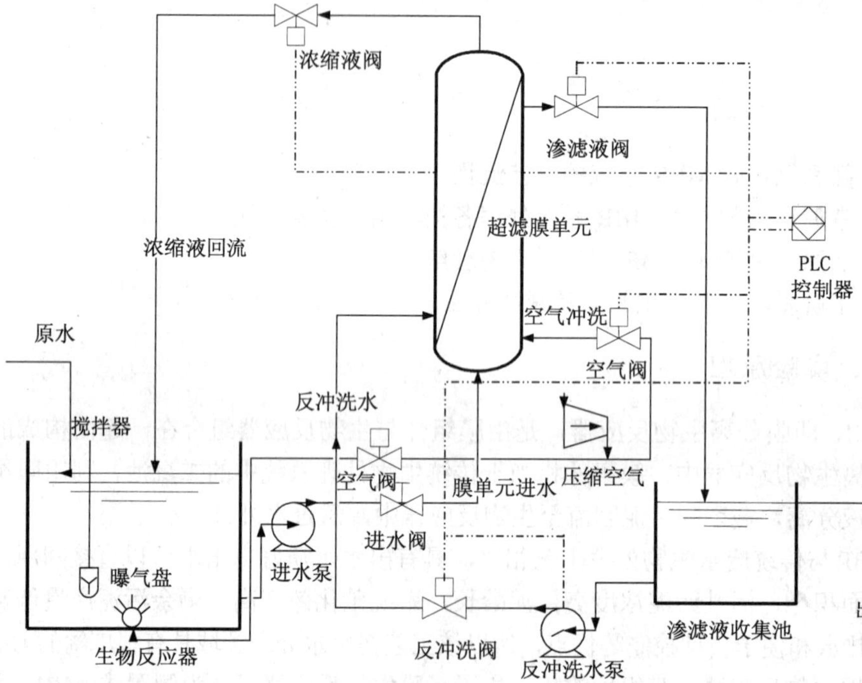

图 6-13-1 侧置式 MBR 系统工艺流程

四、实验步骤

1. 测定清水的膜通量与膜两侧压力差（TMP）之间的关系

向生物反应器中注入自来水至一定水位。在保持一定液位的情况下调整进水流量。依次调整膜两侧压力差为 0.5×10^5 Pa、1.0×10^5 Pa、1.5×10^5 Pa、2.0×10^5 Pa、2.5×10^5 Pa 和 3.0×10^5 Pa。测定相应的浓缩液和渗滤液的流量。将结果列于表 6-13-1。根据渗滤液的流量计算清水的膜通量。

2. 启动生物反应器

将培养好的活性污泥注入生物反应器，开启进水泵、曝气系统及搅拌器，生物反应器即开始运行。启动膜组件，开始实验。

3. 测定原水的膜通量与 TMP 的关系，并且测定进水、浓缩液和渗滤液的水质

调整膜组件进水流量。设定以下几个参数：过滤时间、反冲洗时间、通入空气时间、浸泡时间、空气通入次数、冲洗次数（时间和次数的设定取决于原水的水质）。系统设置为自动运转状态。依次调整 TMP 为 0.5×10^5 Pa、1.0×10^5 Pa、1.5×10^5 Pa、

2.0×10^5 Pa、2.5×10^5 Pa 和 3.0×10^5 Pa。调整好 TMP 后，让系统运行 45 min，每 15 min 测定一次渗滤液和浓缩液流量。将结果列于表 6-13-1。15 min 后取样测定原水和渗滤液的水质。测定的项目依处理目的而定。结果记入侧置式 MBR 运行参数表，表 6-13-2 为实验记录表示意。

4．测定清水通量作为膜污染程度的指标

向生物反应器中注入清水至一定水位。在保持一定液位的情况下调整进水流量。依次调整 TMP 为 0.5×10^5 Pa、1.0×10^5 Pa、1.5×10^5 Pa、2.0×10^5 Pa、2.5×10^5 Pa 和 3.0×10^5 Pa。测定相应的浓缩液和渗滤液的流量。将结果列于表 6-13-1。将此通量与引入污水之前的清水通量进行比较，判断膜污染的程度。

表 6-13-1 侧置式 MBR 流量记录表

TMP/$\times10^5$ Pa	0.5	1.0	1.5	2.0	2.5	3.0
进水流量/（L/h）						
浓缩液流量/（L/h）						
渗滤液流量/（L/h）						

表 6-13-2 侧置式 MBR 运行参数表

参数 / 日期	进水流量/(L/h)	水温/℃	pH 值	HRT/h	MLSS/(mg/L)	溶解氧/(mg/L)	COD			膜通量/[L/(m^2·h)]
							进水/(mg/L)	出水/(mg/L)	去除率/%	

五、结果与讨论

根据运行过程中膜通量的变化确定系统最佳的运行周期和操作压力。

六、思考题

膜生物反应器在运行过程中如何减缓膜污染的发生？

实验十四　浸入式 MBR 系统

一、实验目的

1. 熟悉浸入式 MBR 系统的工艺流程。
2. 掌握运用浸入式 MBR 系统处理各类污水的实验方法。
3. 加深对浸入式 MBR 工作原理的理解。

二、实验原理

将膜组件浸没于生物反应器中即构成浸入式 MBR。如图 6-14-1 所示，浸入式 MBR 根据生物处理的工艺要求，可分为两种组成形式：第一种组合有两个生物反应器，其中一个为硝化池，另一个为反硝化池。膜组件浸没于硝化反应器中，两池之间通过泵来更新要过滤的混合液。该组合方式基于以下原因：①可以提供配套（整装）的膜和设备，便于旧系统的更新改造；②将膜浸入池作为好氧区，而生物反应池作为缺氧区以实现硝化—反硝化目的；③便于将膜隔离进行清洗。第二种组合最简单，直接将膜组件置于生物反应器内，通过真空泵或其他类型的泵抽吸，得到过滤液。为减少膜面污染，延长运行周期，一般泵的抽吸是间断运行的。

浸入式 MBR 利用曝气时气液向上的剪切力来实现膜面的错流效果，也有采用在浸入式膜组件附近进行叶轮搅拌和膜组件自身的旋转（如转盘式膜组件）来实现膜面错流效应。与侧置式相比，浸入式的最大特点是运行能耗低。一些学者认为，浸入式在运行稳定性、操作管理方面和清洗更换上不及侧置式。

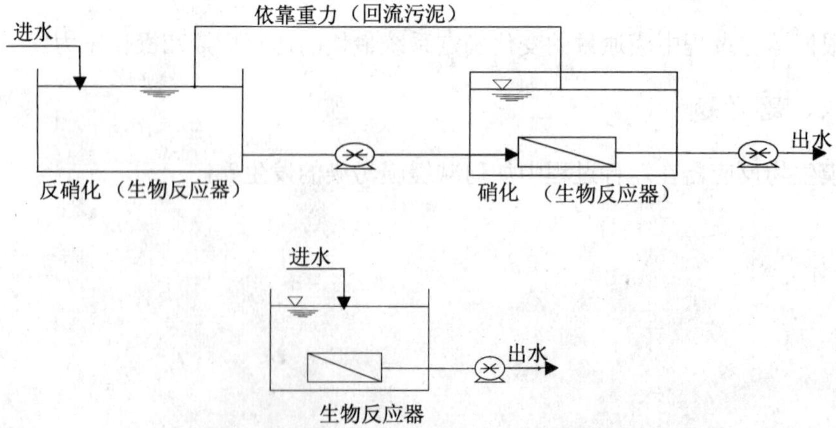

图 6-14-1　浸入式膜生物反应器示意

三、实验装置

实验装置流程图见图 6-14-2。

1．浸入式 MBR 反应器系统一套　由生物反应器、中空纤维膜组件、曝气穿孔管、原水泵、出水泵、空气压缩机、压差计和压力传感器等组成。

2．必要的水质分析仪器和玻璃仪器。

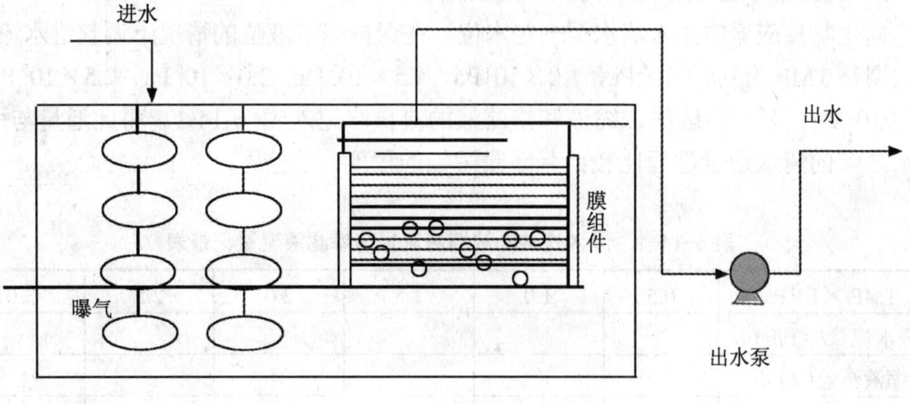

图 6-14-2　浸入式 MBR 系统工艺流程

四、实验步骤

1．测定清水的膜通量与膜两侧压力差（TMP）之间的关系

向生物反应器中注入自来水至一定水位。在保持一定液位的情况下调整进水流量。依次调整膜两侧压力差为 0.5×10^5 Pa、1.0×10^5 Pa、1.5×10^5 Pa、2.0×10^5 Pa、2.5×10^5 Pa 和 3.0×10^5 Pa。测定相应的浓缩液和渗滤液的流量。记入表 6-14-1。根据渗滤液的流量计算清水的膜通量。

2．启动生物反应器

将培养好的活性污泥注入生物反应器，开启进水泵、曝气系统及搅拌器，生物反应器即开始运行。启动膜组件，开始实验。

3．膜生物反应器试运行

进水经 0.9 mm 的不锈钢筛网过滤后进入生物反应器，其中的污染物经活性污泥中微生物分解，混合液在出水泵的抽吸作用下经膜过滤后得到处理出水。出水泵采用间歇抽吸运行，抽吸频率为 15 min 开，2 min 关。压差计和压力传感器用于测定抽吸泵在工作过程中施加在中空纤维膜上的过滤压力，PLC 用于控制生物反应器液面恒定并监控和自动记录膜组件过滤压力。

4．测定原水的膜通量与 TMP 的关系测定进水、浓缩液和渗滤液的水质调整膜组件进水流量。设定以下几个参数：过滤时间、反冲洗时间、通入空气时间、浸泡时间、空气通入次数、冲洗次数（时间和次数的设定取决于原水的水质）。系统设置为自动运转状态。依次调整 TMP 为 0.5×10^5 Pa、1.0×10^5 Pa、1.5×10^5 Pa、2.0×10^5 Pa、2.5×10^5 Pa 和 3.0×10^5 Pa。调整好 TMP 后，让系统运行 45 min，每 15 min 测定一次渗滤液和浓缩液流量。15 min 后取样测定原水和渗滤液的水质。记入表 6-14-2。

5．测定清水通量作为膜污染程度的指标

向生物反应器中注入清水至一定水位。在保持一定液位的情况下调整进水流量。依次调整 TMP 为 0.5×10^5 Pa、1.0×10^5 Pa、1.5×10^5 Pa、2.0×10^5 Pa、2.5×10^5 Pa 和 3.0×10^5 Pa。测定相应的浓缩液和渗滤液的流量。记入表 6-14-1。将此通量与引入污水之前的清水通量进行比较，判断膜污染的程度。

表 6-14-1　浸入式 MBR 浓缩液流量与渗滤液流量记录表

TMP/$\times10^5$ Pa	0.5	1.0	1.5	2.0	2.5	3.0
进水流量/（L/h）						
浓缩液流量/（L/h）						
渗滤液流量/（L/h）						

表 6-14-2　浸入式 MBR 运行参数表

参数 日期	进水流量/(L/h)	水温/℃	pH 值	HRT/h	MLSS/(mg/L)	溶解氧/(mg/L)	COD			膜通量/[L/(m²·h)]
							进水/(mg/L)	出水/(mg/L)	去除率/%	

五、结果与讨论

根据运行过程中膜通量的变化确定系统最佳的运行周期和操作压力。

六、思考题

1．浸入式 MBR 反应器和侧置式 MBR 反应器各有什么特点？

2．影响浸入式 MBR 系统处理效果的因素有哪些？

实验十五　连续流活性炭吸附脱色

一、实验目的

1. 了解活性炭吸附的特点。
2. 观察活性炭对印染废水的色度的去除过程。

二、实验原理

吸附是发生在固—液（气）两相界面上的一种复杂的表面现象，它是一种非均相过程。大多数的吸附过程是可逆的，液相或气相内的分子或原子转移到固相表面，使固相表面的物质浓度增高，这种现象就称为吸附；已被吸附的分子或原子离开固相表面，返回到液相或气相中去，这种现象称为解吸或脱附。在吸附过程中，被吸附到固体表面上的物质称为吸附质，吸附吸附质的固体物质称吸附剂。

活性炭吸附就是利用活性炭的固体表面对水中一种或多种物质的吸附作用，以达到净化水质的目的。

活性炭吸附的作用产生于两个方面：一方面是由于活性炭内部分子在各个方面都受着同等大小力而在表面的分子则受到不平衡的力，这就使其他分子吸附于其表面上，此过程为物理吸附；另一方面是由于活性炭与被吸附物质之间的化学作用，此过程为化学吸附。活性炭的吸附是上述两种吸附综合作用的结果。当活性炭在溶液中吸附速度和解吸速度相等时，即单位时间内活性炭吸附的数量等于解吸的数量时，被吸附物质在溶液中的浓度和在活性炭表面的浓度均不再变化，而达到了平衡，此时的动态平衡称为活性炭吸附平衡。活性炭的吸附能力以吸附量 q 表示。

$$q=\frac{V(\rho_0-\rho)}{m}=\frac{X}{m} \tag{6-15-1}$$

式中：q——活性炭吸附量，即单体重量的吸附剂所吸附的物质量，g/g；

V——污水体积，L；

ρ_0、ρ——分别为吸附前原水及吸附平衡时污水中的物质质量浓度，g/L；

X——被吸附物质量，g；

m——活性炭投加量，g。

在温度一定的条件下，活性炭吸附量随被吸附物质平衡浓度的提高而提高，两者之间的变化曲线称为吸附等温线，通常用费兰德利希经验式加以表达：

$$q = K \cdot \rho^{1/n} \qquad (6\text{-}15\text{-}2)$$

式中：q——活性炭吸附量，g/g；

ρ——被吸附物质平衡质量浓度，g/L；

k、n——与活性炭种类、温度、被吸附物质性质有关的常数。

三、实验仪器和试剂

1．50 ml 比色管 10 个。

2．可见光分光光度计。

3．连续流活性炭吸附实验装置：包含 3 个活性炭柱、1 台进水泵。

四、实验步骤

1．配制染色废水。

2．设备运行

（1）在 3 个活性炭柱中加入颗粒状活性炭（ϕ＝4 mm）。

（2）连接好活性炭吸附实验装置：进水管和一级活性炭吸附柱下端相连，一级出水和二级活性炭吸附柱，二级出水和三级活性炭吸附柱下端相连，三级活性炭吸附柱上端是三级出水（图 6-15-1 所示）。

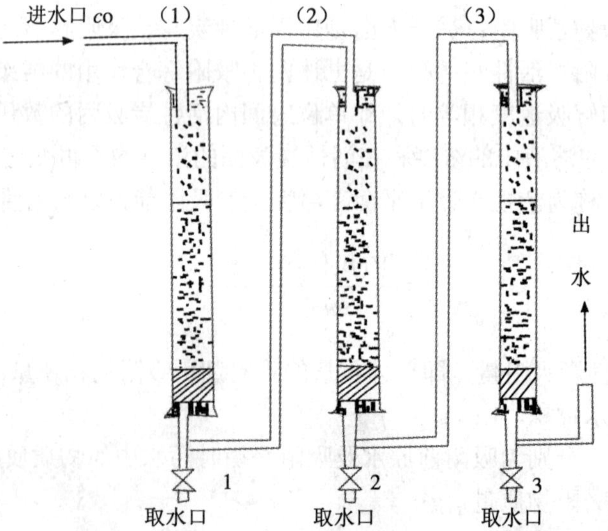

图 6-15-1　连续流活性炭吸附实验装置

（3）打开进水泵，调整泵的转速分别为 20、40、60。在不同的转速下测定出水流量。

3．水样的测定

（1）绘制标准曲线：分别取进水 5 ml、10 ml、20 ml、25 ml、35 ml、50 ml 放入 50 ml 的比色管中，加水到 50 ml。设进水浓度为 100%，则比色管中浓度依次为 10%、20%、40%、50%、70%、100%。以蒸馏水为参比测定吸光度，并绘制百分比浓度—吸光度曲线。

（2）水样的测定：转速为 20 时，测定一级出水、二级出水、三级出水的吸光度；转速为 40 时，测定一级出水、二级出水、三级出水的吸光度；转速为 60 时，测定一级出水、二级出水、三级出水的吸光度。

根据绘制的标准曲线查出在不同的转速下各级出水的百分比浓度。

4．按表 6-15-1 整理实验数据。

表 6-15-1 活性炭吸附实验记录表

转速	进水流量/（ml/min）	一级出水		二级出水		三级出水	
		吸光度	浓度/%	吸光度	浓度/%	吸光度	浓度/%
20							
40							
60							

五、注意事项

1．调整进水泵转速时动作要慢。

2．取各级出水水样时不要喷洒在身上。

3．调整进水泵转速后，间隔一定时间再取各出水水样。

六、思考题

活性炭吸附达到饱和后能否再次利用？

实验十六　砂滤

一、实验目的

1. 熟悉砂滤池的构造及工作过程。
2. 加深对滤池过滤机理的理解。
3. 掌握利用砂滤池去除污水中悬浮物的实验方法。

二、实验原理

过滤技术是给水处理中为获得优质出水而经常采用的关键工序。20 世纪 60 年代以来，由于水资源的严重短缺，废水回用问题提到了议事日程。为了得到高质量的出水，过滤技术又被用于废水处理。过滤通常用在化学混凝和生化处理之后，它是一种使水通过砂、煤粒或硅藻土等多孔介质的床层以分离水中悬浮物的水处理操作过程，其主要目的是去除水中呈分散悬浊状的无机质和有机质粒子，也包括各种浮游生物、细菌、滤过性病毒与漂浮油、乳化油等。

滤池的形式多种多样，以石英砂为滤料的普通快滤池使用历史最久，并在此基础上出现了双层滤料、多层滤料和上向流过滤等。若按作用水头分，有重力式滤池和压力式滤池两类。为了减少滤池的闸阀并便于操作管理，又发展了虹吸滤池、无阀滤池等自动冲洗滤池。所有上述各种滤池，其工作原理、工作过程都基本相似。

滤池的过滤过程是一个复杂的过程，其机理也涉及多种因素，常用的几种解释有：

1. 阻力截留　当废水自上而下流过粒状滤料层时，粒径较大的悬浮颗粒首先被截留在表层滤料的空隙中，随着此层滤料间的空隙越来越小，截污能力也变得越来越大，逐渐形成一层主要由被截留的固体颗粒构成的滤膜，并由它越重要的过滤作用这种作用属阻力截留或筛滤作用。悬浮物粒径越大，表层滤料和滤速越小，就越容易形成表层筛滤膜，滤膜的截污能力也越高。

2. 重力沉降　废水通过滤料层时，众多的滤料表面提供了巨大的沉降面积。重力沉降强度主要与滤料直径及过滤速度有关。滤料越小，沉降面积越大；滤速越小，则水流越平衡这些都有利于悬浮物的沉降。

3. 接触絮凝　由于滤料具有巨大的比表面积，它与悬浮物之间有明显的物理吸附作用。此外，砂粒在水中常带有表面负电荷，能吸附带电胶体，从而在滤料表面形成带正电荷的薄膜，并进而吸附带负电荷的黏土和多种有机物等胶体，在砂粒上发生接触絮凝。

在实际过滤过程中，上述三种机理往往同时起作用，只是随条件不同而有主次之分。对粒径较大的悬浮颗粒，以阻力截留为主，因这一过程主要发生在滤料表层，通常称为表面过滤；对于细微悬浮物，以发生在滤料深层的重力沉降和接触絮凝为主，称为深层过滤。

随着过滤过程的进行，污物在滤料中不断积累，滤料层内的孔隙由上而下逐渐被堵塞，水流流过滤料层的阻力和水头损失随之逐渐增大，当水头损失达到允许的最大值或出水水质达到某一规定值时，过滤中止。需要对滤池进行反冲洗以除去积聚在滤床内部的污染物。

反冲洗机理：高速水流自下向上冲洗时，滤层便膨胀起来，截留于滤层中的污物在滤层孔隙中的水流剪切力作用下，以及在滤料颗粒碰撞摩擦作用下，从滤料表面脱落下来，然后被冲洗水流带出滤池。

滤池冲洗主要有 3 种方法：

（1）反冲洗：反冲洗系指从滤料层底部进水，逆工作时的水流对滤料进行冲洗，因而称之为反冲洗。反冲洗是冲洗的主要方法。

（2）反冲洗加表面冲洗：在很多情况下，反冲洗不能保证足够的冲洗效果，可辅以表面冲洗。表面冲洗系在滤料上层表面设置喷头，对膨胀起来的表层滤料进行强制冲洗。按照冲洗水管路的配水形式，表面冲洗有旋转管式表面冲洗和固定管式表面冲洗两种。

（3）反冲洗辅以空气冲洗，常称为气水反冲洗：气水反冲洗常用于粗滤料的冲洗，因粗滤料要求的冲洗强度很大，如果进行单纯反冲洗，用水量会很大，同时还会延长反冲洗历时。实践证明，污水深度处理中的过滤，必须采用气水反冲洗。这一方面是因为滤料的粒径普遍较大，另一方面是由于污水中的有机物与滤料黏附较紧，要求较高的冲洗强度方可见效。

反冲洗效果主要取决于冲洗强度和时间。

三、实验装置

实验装置如图 6-16-1 所示。

1．带 PLC 控制系统的砂滤池 1 套　由砂滤池、原水泵、清水泵、空气压缩机、清水压力罐等组成。

2．必要的水质分析仪器和玻璃仪器。

四、实验步骤

1．配制原水，其浑浊度在 40～200 mg/L，以最佳投药量将混凝剂 $Al_2(SO_4)_3$ 或者 $FeCl_3$ 投入原水池中，经过搅拌，配成原水。

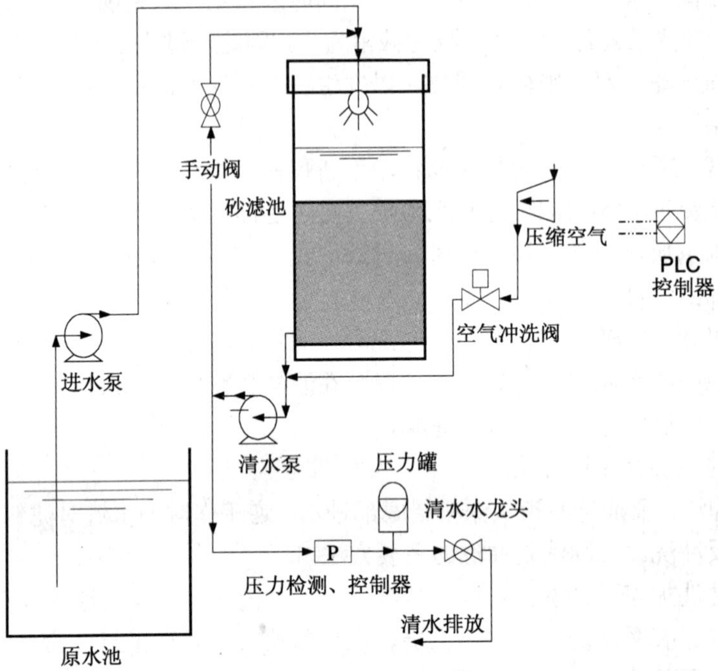

图 6-16-1　砂滤池工艺流程

2．打开滤池电源总开关、清水压力罐出水阀门，过滤即开始。

3．过滤时，进水泵启动，将原水泵入滤池，经滤池顶部的喷头喷入池中，原水自上而下通过滤料床层，其中含有的悬浮颗粒和胶体颗粒被截留在滤料的表面和内部空隙中，净化后的污水经配水系统收集到一定量后，清水泵启动，将清水经滤池底部的清水管泵入压力清水罐。

过滤过程中，每隔 10 min 取出水水样 100 ml 于烧杯中，用分光光度计测定浊度，结果记入表 6-16-1。

4．当出水水质超过一定值时，过滤中止，开始对滤池进行反冲洗。本系统采用原水作为反冲洗水。反冲洗的方式为压力水反冲洗和空气助洗的混合方式。反冲洗时，原水泵启动，将原水从滤池底部泵入滤池，经底部配水系统均匀分布于池中。同时空气压缩机开启，往滤池底部送气。注意气量不要过大。

反冲洗过程中，每隔 10 min 取出水水样 100 ml 于烧杯中，用分光光度计测定浊度，结果记入表 6-16-1。

因为本系统采用原水进行反冲洗，因此滤床内部依然残留一定量的污染物，所以反冲洗后需将清水从顶部泵入滤床，对滤床进行清洗，同时优化滤床。

5．经过一段时间的清洗后，过滤重新开始。

五、结果分析

1．按表 6-16-1 整理数据。

表 6-16-1 滤池过滤实验记录表

水样编号	1	2	3	4	5	6
过滤出水浊度						
水样编号	1	2	3	4	5	6
反冲洗出水浊度						

2．根据实验结果确定滤池最佳运行周期。

六、思考题

1．滤层内有空气泡时对过滤、冲洗有何影响？
2．冲洗强度为何不宜过大？
3．叙述气、水反冲洗法与水反冲洗法各有什么优缺点？

实验十七　加氯消毒

一、实验目的

1. 了解氯消毒的基本原理。
2. 掌握加氯量、需氯量的计算方法。
3. 掌握氯氨消毒的基本原理。

二、实验原理

消毒对于饮用水是必不可少的处理工艺。经过混凝、沉淀或澄清、过滤等水质净化后，水中大部分悬浮物质已被去除，但是还有一定数量的微生物，包括对人体有害的病原菌仍在水中，常采用消毒方法来杀死这些致病微生物。

对某些废水的完全排放或回用，消毒同样是必须考虑的工艺步骤之一，具有重要作用。如生活污水、医院污水、禽畜养殖、生物制品和食品、制药等部门排出的废水通常含有大量的细菌，其中一些可能属于病原菌。未经消毒而任意排放这类废水，将引起严重的卫生问题。

所谓消毒是指通过消毒剂或其他消毒手段，杀灭水中的致病微生物的处理过程。消毒与灭菌是两种不同的处理工艺，在消毒过程中并不是所有的微生物均被破坏，它仅要求杀灭致病微生物，而灭菌则要求杀灭全部微生物。

水的消毒方法有很多，目前采用较多的是氯消毒法。本实验针对水中有细菌、氨氮存在的水源，采用氯化消毒的方法。

氯化消毒由于成本低、消毒效果好和使用方便等原因，多年来一直是国内外大多数水厂的主要消毒方式。氯化消毒主要采用液氯、漂白粉、次氯酸钠、氯片等消毒剂。这类消毒剂的杀菌机理基本上相同。以液氯为例，当其溶解于水中时，会发生下列两个反应。

$$Cl_2 + H_2O = HOCl + HCl \quad (6\text{-}17\text{-}1)$$

$$HOCl = H^+ + OCl^- \quad (6\text{-}17\text{-}2)$$

水中 HOCl 和 OCl^-的相对比例取决于温度和。pH 值低时 HOCl 较多，当 pH 值低于 6 时，HOCl 接近 100%。当 pH=7.54 时，HOCl 和 OCl^-大致相当。

氯化消毒主要靠次氯酸起作用。据试验测定，HOCl 的杀菌能力比 OCl^-要强 50～100 倍，其原因可能是 HOCl 呈电中性，易于接近带负电荷的菌体，并可穿过细胞膜进入菌体内部。由于氯离子的氧化作用破坏了细菌的某种酶的系统，从而导致细菌的死亡。而 OCl^-带负电荷，不易和带负电荷的菌体接近，故很难起消毒作用。

当水中含有一定量的氨氮时，次氯酸会与其反应生成氯胺化合物：一氯胺、二氯胺和三氯胺。

$$NH_3+HOCl \longrightarrow NH_2Cl+H_2O \quad (6\text{-}17\text{-}3)$$

$$NH_3+2HOCl \longrightarrow NHCl_2+2H_2O \quad (6\text{-}17\text{-}4)$$

$$NH_3+3HOCl \longrightarrow NCl_3+3H_2O \quad (6\text{-}17\text{-}5)$$

此时水中 HOCl、NH_2Cl、$NHCl_2$、NCl_3 都存在，它们在平衡状态下的含量比例决定于氨、氯的相对浓度、pH 值和温度。氯胺在水中能部分水解形成次氯酸，因此氯胺也有消毒作用。但是消毒作用比较缓慢，需要较长的作用时间。由以上反应式可见能说明这一点。因为只有当水中的 HOCl 因消毒而消耗后，反应才会向右进行。才会产生消毒所需的 HOCl。

水中以 HOCl 和 OCl^-形式存在的氯称自由性氯；以氯胺形式存在的氯称化合性氯或结合氯。自由性氯的消毒效果比化合性氯要高得多。为此可将氯消毒分为两大类：自由性氯消毒和化合性氯消毒。

消毒时的水中加氯量，可以分为两部分，即需氯量和余氯量。需氯量指用于杀死细菌氧化有机物和还原性物质等所消耗的部分。另外，为了抑制水中残存细菌再度繁殖，管网中尚须维持少量剩余氯。这部分余氯量对于再次污染的消毒并不足够，但可以作为预示再次受到污染的信号。

当向水中投加氯后，水中余氯量的变化可用图 6-17-1 表示。

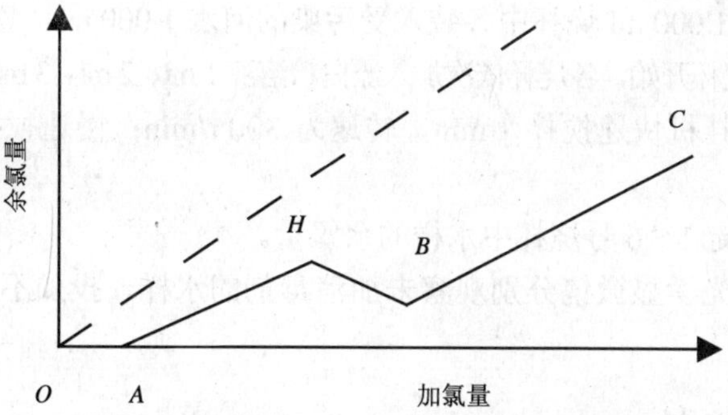

图 6-17-1　折点加氯

曲线 *OA* 段表示水中的杂质把氯消耗掉了，余氯量为零。此时虽然也能杀死一些细菌但消毒效果不可靠。曲线 *AH* 段表示在加氯后，氯与水中的氨反应，有余氯存在，所以有一定的消毒效果，但余氯为化合性氯，其中主要成分为一氯胺。曲线 *HB* 段仍然产生的是化合性余氯，但随着加氯量的增加，开始下列化学反应（折点反应）：

$$2NH_2Cl+HOCl \longrightarrow N_2\uparrow+3HCl+H_2O \quad (6\text{-}17\text{-}6)$$

反应的结果使氯胺被氧化成为一些不起消毒作用的化合物，余氯量反而逐渐减少，最后到达最低的折点 *B*。超过折点 *B* 后，余氯增加，此时余氯为自由性余氯。

此时消毒效果最好。加氯量超过折点时称为折点氯化。

氯化消毒会产生大量的副产物，其中不少是“三致”物质，对人体会产生危害。氯化消毒副产物的去除难度较大且费用高，因此越来越多的国家改用其他的消毒方式来替代氯化消毒。

三、实验装置和试剂

1. 六联搅拌机。
2. 普通光学显微镜。
3. 余氯测定仪。
4. 1 000 ml 烧杯 6 个。
5. 1 ml、10 ml 移液管各 1 个。
6. 盖玻片、载玻片若干。
7. 漂白粉溶液 3‰。

四、实验步骤

1. 取受污染的天然河水 10 kg，测定氨氮含量。
2. 称取漂白粉 3 g 置于 100 ml 蒸馏水中溶解，然后稀释至 1 000 ml。取此漂白溶液 1 ml，稀释 100 倍后，测出含氯量。
3. 在 6 个 1 000 ml 烧杯中各装入受污染的河水 1 000 ml，置于混合搅拌机上。
4. 从 1 号烧杯开始，各烧杯依次加入漂白粉溶液 1 ml、2 ml、3 ml、4 ml、5 ml、6 ml。
5. 启动搅拌机快速搅拌 1 min，转速为 300 r/min；慢速搅拌 10 min，转速为 100 r/min。
6. 分别测定 1～6 号烧杯中水样的余氯量。
7. 用普通光学显微镜分别观察未加消毒剂的水样、投加不同剂量消毒剂的水样的生物相。

五、结果分析

1. 按表 6-17-1 整理数据。

表 6-17-1　加氯消毒实验记录表

项目＼水样编号	1	2	3	4	5	6
加氯量/（mg/L）						
余氯量/（mg/L）						
存活原生动物数/个						

2．根据加氯量和余氯量绘制二者关系曲线。

3．根据实验结果确定最佳氯投加量。

六、思考题

1．水中含有氨氮时，投氯量-余氯量关系曲线为何出现折点？

2．有哪些因素影响投氯量？

3．本实验原水如采用折点加氯消毒，应有多大的投氯量？

实验十八　紫外消毒

一、实验目的

1．熟悉紫外线消毒的基本流程。

2．加深对紫外线消毒方法工作原理的理解。

3．掌握利用紫外线消毒方法对污水进行消毒的实验方法。

二、实验原理

水的紫外线消毒，是通过紫外线对水的照射进行的，是一个光化学过程。光子只有通过系统中分子的定量转化而被吸收后，才能在原子和分子中产生光化学变化。换言之，若光没有被吸收则无效。

紫外线是一种波长范围为 136～390 nm 的不可见光，按波长范围分为 A，B，C 3 个波段和真空紫外线，A 波段 320～340 nm，B 波段 275～320 nm，C 波段 200～275 nm，真空紫外线 100～200 nm。水消毒所用的是 C 波段紫外线。

紫外线的杀菌机理是一个较为复杂的过程，目前看法还不一致，较为普遍的看法是：微生物体受到紫外线照射，吸取了紫外线的能量，实质是核酸对紫外线能量的吸收。核酸是一切生命体的基本物质和生命基础，分为核糖核酸（RNA）和脱氧核糖核酸（DNA）两大类。DNA 和 RNA 的紫外线吸收光谱的范围在 240～280 nm，对波长为 260 nm 的紫外线具有最大吸收。核酸吸收紫外线后发生突变，其复制、转录封锁受到阻碍，从而一方面引起微生物体内蛋白质和酶的合成障碍；另一方面产生自由基可引起光电离，从而导致细胞死亡。

水消毒用的紫外线灯一般为低压汞灯，其中心辐射波长是 253.7 nm。紫外线消毒器的消毒能力是指在额定进水量的情况下对水中微生物的杀灭功能。其物理表达式表示在该状态下的辐照剂量：

$$W=\frac{I\times V}{Q}\times 3.6 \qquad (6\text{-}18\text{-}1)$$

式中：W——辐照剂量，μW·s/cm²；

I——辐照强度，μW/cm²；

V——消毒器的有效水容积，L；

Q——消毒器的额定进水量，m³/h。

杀灭不同的微生物需要不同的辐照剂量，确定决定合适的辐照剂量是确定消毒器能力的核心问题。一般来说，水消毒应该侧重于杀灭通过水传染疾病的肠道细菌，所以紫外线消毒器所能提供的辐照剂量最低不应小于9 000 μW/（cm²·s）。

紫外线灯管在使用一段时间后，其辐照强度会降低。当其低于 25 000 μW/cm² 时，应更换灯管。国外紫外线灯管的有效使用时间一般在 7 500 h 以上。由于测定紫外线辐照强度比较困难，实际上均以使用时间来更换灯管。计数时除连续使用时间累计外，每开关一次灯管使用时间按3 h消耗计算。

三、实验装置

紫外线消毒系统流程如图6-18-1所示。

1．紫外线消毒器 1 套　紫外线消毒器由外筒、紫外线灯管、石英套管及电气设施等部分组成。

2．进水泵1台。

3．流量计1个。

4．烧杯、滴管若干。

5．光学显微镜1台。

6．盖玻片、载玻片若干。

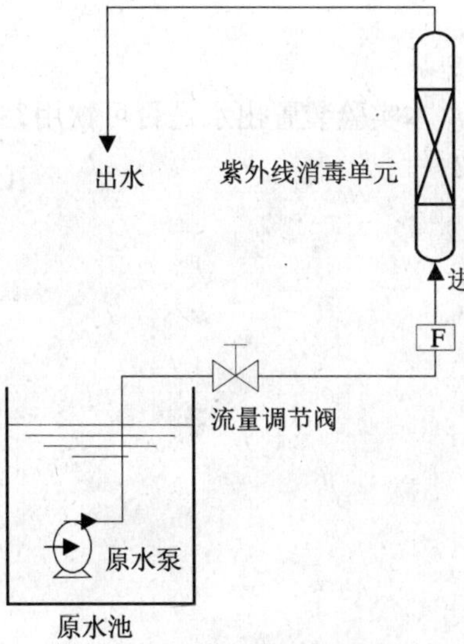

图6-18-1　紫外线消毒系统流程

四、实验步骤

1．收集生化处理系统出水作为紫外线消毒系统原水，测定原水中原生动物数目。

2．启动进水泵，将原水泵入紫外线消毒系统，消毒开始。

3．调整流量计，使进水流量为 15 L/h，出水稳定后，取 100 ml 水样于烧杯中。

4．将混合后的出水样制成标本，置于光学显微镜下观察，计算存活的原生动物数。

5．调整流量计，使进水流量分别为 100 L/h、200 L/h，重复步骤 3 和步骤 4。

6．将所有实验结果记入表 6-18-1。

五、结果分析

1．按表 6-18-1 整理数据。

表 6-18-1　紫外线消毒实验记录表

水样编号 / 项目	1	2	3	4	5	6
进水流量/（L/h）						
存活原生动物数/个						

2．根据实验结果确定达到预期结果水的最佳流速。

六、思考题

1．根据我国饮用水标准，本实验装置出水是否可饮用？

2．紫外线消毒有何利弊？

第七部分　环境微生物实验

实验一　显微镜的使用及微生物形态的观察

一、实验目的

1．掌握光学显微镜的结构、原理，学习显微镜的操作方法和保养。
2．观察细菌、放线菌和芽孢杆菌的个体形态，学会生物图的绘制。

二、实验原理

微生物的最显著特点是个体微小，必须借助显微镜才能观察到它们的个体形态和细胞结构。熟悉显微镜和掌握其操作技术是研究微生物不可缺少的手段。本实验将介绍目前微生物学研究中最常用的普通光学显微镜的结构和样品制作。通过该实验使同学们对光学显微镜有比较全面的了解，并重点掌握明视野普通光学显微镜中油镜的使用。

（一）显微镜的机械装置（图 7-1-1）

1．镜筒，镜筒上端装目镜，下端接转换器。镜筒有单筒和双筒两种。单筒有直立式（长度为 160 mm）和后倾斜式（倾斜 45°）。双筒全是倾斜式的，其中一个筒有屈光度调节装置，以备两眼视力不同者调节使用。两筒之间可调距离，以适应两眼宽度不同者调节使用。

2．转换器，转换器装在镜筒的下方，其上有 3 个孔，有的有 4 个或 5 个孔。不同规格的物镜分别安装在各孔上。

3．载物台，载物台是放置标本的平台，中央有一圆孔。使下面的光线可以通过。两旁有弹簧夹，用以固定标本或载玻片。有的载物台上装有自动推物器。

4．镜臂，镜臂支撑镜筒、载物台、聚光器和调节器。镜臂有固定式和活动式（可改变倾斜度）两种。

5．调节器，镜臂上有两个螺旋，大的叫粗调节器，小的叫细调节器，用以升降镜筒。调节接物镜与所需观察的物体之间的距离。

6. 集光器，集光器在载物台的下面，用来集合由反光镜反射来的光线。集光器可以上下调整，中央装有光圈，用以调节光线的强弱。当光线过强时，应缩小光圈或把集光器向下移动。

7. 反光镜，反光镜装在显微镜的最下方，有平凹两面，可自由转动方向，以反射光线至集光器。现在新型的显微镜去除了反光镜而在底座安置一个电光源。

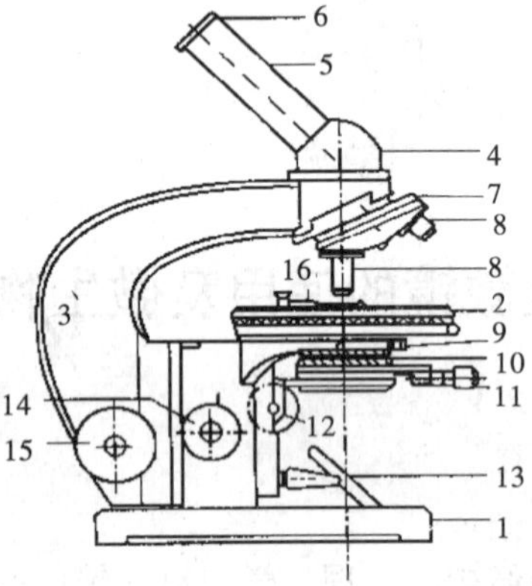

1—镜座；2—载物台；3—镜臂；4—棱镜套；5—镜筒；6—目镜；7—转换器；8—物镜；9—聚光器；10—彩虹光圈；11—光圈固定器；12—聚光器升降螺旋；13—反光镜；14—细调节器；15—粗调节器；16—标本夹

图 7-1-1 显微镜构造示意

（二）显微镜使用和保护的方法

1. 低倍镜的使用法

（1）置显微镜于固定的桌面上。

（2）拨动转换器，把低倍镜移到镜筒正下方，和镜筒连接而对直。

（3）拨动反光镜向着光线的来源处。同时用眼对准接目镜（选用适当放大倍数的目镜）仔细观察，使视野完全成为白色，这是光线已经通到镜里的表示。

（4）把载玻片放到载物台上，要观察的标本放到圆孔的正中央。

（5）将粗调节器向上旋转，同时眼睛注视接物镜，以防物镜和载玻片相碰。当物镜的尖端距载玻片约 0.5 cm 时即停止旋转。

（6）把粗调节器向下旋转，同时左眼向目镜里观察。如标本显出，但不十分清楚，可用细调节器调节，至标本完全清晰为止。

（7）假如因旋转粗调节器太快，致使超过焦点，标本不能出现时，不应在眼睛注视目镜的同时向上旋转粗调节器，必须从第 5 步做起，以防因没有把握的旋转，使物镜与载玻片碰触。

（8）在观察时，最好两眼都能同时睁开。如用左眼看显微镜，右眼看桌上纸张。

便可一面看一面画出所看到的物像。

2．高倍镜的使用法

（1）使用高倍镜以前，先用低倍镜检查。把要观察的标本放到视野正中。

（2）拨动转换器使高倍和低倍两镜头互相对换。当高倍镜移动到载玻片时，往往镜头十分靠近载玻片。这时必须注意是否因高倍镜靠近的缘故而使载玻片也随着移动。如果载玻片有移动的现象，则应立刻停止推动转换器，把高倍镜退回原处，再按照使用低倍镜的方法，校正标本的位置，然后旋动调节器，使镜筒稍微向上，再对换高倍镜。

（3）当高倍镜已被推到镜筒下面时，向镜内观察所显现的标本，往往不很清楚，这时可旋转细调节器，上下移动，但不要过分移动。

3．油镜的使用法

（1）如用高倍镜放大，倍数还不够，则须采用油镜。用油镜以前，先用高倍镜检查，把要观察的标本放到视野正中。

（2）用油镜时，在载玻片上加一滴镜油，然后拨动转换器对换高倍镜和油镜，使油镜头尖端和油接触，而后向目镜观察。假如不清晰，可稍微转动细调节器，但切记不要用粗调节器。

（3）用过油镜后，必须用擦镜纸或软绸将载玻片和油镜所粘着的油拭净。必要时，可略蘸二甲苯少许，擦拭镜头，最后用擦镜纸或软绸擦干。

4．显微镜的保护法

（1）显微镜应放置在干燥的地方，使用时须避免强烈的日光照射。

（2）物镜或目镜不清洁时，应当用擦镜纸或软绸擦拭。

（3）用完显微镜后，应当立即放到镜匣中。

三、实验器材

1．生物显微镜、载玻片、盖玻片、擦镜纸。

2．微生物标本。

四、实验试剂

香柏油或液体石蜡、二甲苯。

五、实验步骤

1．低倍镜观察　观察标本时须先用低倍镜观察，因为低倍镜视野较大，较容易发现目标，将观察标本处于物镜正下方，使接物镜距标本约 0.5 cm 处，然后用粗调节器慢慢降下载物台，至物像出现后再用细调节器调节到物像清楚为止，然后移动标本，将只要标本部位移到视野中心，用高倍镜继续观察。

2．高倍镜观察　用高倍镜观察时应先调节好光圈，使光线呈适宜的明亮度，用低倍镜的同样方法，调节出清楚物像，找到理想的部位，移至视野中心观察。

3．油镜观察　在观察前先用高倍镜检查将标本移到中央；然后换成油镜，在油镜下方标本玻片上滴 1 滴镜油，从侧方注视，使镜头尖端和油镜接触，注意不要压在玻片上；然后从目镜观察，用粗调节器将载物台徐徐下降，视野出现物像时；再用细调节器，调至清晰。油镜用完后，必须用擦镜纸将油镜头和标本玻片所残留的油拭净，必要时用二甲苯擦拭镜头。

4．用油镜观察各种菌类　按照油镜的使用要求，观察标本的形态、结构。

六、实验数据及处理

将观察到的生物标本的形态、特点认真绘制下来。

七、思考题

使用油镜前为什么要先用低倍镜和高倍镜检查？

实验二 培养基的配制和灭菌

一、实验目的

1. 熟悉玻璃器皿的包扎方法。
2. 掌握培养基的制备方法。
3. 掌握高压蒸汽灭菌技术。

二、实验原理

培养基是微生物生长繁殖和积累代谢产物的营养基质。通常根据微生物生长繁殖所需要的各种营养物配制而成。其中含水分、碳化合物、氮化合物、无机盐和生长因子等，这些营养物可提供微生物碳源、能源、氯源等，组成细胞及调节代谢活动。按培养目的不同，或微生物种类不同可配成各种培养基。不同微生物对 pH 值要求不一样，所以配制培养基时，还应根据不同微生物对 pH 值的要求将培养基调到合适的 pH 值范围。

三、实验器材

pH 试纸、培养皿、试管、移液管、锥形瓶、烧杯、量筒、培养基分装器、高压蒸汽灭菌锅、酒精灯、纱布、棉花、牛皮纸（或报纸）、玻璃棒、天平、牛角匙、记号笔。

四、实验试剂

可溶性淀粉、KNO_3、$NaNO_3$、K_2HPO_4、$MgSO_4$、$FeSO_4$、1mol/L NaOH、琼脂、牛肉膏、蛋白胨、NaCl、蔗糖。

五、实验步骤

1. 玻璃器皿的洗涤和包装

（1）洗涤 玻璃器皿在使用前必须洗涤干净。培养皿、试管、锥形瓶等可用洗衣粉加去污粉洗刷并用自来水冲净。移液管先用洗液浸泡，再用水冲洗干净。洗刷干净的玻璃器皿自然晾干或放入烘箱中烘干、备用。

（2）包装

1）移液管包装：将干燥的移液管的吸端用细铁丝塞入少许棉花构成 1～1.5 cm 长的棉塞，以防细菌吸入口中，并避免将口中细菌吹入管内。棉塞要塞得松紧适宜，吸时既能通气，又不致使棉花滑入管内。将塞好棉花的移液管的尖端，放在4～5 cm宽的长纸条的一端，移液管与纸条约成 30° 夹角，折叠包装纸包住移液管的尖端，用左手将移液管压紧，在桌面上向前搓转，纸条螺旋式地包在移液管外面，余下纸头折叠打结。包好的多个移液管可再用一张大的报纸包好。

2）试管和三角瓶等的包装：用棉塞或泡沫塑料塞将试管管口和锥形瓶瓶口部塞住（图 7-2-1)，然后在棉塞与管口和瓶口的外面用两层报纸与细线（或用铝箔）包扎好，放在铁丝或铜丝篓内待灭菌。

3）培养皿的包装：培养皿由一底一盖组成一套，用牛皮纸或报纸将每套培养皿（皿底朝里，皿盖朝外）包好。如果将培养皿放金属筒内进行干热灭菌，则不必用纸包。

空的玻璃器皿一般用干热灭菌，若用湿热灭菌，则要多用几层报纸包扎，外面最好加一层牛皮纸或铝箔。

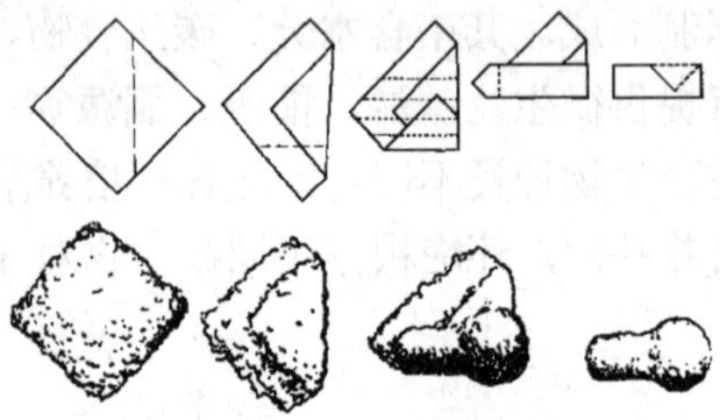

图 7-2-1　棉塞的制作

2．培养基的制备

（1）牛肉膏蛋白胨培养基的制备　牛肉膏蛋白胨培养基是一种普通而又应用最广泛的细菌基础培养基。其配方如下：牛肉膏 3 g、蛋白胨 10 g、NaCl 5 g、琼脂 15～20 g、蒸馏水 1 000 ml，pH 值 7.4～7.6。

1）配制溶液：按培养基的配方，称取各种原料。取适量的烧杯盛所需水量，依次将各种原料加入、溶解。难溶的原料如蛋白胨、肉膏、琼脂等需加热溶解，这时当原料全部溶解后应加蒸馏水补充因蒸发损失的水量。加热时应不断搅拌以防原料在杯底烧焦。

2）调整 pH 值：用 pH 试纸（或 pH 电位计或氢离子浓度比色计）测定培养基溶液的 pH 值。按要求以 10%HCl 或 10%NaOH 调整至所需的 pH 值。

3）过滤：用纱布、滤纸或棉花过滤均可。如培养基内杂质很少，可省略过滤。

4）分装：将培养基分装在试管和锥形瓶内。要使培养基直接流入管内或瓶内，注意防止沾污上段管壁或瓶壁，并避免浸湿棉塞。

装入试管或锥形瓶的培养基量，视试管或锥形瓶的大小及需要而定。一般制备斜面培养基时，每支试管装入的量为试管高度的 1/4～1/3。

5）斜面培养基的制作：将含有琼脂的培养基试管经灭菌后，趁热搁置在木条或木棒上，使试管呈适当的斜度（切勿倾斜过小，以免培养基沾污棉塞）。待培养基凝固后，即成斜面（图 7-2-2）。

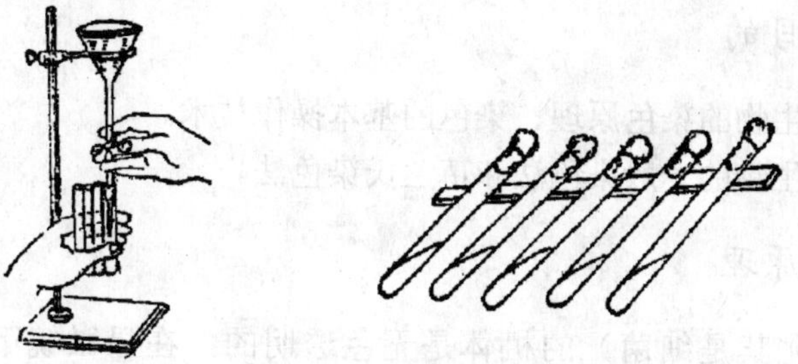

图 7-2-2 培养基的分装及放置成斜面的试管

（2）察氏培养基的制备　察氏培养基主要用于培养青霉、曲霉及其他利用硝酸盐的真菌、放线菌等多种微生物。其配方如下：$NaNO_3$ 2 g、$MgSO_4$ 0.5 g、琼脂 15～20 g、K_2HPO_4 1 g、$FeSO_4$ 0.01 g、蒸馏水 1 000 ml、KCl 0.5 g、蔗糖 30 g、pH 自然（操作步骤同上）。

（3）高氏培养基的制备　高氏培养基主要为分离、培养放线菌常用的培养基。其配方如下：可溶性淀粉 20 g、NaCl 0.5 g、KNO_3 1 g、K_2HPO_4 0.5 g、$MgSO_4$ 0.5 g、$FeSO_4$ 0.01 g、琼脂 15～25 g、水 1 000 ml、pH 7.4～7.6（操作步骤同上）。

3．灭菌

根据安装在灭菌器上的量器（压力表、温度表、计时表）、图表、指示针、报警器等，指示灭菌设备工作正常与否。

六、思考题

1．培养基是根据什么原理配制的？

2．为什么湿热灭菌比干热灭菌优越？

实验三 微生物的染色

一、实验目的

1. 学习微生物的染色原理、染色的基本操作技术。

2. 掌握微生物的一般染色法和革兰氏染色法。

二、实验原理

微生物（尤其是细菌）的机体是无色透明的，在显微镜下，由于光源是自然光，使微生物体与其背景反差小，不易看清微生物的形态和结构，若增加其反差，微生物的形态就可看得清楚。通常用染料将菌体染上颜色以增加反差，便于观察。

微生物细胞是由蛋白质、核酸等两性电解质及其他化合物组成的，所以，微生物细胞表现出两性电解质的性质。两性电解质兼有碱性基和酸性基，在酸性溶液中离解出碱性基呈碱性带正电。在碱性溶液中离解出酸性基呈酸性带负电。经测定，细菌等电点在 $pH=2\sim5$ 之间，故细菌在中性（$pH=7$）、碱性（$pH>7$）或偏酸性（$pH=6\sim7$）的溶液中，细菌的等电点均低于上述溶液的 pH 值，所以细菌带负电荷，容易与带正电荷的碱性染料结合，故用碱性染料染色的为多。碱性染料有美蓝、甲基紫、结晶紫、龙胆紫、碱性品红、中性红、孔雀绿和番红等。

微生物体内各结构与染料结合力不同。故可用各种染料分别染微生物的各结构以便观察。

革兰氏染色法是细菌学中很重要的一种鉴别染色法。它可将细菌区别为革兰氏阳性菌和革兰氏阴性菌两大类。它的染色步骤如下：先用草酸铵结晶紫染色，经碘—碘化钾（媒染剂）处理后用乙醇脱色，最后用番红液复染。如果细菌能保持草酸铵结晶紫与碘的复合物而不被乙醇脱色，呈紫色者叫革兰氏阳性菌。被乙醇脱色用番红液复染后呈红色者为革兰氏阴性菌。

三、实验器材

1. 显微镜、香柏油（或液体石蜡）、二甲苯、擦镜纸、吸水纸、接种环、载玻片、酒精灯。

2. 枯草杆菌、大肠杆菌。

四、实验试剂

石炭酸复红（或美蓝）染液、草酸铵结晶紫染液、革氏碘液、95%乙醇、番红染液。

五、实验步骤

1. 细菌的简单染色步骤

（1）涂片 取干净的载玻片于实验台上，在正面边角作个记号并滴一滴无菌蒸馏水于载玻片的中央，将接种环在火焰上烧红，待冷却后从斜面挑取少量菌种（大肠杆菌或枯草杆菌）与玻片上的水滴混匀后，在载玻片上涂布成一均匀的薄层，涂布面不宜过大。

（2）干燥 最好在空气中自然晾干，为了加速干燥，可在火焰上方烘干。但不宜在高温下长时间烤干，否则急速失水会使菌体变形。

（3）固定 将已干燥的涂片正面向上，在微小的火焰上通过 2～3 次，由于加热使蛋白质凝固而固着在载玻片上。

（4）染色 在载玻片上滴加染色液（石炭酸复红、草酸铵结晶紫或美蓝任选一种），使染液铺盖涂有细菌的部位作用约 1 min。

（5）水洗 倾去染液，斜置载玻片，在自来水龙头下用小股水流冲洗，直至呈无色为止。

（6）吸干 将载玻片倾斜，用吸水纸吸去涂片边缘的水珠（注意勿将细菌擦掉）。

（7）镜检 用显微镜观察，并用铅笔绘出细菌形态图。

2. 细菌的革兰氏染色步骤

（1）取大肠杆菌和枯草杆菌（均以无菌操作）分别做涂片、干燥、固定。方法均与简单染色的相同。

（2）用草酸铵结晶紫染液染 1 min，水洗。

（3）加革氏碘液媒染 1 min，水洗。

（4）斜置载玻片于一烧杯之上，滴加95%乙醇脱色，至流出的乙醇不显紫色即可，随即水洗（注：为了节约乙醇，可将乙醇滴在涂片上静置 30～45 s，水洗）。

（5）用番红染液复染 2 min，水洗。

（6）用吸水纸吸掉水滴，待标本片干后置显微镜下，用低倍镜观察，发现目的物后用油镜观察，注意细菌细胞的颜色。绘出细菌的形态图并说明革兰氏染色的结果。

六、注意事项

必须严格掌握乙醇脱色程度，如果脱色过度阳性菌被误染为阴性菌，若脱色不够时，阴性菌被误染为阳性菌。

七、思考题

1．微生物的染色原理是什么？

2．革兰氏染色法中若只做 1～4 的步骤而不用番红染液复染，能否分辨出革兰氏染色结果？为什么？

实验四　微生物的显微直接计数法

一、实验目的

1. 了解血球计数板的构造、计数原理和计数方法。
2. 掌握显微镜下直接计数的技能。

二、实验原理

测定微生物细胞数量的方法很多，通常采用的有显微直接计数法和平板计数法。

利用血球计数器在显微镜下直接计数，这是一种常用的微生物计数方法。此法是将菌悬液放在血球计数器载玻片与盖玻片之间的计数室中，在显微镜下进行计数。由于载玻片上的计数室盖上盖玻片后的容积是一定的，所以可以根据在显微镜下观察到的微生物数目来计算单位体积内的微生物总数目。

血球计数板是一块特制的载玻片，载玻片上有 4 条槽而构成 3 个平台。中间的平台较宽，其中间又被一短横槽分隔成两半，每个半边上面各刻有一个方格网。每个方格网共分 9 大格，其中间的一大格（又称为计数区）常被用作微生物的计数（图 7-4-1）。

计数区的刻度有两种：一种是计数区分为 16 个大方格（大方格用三线隔开），而每个大方格又分成 25 个小方格；另一种是一个计数区分成 25 个大方格（大方格之间用双线分开），而每个大方格又分成 16 个小方格。但是不管计数区是哪一种构造，它们都有一个共同特点，即计数区都由 400 个小方格组成。

计数区边长为 1 mm，则计数区的面积为 1 mm^2，每个小方格的面积为 1/400 mm^2。盖上盖玻片后，计数区的高度为 0.1 mm，所以每个计数区的体积为 0.1 mm^3，每个小方格的体积为 1/4 000 mm^3。

使用血球计数板计数时，先要测定每个小方格中微生物的数量，再换算成每毫升菌液（或每克样品）中微生物细胞的数量。

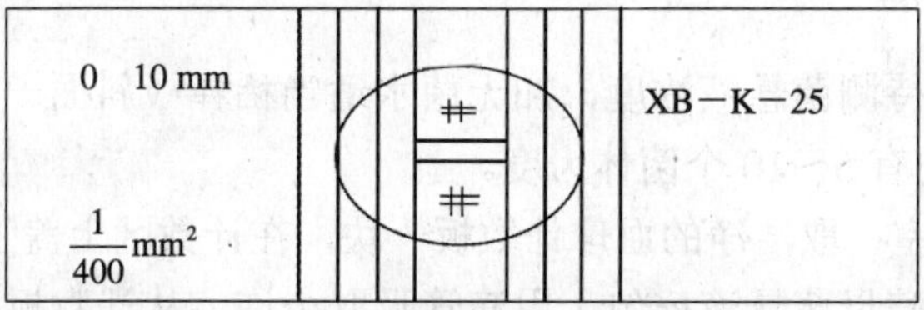

（a）

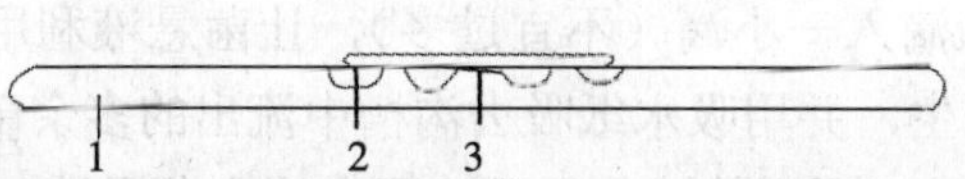

（b）

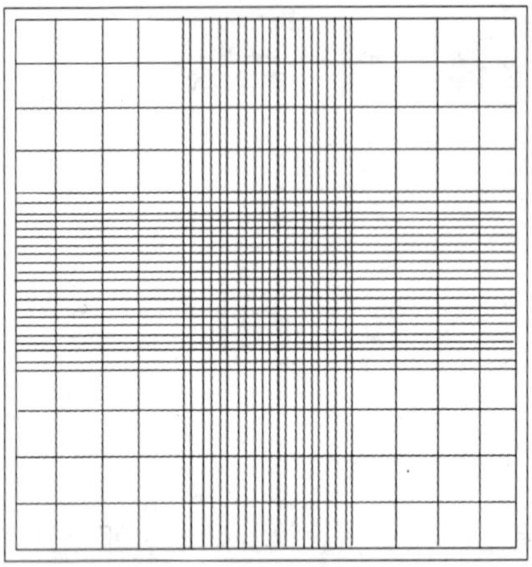

16×25
（c）

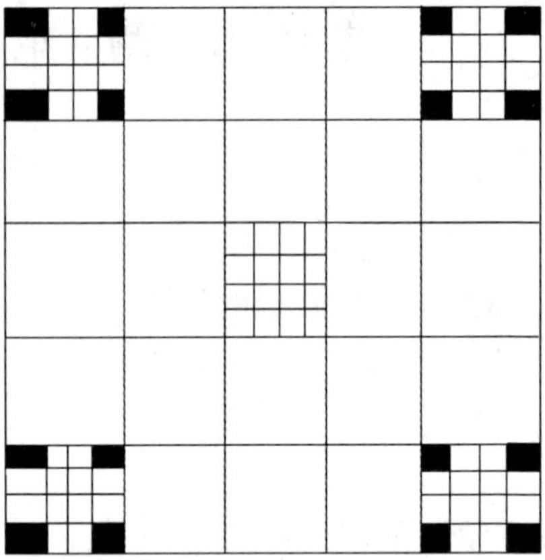

（d）

（a）正面图　（b）侧切面图　（c）放大后的方格网　（d）放大后的计数区

图 7-4-1　血球计数板

已知：1 cm^3 体积=10 mm×10 mm×10 mm=1 000 mm^3

所以：1 cm^3 体积应含有小方格数为 1 000 mm^3/(1/4 000 mm^3)=4×10^6 个小方格，即系数 $K=4\times10^6$。

因此：每毫升菌悬液中含有细胞数= 每个小格中细胞平均数（N）×系数（K）×菌液稀释倍数（d）。

三、实验器材

1．活材料　酿酒酵母（Saccharomyces cerevisiae）斜面或培养液。

2．器材　显微镜、血球计数板、盖玻片（22 mm×22 mm）、吸水纸、滴管、擦镜纸。

四、实验方法

1．稀释　视待测菌悬液浓度，加无菌水适当稀释（斜面一般稀释到 10^{-2}），以每小格的菌数约有 5～10 个菌体为度。

2．镜检计数室　取洁净的血球计数板一块，在计数区上盖上一块盖玻片。

3．加样　将酵母菌悬液摇匀，用滴管吸取少许，从计数板中间平台两侧的沟槽内沿盖玻片的下边缘滴入一小滴（不宜过多），让菌悬液利用液体的表面张力充满计数区，勿使气泡产生，并用吸水纸吸去沟槽中流出的多余菌悬液。也可以将菌悬液直接滴加在计数区上，不要使计数区两边平台沾上菌悬液，以免加盖盖玻片后，造成计数区深度的升高。然后加盖盖玻片（勿使产生气泡）。

4．显微镜计数　静置片刻，将血球计数板置载物台上夹稳，先在低倍镜下找到计数区后，再转换高倍镜观察并计数。由于活细胞的折光率和水的折光率相近，观察时应减弱光照的强度。计数时若计数区是由 16 个大方格组成，按对角线方位，数左上、左下、右上、右下的 4 个大方格（即 100 小格）的菌数。如果是 25 个大方格组成的计数区，除数上述 4 个大方格外，还需数中央 1 个大方格的菌数（即 80 个小格）。如菌体位于大方格的双线上，计数时则数上线不数下线，数左线不数右线，以减少误差。对于出芽的酵母菌，芽体达到母细胞大小一半时，即可作为两个菌体计算。每个样品重复计数 2～3 次（每次数值不应相差过大，否则应重新操作），求出每一个小格中细胞平均数（N），按公式计算出每毫升（g）菌悬液所含酵母菌细胞数量。

5．清洗血球计数板　测数完毕，取下盖玻片，用水将血球计数板冲洗干净，切勿用硬物洗刷或抹擦，以免损坏网格刻度。洗净后自行晾干或用吹风机吹干，放入盒内保存。

五、结果

将实验结果填入表 7-4-1 中：A 表示五个方格中的总菌数；B 表示菌液稀释倍数。

表 7-4-1　菌数结果统计表

计算次数	各中格中菌数					A	B	菌数/ml	二次平均数
	1	2	3	4	5				
第一次									
第二次									

六、思考题

1．试分析比较所学过的两种微生物计数方法的优缺点。

2．根据你的实验体会，说明用血球计数器计数的误差主要来自哪些方面？应如何尽量减少误差，力求准确？

实验五　微生物的接种、分离纯化与培养

一、实验目的

1. 掌握从环境（土壤、水体、活性污泥、垃圾堆肥等）中分离培养细菌的方法，从而获得若干种细菌纯培养技能。

2. 掌握几种接种技术。

二、实验器材

1. 无菌培养皿（直径 90 mm）、无菌吸管、无菌锥形瓶、无菌试管、5 管无菌水（每管有 9 ml 灭菌过的自来水）。

2. 营养琼脂培养基（已灭菌的）、活性污泥。

3. 接种环、酒精灯、恒温箱（培养箱）等。

三、细菌纯种分离的操作方法

细菌纯种分离的方法有两种：稀释平板法和平板划线法。

1. 稀释平板分离法

（1）取样　从活性污泥法曝气池中取活性污泥若干，于无菌烧杯中（取用有代表性的样品）。

（2）稀释水样　将 1 瓶 90 ml 和 5 管 9 ml 的无菌水排列好，按 10^{-1}、10^{-2}、10^{-3}、10^{-4}、10^{-5} 及 10^{-6} 依次编号。在无菌操作条件下，用 10 ml 的无菌移液管吸取 10 ml 水样（或其他样品 10 g）置于第一瓶 90 ml 无菌水（内含玻璃珠）中，持移液管吹洗 3 次，用手摇 10 min 将颗粒状样品打散。即为 10^{-1} 浓度的菌液。用 1 ml 无菌移液管吸取 1 ml 10^{-1} 浓度的菌液于一管 9 ml 无菌水中，将移液管吹洗 3 次，摇匀即为 10^{-2} 浓度菌液。同样方法，依次稀释到 10^{-6}，稀释过程如图 7-5-1 所示。

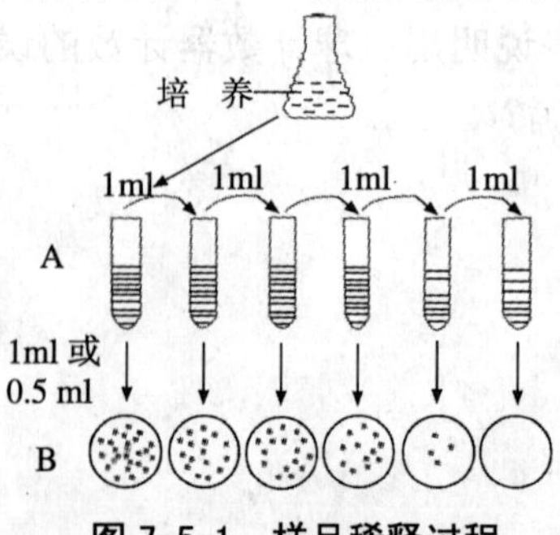

图 7-5-1　样品稀释过程

（3）平板的制作　取 10 套无菌培养皿编号，10^{-4}、10^{-5}、10^{-6}各 3 个，另 1 个为空气对照。取 1 支 1 ml 无菌移液管从浓度小的10^{-6}菌液开始，以10^{-6}、10^{-5}、10^{-4}为序分别吸取 0.5 ml 菌液于相应编号的培养皿内（注：每次吸取前，用移液管在菌液中吹泡使菌液充分混匀）加热融化培养基，当培养基冷至 45 ℃左右时，右手拿装有培养基的锥形瓶，左手拿培养皿，以中指、无名指和小指托住皿底，拇指和食指夹住皿盖。靠近火焰，将皿盖掀开，倒入培养基后将培养皿平放在桌上，顺时针和反时针来回转动培养皿，使培养基和菌液充分混匀，冷凝后即成平板，倒置于 30 ℃培养 24～48 h，然后观察结果（注：若在无菌室内操作，倒平板按图 7-5-2 操作）。

取“对照”的无菌培养皿，倒平板待凝固后，打开皿盖 10 min 后盖上皿盖。倒置于 30 ℃培养 24～48 h 后观察结果。

2．平板划线分离法

（1）平板的制作　将融化并冷至约 50 ℃的肉膏蛋白胨琼脂培养基倒入无菌培养皿内，使凝固成平板。

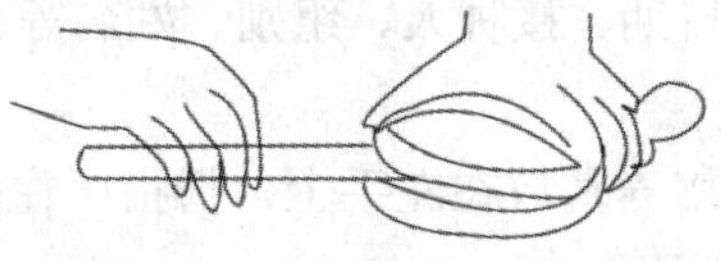

图 7-5-2　倒平板

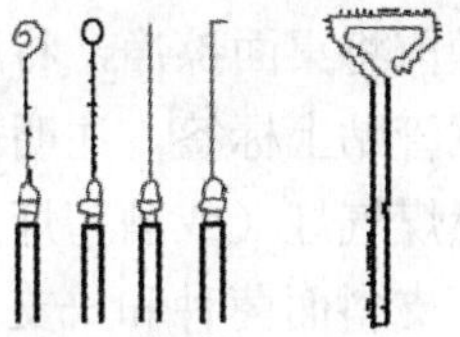

图 7-5-3　接种环及其他器具

（2）操作　用接种环（图 7-5-3）挑取一环活性污泥（或土壤悬液等），左手拿培养皿，中指、无名指和小指托住皿底，拇指和食指夹住皿盖，将培养皿稍倾斜，左手拇指和食指将皿盖掀半开，右手将接种环伸入培养皿内。在平板上轻轻划线（切勿划破培养基），划线的方式可取图 7-5-4 中任何一种。划线完毕盖好皿盖，倒置。30 ℃培养 24～48 h 后观察结果。

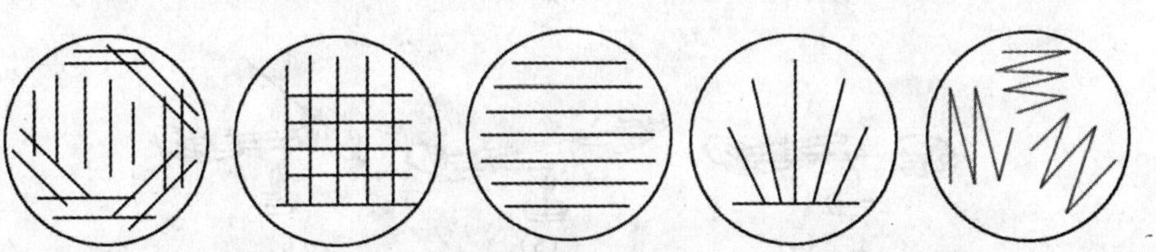

图 7-5-4　平板划线分离方法

四、几种接种技术操作

由于实验的目的、所研究的微生物种类、所用的培养基及容器的不同，因此，接种方法也有多种，现简介如下：

1．接种用具　常用的接种用具有接种环、接种针、接种钩、玻璃刮铲、移液管、滴管等。接种环和接种针等总长约 25 cm，环、针、钩的长为 4.5 cm，可用白金、电炉丝或镍丝制成。上述材料以白金丝最为理想，其优点是：在火焰上灼烧红得快，离火焰后冷得快，不易氧化且无毒。但价格昂贵，一般用电炉丝和镍丝。接种环的柄为金属的，其后端套上绝热材料套。柄也可用玻璃捧制作。

2．接种环境　微生物的分离培养、接种等操作需在经紫外线灯灭菌的无菌操作室、无菌操作箱或生物超净台等环境下进行。

3．几种接种技术

（1）斜面接种技术　这是将长在斜面培养基（或平板培养基）上的微生物接到另一支斜面培养基上的方法（图 7-5-5）。

1）接种前将桌面擦净，将所需的物品整齐有序地放在桌上。

2）将试管贴上标签，注明菌名、接种日期、接种人、组别、姓名等。

3）点燃煤气灯（或酒精灯）。

4）将一支斜面菌种和一支待接的斜面培养基放在左手上，拇指压住两支试管，中指位于两支试管之间，斜面向上，管口齐平。

5）右手先将棉塞拧松动，以便接种时拔出。右手拿接种环，在火焰上将环烧红以达到灭菌（环以上凡是可能进入试管的部分都应灼烧）。

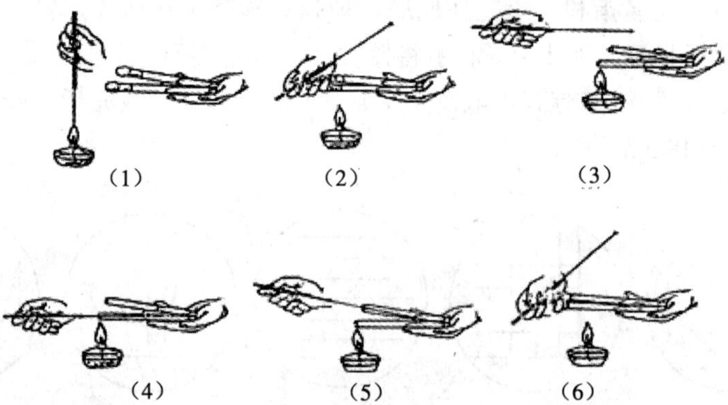

图 7-5-5　斜面接种示意

6）在火焰旁，用右手小指、无名指和手掌夹住棉塞将它拔出。试管口在火焰上微烧一周，将管口上可能沾染的少量菌或带菌尘埃烧掉。将烧过的接种环伸入菌种管内。先触及没长菌的培养基使环冷却，然后轻轻挑取少许菌种，将接种环抽出管外迅速伸入另一试管底部，在斜面上由底部向上划曲线。抽出接种环，将试管塞上棉塞并插在试管架上，最后再次烧红接种环，则接种完毕。

（2）液体培养基中的菌种被接入液体培养基　接种用具是无菌移液管和无菌滴管。移液管和滴管是玻璃制的，不能在火焰上烧，以免碰到水时玻璃破裂，需预先灭菌。用无菌移液管自菌种管中吸取一定量的菌液接到另一管液体培养基中，将试管塞好棉塞即可。

（3）液体接种　这是由斜面培养基接种到液体培养基中的方法。用接种环挑取斜面培养基上的菌种一环送入液体培养基中，使环在液体表面与管壁接触轻轻研磨，将环上的菌种全部洗入液体培养基中，取出接种环塞上棉塞。将试管轻轻撞击手掌使菌体在液体培养基中均匀分布。最后将接种环烧红灭菌。

（4）穿刺接种　这是将斜面菌种接种到半固体深层培养基的方法。

1）如前斜面接种操作，用接种针（必须很挺直）挑取少量菌种。

2）将带菌种的接种针刺入固体或半固体深层培养基中直到接近管底，然后沿穿刺线缓慢地抽出（图 7-5-6），塞上棉塞，烧红接种针，则接种完毕。

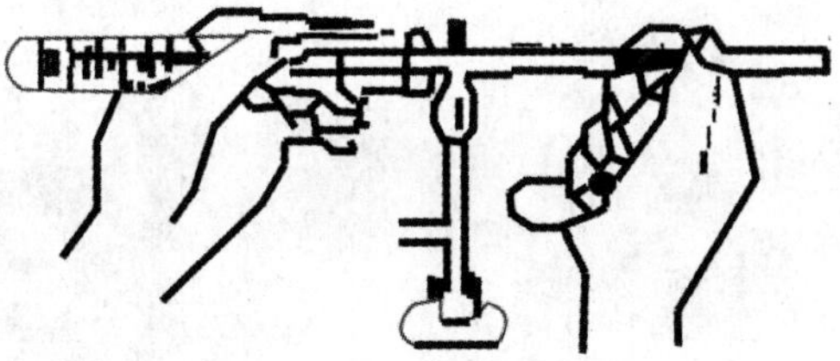

图 7-5-6　穿刺接种示意

（5）稀释平板涂布法　稀释平板涂布法与稀释平板法、平板划线法的作用一样，都是把聚集在一起的群体分散成能在培养基上长成单个菌落的分离方法。此法接种量不宜太多，只能在 0.5 ml 以下，培养时起初不能倒置，先正摆一段时间等水分蒸发后倒置。

此法步骤如下：

1）稀释样品。方法与稀释平板法中的稀释方法和步骤一样。

2）倒平板。将融化的并冷至 50 ℃左右的培养基倒入无菌培养皿中，冷凝后即成平板。

3）用无菌移液管吸取一定量的经适当稀释的样品液于平板上，换上无菌玻璃刮铲在平板上旋转涂布均匀。

4）正摆在所需温度的恒温箱内培养，如果培养时间较长，次日把培养皿倒置继续培养。

5）待长出菌落观察结果。

五、思考题

用一根无菌移液管接种几种浓度的水样时，应从哪个浓度开始？为什么？

实验六　纯培养菌种的菌体、菌落形态的观察

一、实验目的

1. 观察实验五中分离出来的几种细菌的个体形态及与其相应的菌落形态特征，通过革兰氏染色近一步巩固染色技术。

2. 通过观察和比较细菌、放线菌、酵母菌及霉菌的菌落特征。达到初步鉴别上述微生物的能力。

二、实验器材

1. 显微镜、载玻片、接种环、酒精灯。
2. 实验五培养出来的各种细菌。

三、实验试剂

革兰氏染色液一套：草酸铵结晶紫、革氏碘液、95%乙醇、番红染液。

四、实验步骤

1. 细菌菌落形态和菌体染色及其形态观察

（1）接种斜面培养基　在无菌操作条件下，用接种环分别挑取平板上长出的各种细菌，并将它们分别接种于各管斜面培养基上，塞好棉塞，放在试管架上置于 30 ℃恒温箱中培养 36 h 后观察。

（2）菌落形态特征的观察　由于微生物个体表面结构、分裂方式、运动能力、生理特性及产生色素的能力等各不相同，进而个体及它们的群体在固体培养基上生长状况也不一样。按照微生物在固体培养基上形成的菌落特征，可粗略辨别是何种类型的微生物。

应注意菌落的形状、大小、表面结构、边缘结构、菌丛高度、颜色、透明度、气味、黏滞性、质地软硬情况、表面光滑与粗糙情况等。

通常，细菌菌落多为光滑型、湿润、质地软、表面结构及边缘结构特征很多。具有各种颜色，但也有干燥、粗糙的。

酵母菌菌落呈圆形，大小接近细菌、表面光滑、质地软、颜色多为白色和红色。

放线菌的菌落硬度较大，干燥致密，且与基质结合紧密，不易被针挑取。菌落表面呈粉状或皱折呈龟裂状，具有各种颜包，正面和背面颜色不同。

霉菌菌落常成绒状或棉絮状，能扩散生长，疏松，用接种环很易挑取。也具有

各种颜色，正面和背面不尽相同。

（3）观察步骤

1）将自己培养的细菌菌落逐个辨认并编号，按号码顺序将各细菌的菌落特征描述、记录，绘菌落形态图。

2）用接种环按号码顺序取各种细菌少许做涂片，进行革兰氏染色，确定其革兰氏染色反应，并绘其形态图。

2．细菌、放线菌、酵母菌及霉菌菌落特征的比较

对实验五培养出来的细菌和配给的放线菌、酵母菌及霉菌的菌落特征仔细观察，并将上述四种微生物进行比较，做详细记录。

五、思考题

1．你分离培养出几种细菌？其菌落形态和个体形态是怎样的？革兰氏染色呈什么反应？

2．通过本次实验你认识几种微生物？从辨认菌落形态你能说出是哪一类微生物吗？

实验七　大肠杆菌生长曲线的测定

一、目的要求

1．了解细菌生长曲线的基本特征，从而认识微生物在一定条件下生长、繁殖的规律。

2．掌握利用细菌悬液的浑浊度间接测定细菌生长的方法。

3．学习液体培养基的配制及接种方法。

二、实验原理

一定量的微生物，接种在适合的新鲜液体培养基中，在适宜的温度下培养，以菌数的对数作纵坐标，生长时间作横坐标，作出的曲线叫生长曲线。一般可分为延迟期、对数期、稳定期和衰亡期四个时期。不同的微生物有不同的生长曲线，同一种微生物在不同的培养条件下，其生长曲线也不一样。因此，测定微生物的生长曲线对于了解和掌握微生物的生长规律是很有帮助的。

本实验采用比浊法测定，由于细菌悬液的浓度与浑浊度成正比，因此，可利用光电比色计测定菌悬液的光密度来推知菌液的浓度，并将所测得的光密度值（OD值）与其对应的培养时间作图，即可绘出该菌在一定条件下的生长曲线。由于光密度表示的是培养液中的总菌数，包括活菌与死菌，因此所测的生长曲线的衰亡期不明显。

三、实验器材

1．培养基及大肠菌液

（1）营养琼脂斜面培养基。

（2）肉膏蛋白胨液体培养基　配制方法同营养琼脂培养基，但不加琼脂。

（3）浓肉膏蛋白胨液体培养基　配制方法同肉膏蛋白胨液体培养基，但浓度高5倍。

（4）大肠杆菌培养液　将大肠杆菌接种于营养琼脂斜面培养基上，在37 ℃下培养 18 h 后，用无菌水加在斜面上，将菌洗下，制成一定浓度的细菌悬液直接供实验接种用。或吸取0.3 ml细菌悬液，接种到装有20 ml肉膏蛋白胨液体培养基的大试管（20 ml×220 ml）内，在37 ℃下，振荡培养18 h。

2．吸管、烧杯、光电比色计、高压蒸汽灭菌器、电冰箱、振荡器或摇床等。

四、实验内容

1. 实验处理

以一定浓度的细菌悬液，分别等量地接种在 12 支液体培养基中，在培养后隔不同时间取出，放入冰箱保存。最后，用比浊法测定菌体生长情况。

测量微生物生长的方法有多种。活菌数可用平板计数（菌落计数）法或稀释计数法。总菌数（包括活菌和死菌的个数）可在显微镜下直接计数而求得。由于细菌悬液的浓度与其浑浊度成正比，因此也可利用光电比色计测定细菌悬液的光密度，从而推知菌液的浓度，本实验就是利用光电比色计进行量测。

为阐明生长曲线形成的原因，做 3 个实验处理：①正常生长曲线；②追加营养液处理；③加酸处理。

2. 实验步骤

（1）接种　取 12 支装有灭菌过的肉膏蛋白胨液体培养基试管（每管装 20 ml 培养基），贴上标签（注明菌名、培养时间等）。然后，用 1 支 1 ml 无菌吸管，每次准确地吸取 0.2 ml 培养 18 h 的大肠杆菌培养液，接种到肉膏蛋白胨液体培养基内。接种后，轻轻摇荡使菌体均匀分布。

（2）培养　将接种后的 12 支液体培养基，置于振荡器或摇床上。37 ℃振荡培养。其中 9 支，分别在培养 0 h、1.5 h、3 h、4 h、6 h、8 h、10 h、12 h、14 h 后取出，放冰箱中贮存。最后一起比浊测定。

酸处理的 1 支试管，在培养 4 h 后，取出，加 1 ml 无菌酸溶液（甲酸∶乙酸∶乳酸＝3∶1∶1 的体积比）。然后继续振荡培养，在培养 14 h 后取出，放入冰箱贮存。最后一起比浊测定。

追加营养的两支试管，在培养 6 h 后，取出，各加入无菌浓肉膏蛋白胨液体培养基 1 ml，然后继续振荡培养。在培养 8 h、14 h 后取出，放入冰箱贮存。最后一起比浊测定。

（3）比浊　把培养不同时间而形成不同浓度的细菌培养液，置于光电比色计中进行比浊。用浑浊度的大小来代表细菌的生长量。

在比色计中应插入适当波长的滤光片，以未接种的肉膏蛋白胨液体培养基为空白对照。

从最稀浓度的细菌悬液开始，依次测定。细菌悬液如果太浓，应适当稀释，使光密度降至 0.0～0.4 范围内。

液体的浑浊度也可用比浊计测定。

五、数据分析

1. 记录培养 0 h、1.5 h、3 h、4 h、6 h、8 h、10 h、12 h、14 h 之后细菌悬液

的光密度值，以及 4 h 加酸和 6 h 追加营养液后，这 3 支试管菌液在所要求的培养时间时的光密度值。

2. 以细菌悬液光密度为纵坐标，培养时间为横坐标，绘出大肠杆菌正常、加酸和追加营养的 3 条生长曲线，并加以比较，标出正常生长曲线中对数期的大致位置。

六、思考题

1. 常用的测定微生物生长的方法有哪几种？试略加讨论。
2. 利用浑浊度所表示的细菌生长量是否包括死细菌？
3. 你认为活性污泥的增长曲线应怎样测定才比较合适？

实验八　水中细菌总数的测定

一、目的要求

1. 学习水的细菌学检查方法，看其是否合乎饮用标准。
2. 了解水源的平板菌落计数的原则。

二、实验原理

饮用水是否合乎标准，通常通过水中细菌总数和大肠菌群数来确定。细菌总指数是指 1 ml 水样在普通肉膏蛋白琼脂培养基中，37 ℃ 24 h 培养后所生长的菌落数。一般规定，1 ml 自来水的总菌数不得超过 100 个。

三、实验器材

肉膏蛋白琼脂培养基、灭菌水、灭菌三角烧瓶、灭菌的带玻璃塞瓶、灭菌培养皿、灭菌吸管、灭菌试管等。

四、操作步骤

1. 水样的采取

（1）自来水先将自来水龙头用火焰烧灼 3 min 灭菌，再开放水龙头使水流 5 min 后，以无菌容器接取水样。以待分析。

（2）池水、河水或湖水应取距水面 10～15 cm 的深层水样，先将无菌的带瓶塞的小口瓶，口向下浸入水中，然后翻转过来，除去瓶塞，水即流入瓶中，盛满后，将瓶塞盖好，再从水中取出，最好立即检查，否则须放入冰箱中保存。

2. 细菌总数测定

（1）自来水

1）用灭菌吸管吸取 1 ml 水样，注入灭菌培养皿中。共做 2 次。

2）分别倾注约 15 ml 已溶化并冷却到 45 ℃左右的普通琼脂培养基，并立即在桌上做平面旋摇，使水样与培养基充分混匀。

3）另取一空的灭菌培养皿，倾注普通琼脂培养基 15 ml，做空白对照。

4）培养基凝固后，翻转，置 37 ℃培养箱中，培养 24 h，进行菌落计数。两个培养皿的平均菌落数即为水样 1 ml 中的细菌总数。

（2）池水、河水或湖水等

1）稀释水样　取 3 支灭菌空试管，分别加入 9 ml 灭菌水。取 1 ml 水样注入第一管 9 ml 灭菌水内，摇匀；再自第一管取 1 ml 至下一灭菌水内，如此稀释到第三管，稀释度分别为 10^{-1}、10^{-2} 与 10^{-3}。稀释度倍数看水样污浊程度而定，以培养平板的菌落数在 30～300 个之间的稀释度最为合适，若三个稀释度的菌数均多到无法计数或少到无法计数时，则须稀释或减小稀释倍数。一般中等污秽水样，取 10^{-1}、10^{-2} 与 10^{-3} 三个连续稀释度，污秽严重的取 10^{-2}、10^{-3} 与 10^{-4} 三个连续稀释度。

2）从最后三个稀释度的试管中各取 1 ml 稀释水加入空的灭菌培养基，每个稀释度做两个培养基。

3）凝固后倒置于 37 ℃培养箱中培养 24 h。

（3）菌落计数方法

1）先计算相同稀释度的平均菌落数。若其中一个培养皿有较大片状生长时，则不应采用，而应以无片状菌苔生长的培养皿为该稀释度的平均菌落数。若片状菌苔大小不到培养皿的一半，而其余的一般菌落分布又很均匀时，则可将一半的菌落数乘 2 以代表全培养皿的菌落数，然后再计算该稀释度的平均菌落数。

2）首先选择平均菌落数在 30～300 个之间的，当只有一个稀释度的平均菌落数符合此范围时，则以该平均菌落数乘其稀释倍数即为该水样的细菌总数（见表 7-8-1 例 1）。

3）若有两个稀释度的平均菌落数均在 30～300 个之间，则按两者菌落总数之比来决定。若其比值小于 2，应采取两者的平均数；若大于 2，则取其中较小的菌落数（见表 7-8-1 例 2 和例 3）。

4）若所有稀释度的平均数均大于 300，则应按稀释度最高的平均菌落数乘以稀释倍数（见表 7-8-1 例 4）。

5）若所有稀释度的平均数均小于 300，则应按稀释度最低的平均菌落数乘以稀释倍数（见表 7-8-1 例 5）。

6）若有两个稀释度的平均菌落数均不在 30～300 个之间，则以最近 300 或 30 的平均菌落数乘以稀释倍数（见表 7-8-1 例 6）。

你所测的水样中，细菌总数每毫升合多少个细菌？

表 7-8-1　计算菌落总数方法举例

例次	不同稀释度的平均菌落数			两个稀释度菌落数之比	菌落总数/（个/ml）	备注
	10^{-1}	10^{-2}	10^{-3}			
1	1 365	164	20	—	16 400	两位以后的数字采取四舍五入的方法去掉
2	2 760	295	46	1.6	37 750	
3	2 890	271	60	2.2	27 100	
4	无法计数	1 650	513	—	513 000	
5	27	11	5	—	270	
6	无法计数	305	12	—	30 500	

五、结果

1．自来水（表 7-8-2）。

表 7-8-2　自来水菌落计数结果

平板	菌落数	1 ml 自来水中细菌总数
1		
2		

2．池水、河水或湖水等（表 7-8-3）。

表 7-8-3　池水、河水或湖水菌落计数结果

稀释度	10^{-1}		10^{-2}		10^{-3}	
平　板	1	2	1	2	1	2
菌落数						
平均菌落数						
计算方法						
细菌总数/ml						

六、思考题

1．从自来水的细菌总数结果来看，是否符合饮用水的标准？

2．你所测的水源水的污秽程度如何？

实验九　显微镜测微技术

一、目的要求

1. 学习接目镜测微尺的校正方法。
2. 学习并掌握测量微生物大小的基本方法。

二、实验原理

微生物细胞的大小，是微生物的形态特征之一，也是分类鉴定的依据之一。其大小的测定一般是在显微镜下用目镜测微尺来测量。目镜测微尺是一块圆形玻片，在中央刻有 5 mm 长的等分线；测量时，将其放在接目镜中的隔板上（图 7-9-1）。因此，目镜测微尺不是直接测量细菌，而是观测显微镜放大后的物像。由于不同显微镜的放大倍数不同，故目镜测微尺每格实际代表的长度随显微镜放大倍数的不同而异，因此，在使用前须用镜台测微尺校正，以求得在一定接物镜及接目镜等光学系统下，目镜测微尺每格实际测量时的长度。镜台测微尺（图 7-9-1）是中央部分刻有精确等分线的载玻片。一般将 1 mm 等分为 100 格（或 2 mm 等分为 200 格），每格等于 0.01 mm（10 μm），是专用于校正目镜测微尺每格长度的。

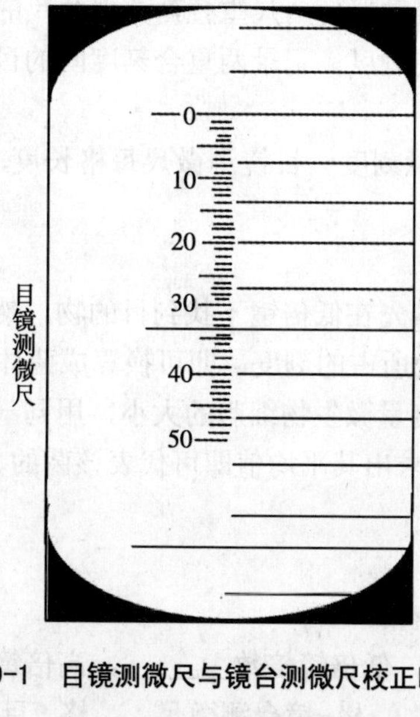

图 7-9-1　目镜测微尺与镜台测微尺校正时情况

$$\text{目镜测微尺每格长度}(\mu m)=\frac{\text{两个重合线间镜台测微尺的格数}\times 10}{\text{两个重合线间目镜测微尺的格数}}$$

例如：目镜测微尺 20 小格等于镜台测微尺 3 小格（图 7-9-1）。已知镜台测微尺每格为 10 μm，则 3 小格的宽度为 3×10＝30 μm，那么相应的在目镜测微尺上每小格大小为：用同法校正在高倍镜下目镜测微尺每格所量的载物台上物体的实际长度。

由于不同显微镜及附件的放大倍数不[1.5（μm）=3×10/20]同，因此校正目镜测微尺必须针对特定的显微镜和附件（特定的接物镜、接目镜、镜筒长度等）进行，而且只能在这特定的情况下重复使用。

三、实验材料

显微镜、目镜测微尺、镜台测微尺、擦镜纸、吸水纸。

金黄色葡萄球菌或枯草芽孢杆菌染色玻片标本。

四、微生物菌体大小的测定

1．目镜测微尺的校正

（1）更换目镜镜头或者取下目镜上部透镜，在光圈的位置上安上目镜测微尺，刻度朝下，再装上透镜，制成一个目镜测微尺的镜头。

（2）某一倍率下标定目镜刻度　将镜台测微尺置于载物台上，使刻度面朝上。先用低倍镜对准焦距、看清镜台测微尺的刻度后，转动目镜，使目镜测微尺与镜台测微尺的刻度平行，移动推动器使两尺重叠，并使两尺的左边的某一刻度相重合，向右寻找另外两尺相重合的刻度。记录两重合刻度间的目镜测微尺的格数和镜台测微尺的格数（图 7-9-1）。

（3）计算该倍率下目镜刻度　目镜测微尺每格长度=镜台测微尺格数×10 μm/目镜测微尺格数。

2．菌体大小的测定

（1）大小换算　将标本先在低倍镜下找到目的物，然后在高倍镜下用目镜测微尺测定每个菌体长度和宽度所占的刻度，即可换算成菌体的长和宽。

（2）求平均值　一般测量微生物细胞的大小，用同一放大倍数在同一标本上任意测定 10～20 个菌体后，求出其平均值即可代表该菌的大小。

五、结果

将实验结果填入下列空格：

1．接目镜倍数______，低倍镜倍数_______，高倍镜倍数_______。

低倍镜下，目镜测微尺___格=镜台测微尺____格。目镜测微尺每格=______μm。

高倍镜下，目镜测微尺___格=镜台测微尺____格。目镜测微尺每格=______μm。

2．微生物在高倍镜下

长=目镜测微尺___格=______μm。

宽=目镜测微尺___格=______μm。

六、思考题

当接目镜不变，目镜测微尺也不变，只改变接物镜，目镜测微尺每格所量的镜台上物体的实际长度是否相同？为什么？

附录

目镜测微尺有两种：一是特制的目镜镜头，镜片上刻有 50 或 100 等分的刻度，使用时直接安装在显微镜上，取代没有刻度的目镜镜头；另一种是一块直径大约 17.5 mm 的圆玻璃片，其中央刻有 50 或 100 等分的刻度（图 7-9-1），使用时将该玻璃片安装在原来的目镜镜头上即可。由于不同的显微镜放大倍数不同，即使同一显微镜在不同的目镜、物镜组合下其放大倍数也不同，故目镜测微尺每格实际表示的长度随显微镜的放大倍数不同而异。也就是说，目镜测微尺上的刻度只代表相对的长度。因此在使用前须用镜台测微尺校正，以确定在一定放大倍数下目镜测微尺的每格长度。

第八部分　实验设计与创新实验

第一节　工艺实验设计基本原理

实验设计的目的是选择一种对所研究的特定问题最有效的实验安排，以便用最少的人力、物力和时间获得满足要求的实验结果。从广义来说，它包括明确实验目的、确定测定参数、确定需要控制或改变的条件、选择实验方法和测试仪器、确定测量精度要求、实验方案设计和数据处理步骤等。实验设计是实验研究过程的重要环节，通过实验设计可以使我们的实验安排在最有效的范围内，以保证通过较少的实验得到预期的实验结果。例如，在进行生化需氧量（BOD）的测定时，为了能全面地描述废水有机污染的情况，往往需要估计最终生化需氧量（BOD_u 或 L_u）和生化反应速率常数 K_1。完成这一实验需对 BOD 进行大量的、较长时间的（约 20 天）测定，既费时又费钱。此时如有较合理的实验设计，就可能以较少的时间得到较正确的结果。表 8-1-1 是三种不同的实验设计得到的结果。图 8-1-1、图 8-1-2 是实验得到的 BOD 曲线。从上述图、表中可以看出，30 个测点的一组实验设计是不合适的，它不能给出满意的参数估算值。原因在于 BOD 是一级反应模型，因此，如果要使实验曲线与实测数据拟合得好些，要同时调整 K_1 和 L_u。由图 8-1-2 可以看出，如果只调整 K_1，会使 L_u 值变化很大，但模型对前 30 个数据的拟合情况却无显著差异，也就是说，两组截然不同的参数，其前 30 个点的拟合情况差别不大。可见在这种实验设计条件下，在一定的实验误差范围内，虽然两个实验者所得的结果都是对的，但结论可能相差很大。20 天 59 次观测的结果虽然好，但需要大量人力与物力。而 20 天 12 次观测的实验安排（图 8-1-1 中第 4 天 6 个点，第 20 天 6 个点）测试次数最少，而其参数估算结果与 59 次观测所得结果相接近。这个例子说明，只要实验设计合理，不必进行大量观测便可得到精确的参数估算值，使实验的工作显著地减少。如果实验点安排不好（例如，全部安排在早期），虽然得到的参数估算值高度相关，但实验不能达到预期目的。此外，即使实验观测的次数完全相同，如果实验点的安排不同，所得结果也可能截然不同。因此，正确的实验设计不仅可以节省人力、物力和时间，并且是得到可信的实验结果的重要保证。

在生产和科学研究中，实验设计方法已得到广泛应用，概括地说，包括三个方面的应用。

一、最佳运行参数选择

在生产过程中，人们为了达到优质、高产、低消耗等目的，常需要对有关因素的最佳点进行选择，一般是通过实验来寻找这个最佳点。实验的方法很多，为能迅速地找到最佳点，这就需要通过实验设计，合理安排实验点，才能最迅速地找到最佳点。例如，混凝剂是水污染控制常用的化学药剂，其投加量因具体情况不同而异，因此常需要多次实验确定最佳投药量，此时便可以通过实验设计来减少实验的工作量。

表 8-1-1　三种 BOD 实验设计所得结果

实验安排	参数估算值		参数的均方差
	K_1/d^{-1}	L_u/（mg/L）	
20 天 59 次观测	0.22	101 000	−0.85
30 次观测，0～5 天	0.19	11 440	−0.998 9
第 4 天 6 次，第 20 天 6 次	0.22	10 190	−0.63

二、数学模型中的参数估算

在实验前，若通过实验设计合理安排实验点、确定变量及其变化范围等，可以以较少的时间获得较精确的参数。例如，已知 BOD 一级反应模型 $Y=L_u(1-10^{-K_1 t})$，要估计 K_1 和 L_u。由于 $\frac{dy}{dt}\Big|_{t=0}=K_1L_u$，说明在反应的前期参数 K_1 和 L_u 相关性很好。所以如果在 t 靠近 0 的小范围内进行实验，就难以得到正确的 K_1 和 L_u，因为在此范围内，K_1 的任何偏差都会由于 L_u 的变化而得补偿（见图 8-1-2）。因此，只有通过正确的实验设计，把实验安排在较大的时间范围内进行，才能较精确地获得 K_1 和 L_u。

三、竞争模型的筛选

当可以用几种形式来描述某一过程的数学模型时，常需要通过实验来确定哪一种是较恰当的模型，此时也需要通过实验设计来保证实验提供可靠的信息，以便正确地进行模型筛选。例如，判断某化学反应是按 A→B→C 进行，还是按 A→B ⇌ C 进行时，要做许多实验。根据这两种反应动力学特征，B 的浓度与时间 t 的关系分别为图 8-1-3 所示的两条曲线。从图中可以看出，要区分表示这两种不同反应机理的数学模型，应该观测反应后期 B 的浓度变化，在均匀的时间间隔内进行实验是没有必要的。如果把实验安排在前期，用所得到的数据进行鉴别，则无法达到筛选模型的目的。这个例子说明，实验设计对于模型筛选是十分重要的，如果实验点位置取得不好，即使实验数据很多，数据很精确，也得不到预期的实验目的。相反，选择适当的实验点位置后，即使测试精度稍差些，或者数据少一些，也能达到实验目的。

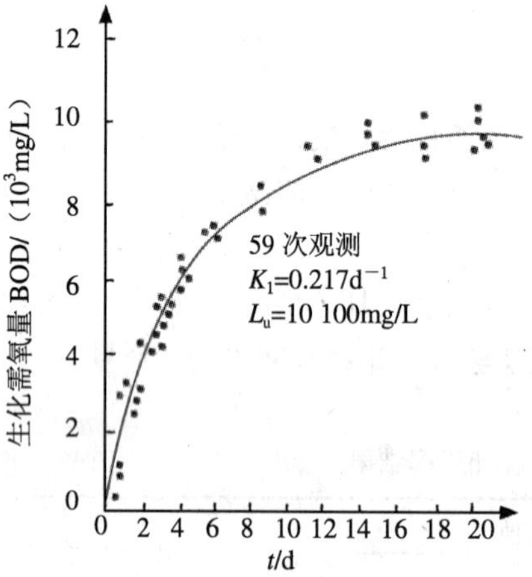

图 8-1-1　20 天 59 次观测的 BOD 曲线

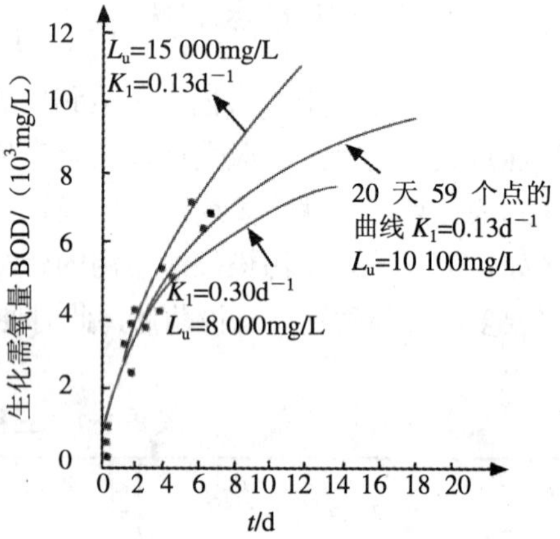

图 8-1-2　5 天 30 次观测的 BOD 曲线

实验设计的方法很多，有单因素实验设计、双因素实验设计、正交实验设计、析因分析实验设计、序贯实验设计等。各种实验设计方法的目的和出发点不同，因此，在进行实验设计时，应根据研究对象的具体情况决定采用哪一种方法。

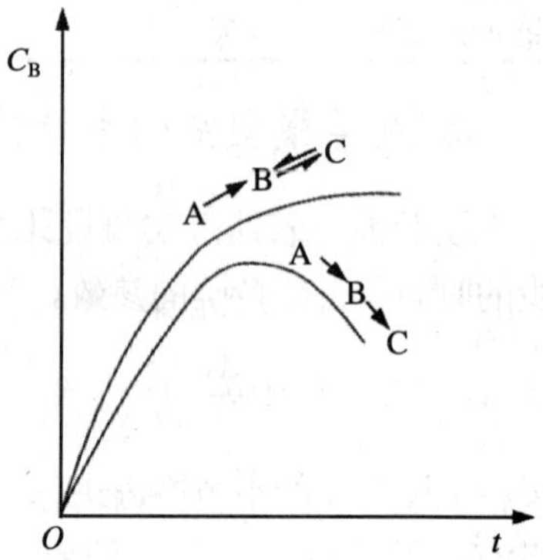

图 8-1-3　C_B与 t 的关系

在生活过程和科学研究中，对实验指标有影响的条件，通常称为因素。有一类因素，在实验中可以人为地加以调节和控制，叫做可控因素。例如，混凝实验中的投药量和 pH 值是可以人为控制的，属于可控因素。另一类因素，由于技术、设备和自然条件的限制，暂时还不能人为控制，叫做不可控因素。例如，气温、风对沉淀率的影响都是不可控因素。实验方案设计一般只适用于可控因素。下面说到因素，凡没有特别说明的都是指可控因素。在实验中，影响因素通常不止一个，但往往不是对所有的因素都加以考察。有的因素在长期实验中已经比较清楚，可暂时不考察，固定在某一状态上，只考察一个因素。这种考察一个因素的实验，叫做单因素实验。考察两个因素的实验称双因素实验。考察两个以上因素的实验称多因素实验。

在实验设计中用来衡量实验效果好坏所采用的标准称为实验指标，或简称指标。例如，在进行地面水的混凝实验时，为了确定最佳投药量和最佳 pH 值，选定浑浊度作为评定比较各次实验效果好坏的标准，即浊度是混凝实验的指标。

进行实验方案设计的步骤如下：

1．明确实验目的、确定实验指标　研究对象需要解决的问题，一般不止一个。例如，在进行混凝效果的研究时，要解决的问题有最佳投药量问题、最佳 pH 值问题和水流速度梯度问题。不可能通过一次实验把所有这些问题都解决，因此，实验前应首先确定这次实验的目的究竟是解决哪一个或者哪几个主要问题，然后确定相应的实验指标。

2．挑选因素　在明确实验目的和确定实验指标后，要分析研究影响实验指标的因素。从所有的影响因素中排除那些影响不大，或者已经掌握的因素，让它们固定在某一状态上；挑选那些对实验指标可能有较大影响的因素来进行考察。例如，在进行 BOD 模型的参数估计时，影响因素有温度、菌种数、硝化作用及时间等。通常是把温度和菌种数控制在一定状态上，并排除硝化作用的干扰，只通过考察 BOD 随时间的变化来估计参数。

3．选定实验设计方法　因素选定后，可根据研究对象的具体情况决定选用哪一种实验设计方法。例如，对于单因素问题，应选用单因素实验设计法；3 个以上因素的问题。可以用正交实验设计法；若要进行模型筛选或确定已知模型的参数估计，可采用序贯实验设计法。

4．实验安排　上述问题都解决后，便可以进行实验点位置安排，开展具体的实验工作。

下面我们仅介绍单因素实验设计、双因素实验设计及正交实验设计法的部分基本方法，原理部分可根据需要参阅有关书籍。

第二节　单因素实验设计

单因素实验设计方法有 0.618 法（黄金分割法）、对分法、分数法、分批实验法、爬山法和抛物线法等。前 3 种方法可以用较少的实验次数迅速找到最佳点，适用于一次只能出一个实验结果的问题。对分法效果最好，每做一个实验就可以去掉实验范围的一半。分数法应用较广，因为它还可以应用于实验点只能取整数或某特定数的情况，以及限制实验次数和精确度的情况。分批实验法适用于一次可以同时得出许多个实验结果的问题。爬山法适用于研究对象不适宜或者不易大幅度调整的问题。

下面介绍对分法、分数法和分批实验法。

一、对分法

采用对分法时，首先要根据经验确定实验范围。设实验范围在 a 至 b 之间，第一次实验点安排在（a，b）的中点 $x_1\left(x_1=\frac{a+b}{2}\right)$。若实验结果表明 x_1 取大了，则丢去大于 x_1 的一半，第二次实验点安排在（a，x_1）的中点 $x_2\left(x_2=\frac{a+x_1}{2}\right)$。如果第一次实验结果表明 x_1 取小了，便丢去小于 x_1 的一半，第二次实验点就取在（x_1，b）的中点。这个方法的优点是每做一次实验便可以去掉一半，且取点方便。适用于预先已经了解所考察因素对指标的影响规律，能够从一个实验的结果直接分析出该因素的值是取大了或取小了的情况。

例如，确定消毒时加氯量的实验，可以采用对分法。

二、分数法

分数法又叫菲波那契数列法，它是利用菲波那契数列进行单因素优化实验设计的一种方法。当实验点只能取整数，或者限制实验次数的情况下，采用分数法较好。例如，如果只能做一次实验时，就在 1/2 处做，其精确度为 1/2，即这一点与实际最佳点的最大可能距离为 1/2。如果只能做两次实验，第一次实验在 2/3 处做，第二次在 1/3 处做，其精确度为 1/3。如果能做三次实验，则第一次在 3/5 处做实验，第二次在 2/5 处做，第三次在 1/5 或 4/5 处做，其精确度为 1/5……做几次实验就在实验范围内$\left(\frac{F_n}{F_{n+1}}\right)$处做，其精度为$\left(\frac{1}{F_{n+1}}\right)$，如表 8-2-1 所示。

表 8-2-1　分数法实验点位置与精确度

实验次数	2	3	4	5	6	7	…	n	…	…
等分实验范围的份数	3	5	8	13	21	34	…	F_{n+1}	…	…
第一次实验点的位置	$\left(\frac{2}{3}\right)$	$\left(\frac{3}{5}\right)$	$\left(\frac{5}{8}\right)$	$\left(\frac{8}{13}\right)$	$\left(\frac{13}{21}\right)$	$\left(\frac{21}{34}\right)$	…	$\left(\frac{F_n}{F_{n+1}}\right)$	…	…
精确度	$\left(\frac{1}{3}\right)$	$\left(\frac{1}{5}\right)$	$\left(\frac{1}{8}\right)$	$\left(\frac{1}{13}\right)$	$\left(\frac{1}{21}\right)$	$\left(\frac{1}{34}\right)$	…	$\left(\frac{1}{F_{n+1}}\right)$	…	…

表 8-2-1 中的 F_n 及 F_{n+1} 叫“菲波那契数”，它们可由下列递推式确定

$$F_0=F_1=1 \quad F_k=F_{k-1}+F_{k-2} \quad (k=2，3，4，\cdots)$$

由此得 $F_2=F_1+F_0=2$，$F_3=F_2+F_1=3$，$F_4=F_3+F_2=5$，…，$F_{n+1}=F_n+F_{n-1}$，…

因此，表 8-2-1 第三行中各分数，从分数 2/3 开始，以后的每一分数，其分子都是前一分数的分母，而其分母都等于同一分数的分子与分母之和，照此方法不难写出所需要的第一次实验点位置。

分数法各实验点的位置，可用下列公式求得

$$第一个实验点=（大数-小数）\times \left(\frac{F_n}{F_{n+1}}\right)+小数 \quad (8\text{-}2\text{-}1)$$

$$新实验点=（大数-中数）+小数 \quad (8\text{-}2\text{-}2)$$

式中：中数——已实验的实验点数值。

上述两式推导如下：

首先由于第一个实验点 x_1 取在实验范围内的$\left(\frac{F_n}{F_{n+1}}\right)$处，所以 x_1 与实验范围左端点（小数）的距离等于实验范围总长度的$\left(\frac{F_n}{F_{n+1}}\right)$倍，即第一实验点-小数=[大数（右端点）-小数]$\times\left(\frac{F_n}{F_{n+1}}\right)$移项后，即得式（8-2-1）。其次，由于新实验点（x_1，x_2，…）安排在余下范围内与已实验点相对称的点上，因此不仅新实验点到余下范围的中点的距离等于已实验点到中点的距离，而且新实验点到左端点的距离也等于已实验点到右端点的距离（图 8-2-1），即

新实验点-左端点=右端点-已实验点

移项后即得式（8-2-2）。

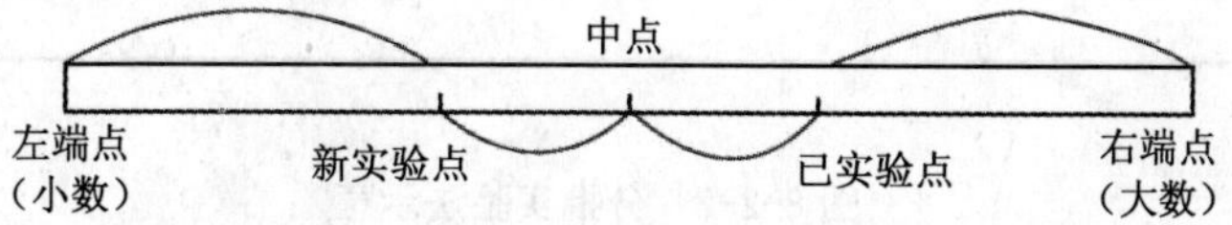

图 8-2-1　分数法实验点位置示意

下面以一具体例子说明分数法的应用。

某污水厂准备投加三氯化铁来改善污泥的脱水性能，根据初步调查投药量在 160 mg/L 以下，要求通过 4 次实验确定出最佳投药量。具体计算方法如下：

（1）根据式（8-2-1）要得到第一个实验点位置

$$(160-0)\times\frac{5}{8}+0=100\ (\text{mg/L})$$

（2）根据式（8-2-2）得到第二个实验点位置

$$(160-100)+0=60\ (\text{mg/L})$$

（3）假定第一点比第二点好，所以在 60～160 之间找第三点，丢去 0～60 的一段，即

$$(160-100)+60=120\ (\text{mg/L})$$

（4）第三点与第一点结果一样，此时要用对分法进行第四次实验，即在 $\dfrac{100+120}{2}=110$（mg/L）处进行实验得到的效果最好。

三、分批实验法

当完成实验需要较长的时间，或者测试一次要花很大代价，而每次同时测试几个样品和测试一个样品所花的时间、人力和费用相近时，采用分批实验法较好。分批实验法又可分为均匀分批实验法和比例分割实验法。这里仅介绍均匀分批实验法。这种方法是每批实验均匀地安排在实验范围内。例如，每批要做 4 次实验，我们可以先将实验范围（a，b）均分为 5 份，在其 4 个分点 x_1、x_2、x_3、x_4 处做 4 次实验。将 4 次实验样品同时进行测试分析，如果 x_3 好，则去掉小于 x_2 和大于 x_4 的部分，留下（x_2，x_4）范围。然后将留下部分再分成 6 份，在未做过实验的 4 个分点实验，这样一直做下去，就能找到最佳点。对于每批要做 4 次实验的情况，用这种方法，第一批实验后范围缩小 2/5，以后每批实验后都能缩小为前次余下的 1/3（图 8-2-2）。

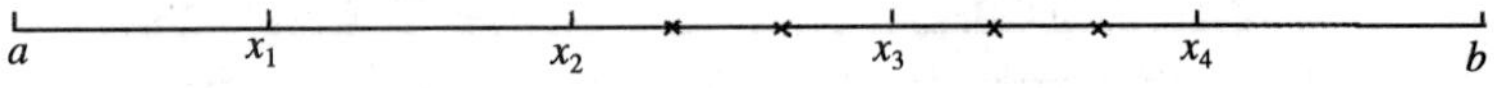

图 8-2-2　分批实验法示意

例如，测定某种有毒物质进入生化处理构筑物的最大允许浓度时，可以用这种方法。

第三节　双因素实验设计

对于双因素问题，往往采取把两个因素变成一个因素的办法（即降维法）来解决，也就是先固定第一个因素，做第二个因素的实验，然后固定第二个因素再做第一个因素的实验。这里介绍两种双因素实验设计。

一、从好点出发法

这种方法是先把一个因素，例如 x 固定在实验范围内的某一点 x_1（0.618 点处或其他点处），然后用单因素实验设计对另一因素 y 进行实验，得到最佳实验点 A_1（x_1，y_1）；再把因素 y 固定在好点 y_1 处，用单因素方法对因素 x 进行实验，得到最佳点 A_2（x_2，y_1）。若 $x_2 < x_1$，因此 A_2 比 A_1 好，可以去掉大于 x_1 的部分，如果 $x_2 > x_1$，则去掉小于 x_1 的部分。然后，在剩下的实验范围内，再从好点 A_2 出发，把 x 固定在 x_2 处，对因素 y 进行实验，得到最佳实验点 A_3（x_2，y_2），于是再沿直线 $y=y_1$ 把不包含 A_3 的部分范围去掉，这样继续下去，能较好地找到需要的最佳点（图 8-3-1）。

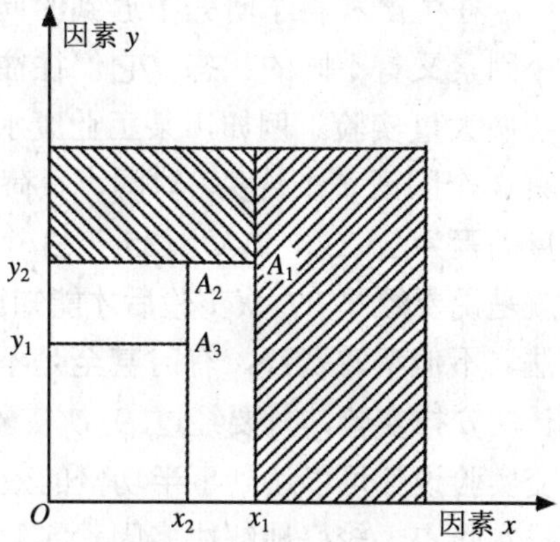

图 8-3-1　从好点出发法示意

这个方法的特点是对某一因素进行实验选择最佳点时，另一个因素都是固定在上次实验结果的好点上（除第一次外）。

二、平行线法

如果双因素问题的两个因素中有一个因素不易改变时，宜采用平行线法。具体方法如下：

设因素 y 不易调整，把 y 先固定在其实验范围的 0.5（或 0.618）处，过该点作平行于 x 轴的直线，并用单因素方法找出另一因素 x 的最佳点 A_1。再把因素 y 固定在 0.25 处，用单因素方法找出因素 x 的最佳点 A_2。比较 A_1 和 A_2，若 A_1 比 A_2 好，则沿直线 $y=0.25$ 将下面的部分去掉，然后在剩下的范围内再用对分法找出因素 y 的第三点 0.625。第三次实验将因素 y 固定在 0.625 处。用单因素法找出因素 x 的最佳点 A_3。若 A_1 比 A_3 好，则又可将直线 $y=0.625$ 以上的部分去掉。这样一直做下去，就可以找到满意的结果（图 8-3-2）。

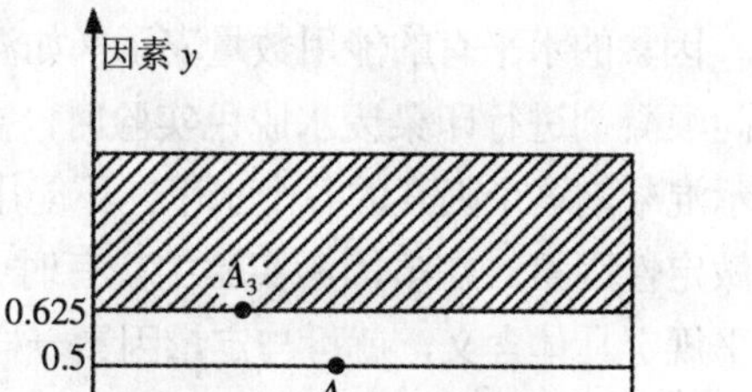

图 8-3-2　平行线法示意

例如，混凝效果与混凝剂的投加量、pH 值、水流速度梯度三因素有关。根据经验分析，主要的影响因素是投药量和 pH 值，因此可以根据经验把水流速度梯度固定在某一水平上，然后，用双因素实验设计法选择实验点进行实验。

第四节　正交实验设计

在生产和科学研究中遇到的问题，一般都是比较复杂的，包含多种因素，且各个因素又有不同的状态，它们往往互相交织、错综复杂。要解决这类问题，常常需要做大量实验。例如，某工业废水欲采用厌氧消化处理，经过分析研究后，决定考察 3 个因素（如温度、时间、负荷率），而每个因素又可能有 3 种不同的状态（如温度因素为 25 ℃、30 ℃、35 ℃ 3 个水平），它们之间可能有 3^3=27 种不同的组合，也就是说要经过 27 次实验后才能知道哪一种组合最好。显然，这种全面进行实验的方法，不但费时费钱，有时甚至是不可能的。对于这样的一个问题，如果采用正交设计法安排实验，只要经过 9 次实验便能得到满意的结果。对于多因素问题，采用正交实验设计可以达到事半功倍的效果，这是因为可以通过正交设计合理地挑选和安排实验点，较好地解决多因素实验中的两个突出问题：

（1）全面实验的次数与实际可行的实验次数之间的矛盾；

（2）实际所做的少数实验与要求掌握的事物的内在规律之间的矛盾。

正交实验设计法是一种研究多因素实验问题的数学方法。它主要是使用正交表这一工具从所有可能的实验搭配中挑选出若干必要的实验，然后再用统计分析方法对实验结果进行综合处理，得出结果。下面先介绍两个有关的概念。

1．水平　因素变化的各种状态叫因素的水平。某个因素在实验中需要考察它的几种状态，就叫它是几种水平的因素。因素在实验中所处状态（即水平）的变化，可能引起指标发生变化。例如，在污泥厌氧消化实验中要考察 3 个因素：温度、泥龄和负荷率。温度因素选择为 25 ℃、30 ℃、35 ℃ 3 种状态，这里的 25 ℃、30 ℃、35 ℃就是温度因素的 3 个水平。

因素的水平有的能用数量表示（如温度），有的则不能用数量表示。例如，在采用不同混凝剂进行印染废水脱色实验时，要研究哪种混凝剂较好，在这里各种混凝剂就表示混凝剂这个因素的各个水平，不能用数量表示。凡是不能用数量表示水平的因素，叫做定性因素。在多因素实验中，有时会遇到定性因素。对于定性因素，只要对每个水平规定具体含义，就可与定量因素一样对待。

2．正交表　用正交设计法安排实验都要用正交表。它是正交实验设计法中合理安排实验，以及对数据进行统计分析的工具。正交表都以统一形式的记号来表示。如 L_4（2^3）（图 8-4-1）。字母 L 代表正交表；L 右下角的数字“4”表示正交表有 4 行，即要安排 4 次实验；括号内的指数“3”表示表中有 3 列，即最多可以考察 3 个因素；括号内的底数“2”表示表中每列有 1、2 两种数据，即安排实验时，被考察的因素有两种水平 1 与 2，称为 1 水平与 2 水平。如表 8-4-1 所示。

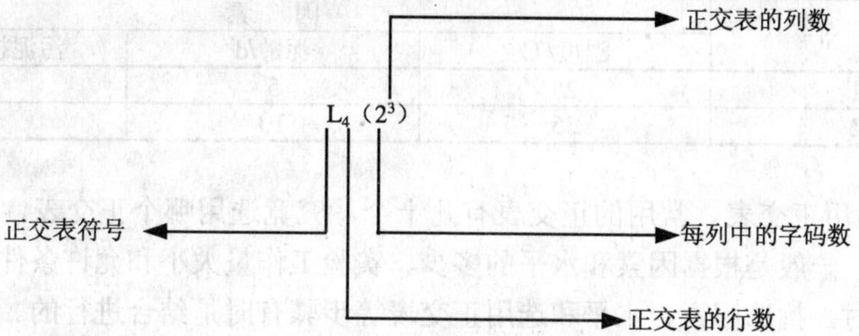

图 8-4-1 正交表记号示意

表 8-4-1 L_4（2^3）正交表

实验号	列号			实验号	列号		
	1	2	3		1	2	3
1	1	1	1	3	2	1	2
2	1	2	2	4	2	2	1

如果被考察各因素的水平不同，应采用混合型正交表，其表示方式略有不同。如 L_8（4×2^4），它表示有 8 行（即要做 8 次实验）5 列（即有 5 个因素）；而括号内的第一项“4”表示被考察的第一个因素是 4 个水平，在正交表中位于第一列，这一列由 1、2、3、4 四种数字组成；括号内第二项的指数“4”表示另外还有 4 个考察因素；底数“2”表示后 4 个因素是 2 水平，即后 4 列由 1、2 两种数字组成。用 L_8（4×2^4）安排实验时，最多要以考察一个具有五因素的问题，其中一因素为 4 水平，另四因素为 2 水平，共要做 8 次实验。

一、正交设计法安排多因素实验的步骤

1．明确实验目的，确定实验指标。

2．挑因素选水平，列出因素水平表。影响实验成果的因素很多，但是，我们不是对每个因素都进行考察。例如，对于不可控因素，由于无法测出因素的数值，因而看不出不同水平的差别，难以判断该因素的作用，所以不能列为被考察的因素。对于可控因素则应挑选那些对指标可能影响较大，但又没有把握的因素来进行考察，特别注意不能把重要因素固定（即固定在某一状态上不进行考察）。

对于选出的因素，可以根据经验定出它们的实验范围，在此范围内选出每个因素的水平，即确定水平的个数和各个水平的数量。因素水平选定后，便可列成因素水平表。例如，某污水厂进行污泥厌氧消化实验，经分析后决定对温度、泥龄、投配率三因素进行考察，并确定了各因素均为 2 水平和每个水平的数值。此时可以列出因素水平表（见表 8-4-2）。

表 8-4-2　污泥厌氧消化实验因素水平表

水　平	因　素		
	温度/℃	泥龄/d	污泥投配率/%
1	25	5	5
2	35	10	8

3．选用正交表。常用的正交表有几十个，究竟选用哪个正交表，需要综合分析后决定，一般是根据因素和水平的多少、实验工作量大小和允许条件而定。实际安排实验时，挑选因素、水平和选用正交表等步骤有时是结合进行的。例如，根据实验目的，选好 4 个因素，如果每个因素取 4 个水平，则需用 L_{16}（4^4）正交表，要做 16 次实验。但是由于时间和经费上的原因，希望减少实验次数，因此，改为每个因素 3 个水平，则改为 L_9（3^4）正交表，做 9 次实验就够了。

4．表头设计。表头设计就是根据实验要求，确定各因素在正交表中的位置，如表 8-4-3 所示。

表 8-4-3　污泥厌氧消化实验的表头

因素	温度	泥龄	污泥投配率
列号	1	2	3

5．列出实验方案。根据表头设计，从 L_4（2^3）正交表（表 8-4-4）中把 1、2、3 列的 1 和 2 换成表 8-4-2 所给的相应的水平，即得实验方案表（表 8-4-5）。

表 8-4-4　L_4（2^3）正交表

实　验　号	列　号			实　验　号	列　号		
	1	2	3		1	2	3
1	1	1	1	3	2	1	2
2	1	2	2	4	2	2	1

表 8-4-5　污泥厌氧消化实验方案表

实验号	因素（列号）				实验号	因素（列号）			
	A 温度/℃（1）	*B* 泥龄/d（2）	*C* 污泥投配率/%（3）	实验指标：产气量/（L/kgCOD）		*A* 温度/℃（1）	*B* 泥龄/d（2）	*C* 污泥投配率/%（3）	实验指标：产气量/（L/kgCOD）
1	25（1）	5（1）	5（1）		3	35（2）	5（1）	8（2）	
2	25（1）	10（2）	8（2）		4	35（2）	10（2）	5（1）	

二、实验结果的分析——直观分析法

通过实验获得大量实验数据后，如何科学地分析这些数据，从中得到正确的结论，是实验设计法不可分割的组成部分。

正交实验设计法的数据分析是要解决：①挑选的因素中，哪些因素影响大些，哪些影响小些，各因素对实验目的影响的主次关系如何；②各影响因素中，哪个水平能得到满意的结果，从而找到最佳的管理运行条件。

直观分析法是一种常用的分析实验结果的方法，其具体步骤如下。

1．填写实验指标。表 8-4-6 是采用直观分析法时的实验结果分析表示例。实验结束后，应归纳各组实验数据，填入表 8-4-6 中的“实验结果”栏中，并找出实验中结果最好的一个，计算实验指标的总和填入表内。

表 8-4-6　$L_4(2^3)$ 正交表的实验结果分析

实验号	列号 1	列号 2	列号 3	实验结果（实验指标）
1	1	1	1	x_1
2	1	2	2	x_2
3	2	1	2	x_3
4	2	2	1	x_4

实验号	列号 1	列号 2	列号 3	实验结果（实验指标）
K_1 K_2				$\sum_{i=1}^{n} x(n=\text{实验次数})$
$\overline{K_1}$ $\overline{K_2}$				
R				

例如，将某污水厂厌氧消化实验所取得的 4 次产气量结果填入表 8-4-7 中，找出第 3 号实验的产气量最高（817 L/kgCOD），它的实验条件是 $A_2B_1C_2$，并将产气量的总和 2 854（2 854=627＋682＋817＋728）也填入表内。

2．计算各列的 K_1、$\overline{K_1}$ 和 R 值，并填入表 8-4-6 中。

K_1（第 m 列）=第 m 列中数字与“i”对应的指标值之和

$$\overline{K_1}\ (\text{第}\ m\ \text{列}) = \frac{K_i\ (\text{第}\ m\ \text{列})}{\text{第}\ m\ \text{列中“}i\text{”水平的重复次数}}$$

R（第 m 列）=第 m 列的 $\overline{K_1}$、$\overline{K_2}$、…中最大值减去最小值之差。

R 称为极差。极差是衡量数据波动大小的重要指标，极差越大的因素越重要。例如，表 8-4-7 的第一列中与水平（1）和（2）相应的实验指标分别为“627”、“682”和“817”、“728”，所以

K_1（第 1 列）=627+682=1 309（L/kgCOD）

K_2（第 1 列）=817+728=1 545（L/kgCOD）

表 8-4-7 中第一列中的水平（1）和（2）重复次数均为 2 次，所以

$$\overline{K_1}（第 1 列）=\frac{K_1（第1列）}{2}=\frac{1\,309}{2}=654.5（L/kgCOD）$$

$$\overline{K_2}（第 1 列）=\frac{K_2（第1列）}{2}=\frac{1\,545}{2}=722.5（L/kgCOD）$$

$$R（第 1 列）=722.5-654.5=118（L/kgCOD）$$

3．制作因素与指标的关系图。以指标 $\overline{K}$ 为纵坐标，因素水平为横坐作图。该图反映了在其他因素基本上是相同变化的条件下，该因素与指标的关系。

例如，表 8-4-7 中所列的 $\overline{K}$ 与 A、B、C 三因素的关系可以很直观地看出三因素中，对产气量影响最大的是温度，影响最小的是泥龄。

表 8-4-7　厌氧消化实验结果分析

实验号	因素（列号）			实验结果（实验指标）
	A 温度/℃（1）	B 泥龄/d（2）	C 污泥投配率/%（3）	产气量/（L/kgCOD）
1	25（1）	5（1）	5（1）	627
2	25（1）	10（2）	8（2）	682
3	35（2）	5（1）	8（2）	817
4	35（2）	10（2）	5（1）	728
K_1 K_2	1 309 1 545	1 444 1 410	1 355 1 499	2 854
$\overline{K_1}$	654.5	722	677.5	
$\overline{K_2}$	772.5	705	749.5	
R	118	17	72	

4．比较各因素的极差 R，排出因素的主次顺序。例如，根据表 8-4-7，厌氧消化过程中影响产气量大小的三因素的主次顺序是：温度→污泥投配率→泥龄。

应该注意，实验分析得到的因素的主次、水平的优劣，都是相对于某具体条件而言的。在一次实验中是主要因素。在另一次实验中，由于条件变了，就可能成为次要因素。反过来，原来次要的因素，也可能由于条件的变化而转化为主要因素。

5．选取较好的水平组。从表 8-4-7 可以看出，4 个实验中产气量最高的操作条件是 $A_2B_1C_2$，通过计算分析找出好的操作条件也是 $A_2B_1C_2$。因此，可以认为 $A_2B_1C_2$ 是一组好的操作条件。如果计算分析结果与按实验安排进行实验后得到的结果不一致时，应将各自得到的好的操作条件再各做 2 次实验加以验证，最后确定哪一组操作条件最好。

三、正交实验分析举例

污水生物处理所用曝气设备，不仅关系到处理厂站基建投资，还关系到运行费用，因而国内外均在研制新型高效节能的曝气设备。自吸式射流曝气设备是一种新型设备，为了研制设备结构尺寸，运行条件与充氧性能关系，拟用正交实验法进行清水充氧实验。

实验是在 1.6 m×1.6 m×7.0 m 的钢板池内进行，喷嘴直径 d=20 mm（整个实验中的一部分）。

1．实验方案确定及实验

（1）实验目的　实验是为了找出影响曝气充氧性能的主要因素及确定较理想的结构尺寸和运行条件。

（2）挑选因素　影响充氧的因素较多，根据有关文献资料及经验，对射流器本身结构主要考察两个：一个是射流器的长、径比，即混合段的长度 L 与其直径 D 之比 L/D；另一个是射流器的面积比，即混合段的断面面积与喷嘴面积之比。

$$m=\frac{F_2}{F_1}=\frac{D^2}{d^2}$$

对射流器运行条件，主要考察喷嘴工作压力 p 和曝气水深 H。

（3）确定各因素的水平　为了能减少实验次数，又能说明问题，因此，每个因素选用 3 个水平。根据有关资料选用，结果如表 8-4-8 所示。

表 8-4-8　自吸式射流曝气实验因素水平表

项　目	因　素			
	1	2	3	4
内容	水深 H/m	压力 p/MPa	面积比 m	长径比 L/D
水平	1，2，3	1，2，3	1，2，3	1，2，3
数值	4.5，5.5，6.5	0.1，0.2，0.25	9.0，4.0，6.3	60，90，120

（4）确定实验评价指标　本实验以充氧动力效率为评价指标。充氧动力效率系指曝气设备所消耗的理论功率为 1 kW·h 时，向水中充入氧的数量，以 kg/（kW·h）计。该值将曝气供氧与所消耗的动力联系在一起，是一个具有经济价值的指标，它的大小将影响到活性污泥处理厂站的运行费用。

（5）选择正交表　根据以上所选择的因素与水平，确定选用 L_9（3^4）正交表。见表 8-4-9。

（6）确定实验方案　根据已定的因素，水平及选用的正交表。

A．因素顺序上列。

B．水平对号入座。

则得出正交实验方案表 8-4-10。

C．确定实验条件并进行实验。根据表 8-4-10，共需组织 9 次实验，每组具体实验条件如表中 1，2，…，9 各横行所示。第一次实验在水深 4.5 m，喷嘴工作压

力 p=0.1 MPa，面积比 $m=\frac{D^2}{d^2}=9.0$，长径比 L/D=60 的条件下进行。

表 8-4-9　L_9（3^4）正交实验表

实验号	列号				实验号	列号			
	1	2	3	4		1	2	3	4
1	1	1	1	1	6	2	3	1	2
2	1	2	2	2	7	3	1	3	2
3	1	3	3	3	8	3	2	1	3
4	2	1	3	3	9	3	3	2	1
5	2	2	3	1					

表 8-4-10　自吸式射流曝气正交实验方案表 L_9（3^4）

实验号	因子				实验号	因子			
	H/m	p/MPa	m	L/D		H/m	p/MPa	m	L/D
1	4.5	0.10	9.0	60	6	5.5	0.25	9.0	90
2	4.5	0.20	4.0	90	7	6.5	0.10	6.3	90
3	4.5	0.25	6.3	120	8	6.5	0.20	9.0	120
4	5.5	0.10	4.0	120	9	6.5	0.25	4.0	60
5	5.5	0.20	6.3	60					

2．实验结果直观分析

实验结果及分析如表 8-4-11 所示，具体做法如下。

（1）填写评价指标　将每一实验条件下的原始数据，通过数据处理后求出动力效率 E，并计算算术平均值，填写在相应的栏内。

（2）计算各列的 K、$\overline{K_1}$ 及极差 R，如计算 H 这一列的因素时，各水平的 K 值如下。

第一个水平 $K_{4.5}$=1.03+0.89+0.88=2.80

第二个水平 $K_{5.5}$=1.30+1.07+0.77=3.14

第三个水平 $K_{6.5}$=0.83+1.11+1.01=2.95

其均值 $\overline{K}$ 分别为

$$\overline{K_{11}}=\frac{2.80}{3}=0.93$$

$$\overline{K_{12}}=\frac{3.14}{3}=1.05$$

$$\overline{K_{13}}=\frac{2.95}{3}=0.98$$

极差 R_1=1.05－0.93=0.12

依此分别计算 2、3、4 列，结果如表 8-4-11。

表 8-4-11　自吸式射流曝气正交实验结果直观分析

实验号	因子				
	H/m	p/MPa	m	L/D	E/[kg/（kW·h）]
1	4.5	0.100	9.0	60	1.03
2	4.5	0.195	4.0	90	0.89
3	4.5	0.297	6.3	120	0.88
4	5.5	0.115	4.0	120	1.30
5	5.5	0.180	6.3	60	1.07
6	5.5	0.253	9.0	90	0.77
7	6.5	0.105	6.3	90	0.83
8	6.5	0.200	9.0	120	1.11
9	6.5	0.255	4.0	60	1.01
K_1	2.80	3.16	2.91	3.11	ΣE=8.89
K_2	3.14	3.07	3.20	2.49	$\mu=\frac{\sum E}{9}=0.99$
K_3	2.95	2.66	2.78	3.29	
$\overline{K_1}$	0.93	1.05	0.97	1.04	
$\overline{K_2}$	1.05	1.02	1.07	0.83	
$\overline{K_3}$	0.98	0.89	0.93	1.10	
R	0.12	0.16	0.14	0.27	

（3）成果分析

A．由表中极差大小可见，影响射流曝气设备充氧效率的因素主次顺序依次为 $L/D \to p \to m \to H$。

B．由表中各因素水平值的均值可见各因素中较佳的水平条件分别为：L/D=120、p=0.1 MPa、m=4.0、H=5.5 m。

第五节　常用正交实验表

（1）$L_4（2^3）$

实验号	列号		
	1	2	3
1	1	1	1
2	1	2	2
3	2	1	2
4	2	2	1

（2）L_8（2^7）

实验号	列号						
	1	2	3	4	5	6	7
1	1	1	1	1	2	1	1
2	1	1	1	2	1	2	2
3	1	2	2	1	2	2	2
4	1	2	2	2	1	1	1
5	2	1	2	1	2	1	2
6	2	1	2	2	1	2	1
7	2	2	1	1	2	2	1
8	2	2	1	2	1	1	2

（3）L_{16}（2^{15}）

实验号	列号														
	1	2	3	4	5	6	7	8	9	10	11	12	13	14	15
1	1	1	1	1	1	1	1	1	1	1	1	1	1	1	1
2	1	1	1	1	1	1	1	2	2	2	2	2	2	2	2
3	1	1	1	2	2	2	2	1	1	1	1	2	2	2	2
4	1	1	1	2	2	2	2	2	2	2	2	1	1	1	1
5	1	2	2	1	1	2	2	1	1	2	2	1	1	2	2
6	1	2	2	1	1	2	2	2	2	1	1	2	2	1	1
7	1	2	2	2	2	1	1	1	1	2	2	2	2	1	1
8	1	2	2	2	2	1	1	2	2	1	1	1	1	2	2
9	2	1	2	1	2	1	2	1	2	1	2	1	2	1	2
10	2	1	2	1	2	1	2	2	1	2	1	2	1	2	1
11	2	1	2	2	1	2	1	1	2	1	2	2	1	2	1
12	2	1	2	2	1	2	1	2	1	2	1	1	2	1	2
13	2	2	1	1	2	2	1	1	2	2	1	1	2	2	1
14	2	2	1	1	2	2	1	2	1	1	2	2	1	1	2
15	2	2	1	2	1	1	2	1	2	2	1	2	1	1	2
16	2	2	1	2	1	1	2	2	1	1	2	1	2	2	1

（4）L_{12}（2^{11}）

实验号	列号										
	1	2	3	4	5	6	7	8	9	10	11
1	1	1	1	2	2	1	2	1	2	2	1
2	2	1	2	1	2	1	1	2	2	2	2
3	1	2	2	2	2	2	1	2	2	1	1
4	2	2	1	1	2	2	2	2	1	2	1
5	1	1	2	2	1	2	2	2	1	2	2
6	2	1	2	1	1	2	2	1	2	1	1
7	1	2	1	1	1	1	2	2	2	1	2
8	2	2	1	2	1	2	1	1	2	2	2
9	1	1	1	1	2	2	1	1	1	1	2
10	2	1	1	2	1	1	1	2	1	1	1
11	1	2	2	1	1	1	1	1	1	2	1
12	2	2	2	2	2	1	2	1	1	1	2

（5）L_9（3^4）

实验号	列号			
	1	2	3	4
1	1	1	1	1
2	1	2	2	2
3	1	3	3	3
4	2	1	2	3
5	2	2	3	1
6	2	3	1	2
7	3	1	3	2
8	3	2	1	3
9	3	3	2	1

（6）L_{27}（3^{13}）

实验号	列号												
	1	2	3	4	5	6	7	8	9	10	11	12	13
1	1	1	1	1	1	1	1	1	1	1	1	1	1
2	1	1	1	1	2	2	2	2	2	2	2	2	2
3	1	1	1	1	3	3	3	3	3	3	3	3	3
4	1	2	2	2	1	1	1	2	2	2	3	3	3
5	1	2	2	2	2	2	2	3	3	3	1	1	1

实验号	列号												
	1	2	3	4	5	6	7	8	9	10	11	12	13
6	1	2	2	2	3	3	3	1	1	1	2	2	2
7	1	3	3	3	1	1	1	3	3	3	2	2	2
8	1	3	3	3	2	2	2	1	1	1	3	3	3
9	1	3	3	3	3	3	3	2	2	2	1	1	1
10	2	1	2	3	1	2	3	1	2	3	1	2	3
11	2	1	2	3	2	3	1	2	3	1	2	3	1
12	2	1	2	3	3	1	2	3	1	2	3	1	2
13	2	2	3	1	1	2	3	2	3	1	3	1	2
14	2	2	3	1	2	3	1	3	1	2	1	2	3
15	2	2	3	1	3	1	2	1	2	3	2	3	1
16	2	3	1	2	1	2	3	3	1	2	2	3	1
17	2	3	1	2	2	3	1	1	2	3	3	1	2
18	2	3	1	2	3	1	2	2	3	1	1	2	3
19	3	1	3	2	1	3	2	1	3	2	1	3	2
20	3	1	3	2	2	1	3	2	1	3	2	1	3
21	3	1	3	2	3	2	1	3	2	1	3	2	1
22	3	2	1	3	1	3	2	2	1	3	3	2	1
23	3	2	1	3	2	1	3	3	2	1	1	3	2
24	3	2	1	3	3	2	1	1	3	2	2	1	3
25	3	3	2	1	1	3	2	3	2	1	2	1	3
26	3	3	2	1	2	1	3	1	3	2	3	2	1
27	3	3	2	1	3	2	1	2	1	3	1	3	2

（7）L_{18}（6×3^6）

实验号	列号						
	1	2	3	4	5	6	7
1	1	1	1	1	1	1	1
2	1	2	2	2	2	2	2
3	1	3	3	3	3	3	3
4	2	1	1	2	2	3	3
5	2	2	2	3	3	1	1
6	2	3	3	1	1	2	2
7	3	1	2	1	3	2	3
8	3	2	3	2	1	3	1
9	3	3	1	3	2	1	2
10	4	1	3	3	2	2	1
11	4	2	1	1	3	3	2
12	4	3	2	2	1	1	3
13	5	1	2	3	1	3	2
14	5	2	3	1	2	1	3
15	5	3	1	2	3	2	1
16	6	1	3	2	3	1	2
17	6	2	1	3	1	2	3
18	6	3	2	1	2	3	1

（8）L_{18}（2×3^7）

实验号	列号							
	1	2	3	4	5	6	7	8
1	1	1	1	1	1	1	1	1
2	1	1	2	2	2	2	2	2
3	1	1	3	3	3	3	3	3
4	1	2	1	1	2	2	3	3
5	1	2	2	2	3	3	1	1
6	1	2	3	3	1	1	2	2
7	1	3	1	2	1	3	2	3
8	1	3	2	3	2	1	3	1
9	1	3	3	1	3	2	1	2
10	2	1	1	3	3	2	2	1
11	2	1	2	1	1	3	3	2
12	2	1	3	2	2	1	1	3
13	2	2	1	2	3	1	3	2
14	2	2	2	3	1	2	1	3
15	2	2	3	1	2	3	2	1
16	2	3	1	3	2	3	1	2
17	2	3	2	1	3	1	2	3
18	2	3	3	2	1	2	3	1

（9）L_8（4×2^4）

实验号	列号				
	1	2	3	4	5
1	1	1	1	1	1
2	1	2	2	2	2
3	2	1	1	2	2
4	2	2	2	1	1
5	3	1	2	1	2
6	3	2	1	2	1
7	4	1	2	2	1
8	4	2	1	1	2

（10）$L_{16}(4^5)$

实验号	列号				
	1	2	3	4	5
1	1	1	1	1	1
2	1	2	2	2	2
3	1	3	3	3	3
4	1	4	4	4	4
5	2	1	2	3	4
6	2	2	1	4	3
7	2	3	4	1	2
8	2	4	3	2	1
9	3	1	3	4	2
10	3	2	4	3	1
11	3	3	1	2	4
12	3	4	2	1	3
13	4	1	4	2	3
14	4	2	3	1	4
15	4	3	2	4	1
16	4	4	1	3	2

（11）$L_{16}(4^3 \times 2^6)$

实验号	列号								
	1	2	3	4	5	6	7	8	9
1	1	1	1	1	1	1	1	1	1
2	1	2	2	1	1	2	2	2	2
3	1	3	3	2	2	1	1	2	2
4	1	4	4	2	2	2	2	1	1
5	2	1	2	2	2	1	2	1	2
6	2	2	1	2	2	2	1	2	1
7	2	3	4	1	1	1	2	2	1
8	2	4	3	1	1	2	1	1	2
9	3	1	3	1	2	2	2	2	1
10	3	2	4	1	2	1	1	1	2
11	3	3	1	2	1	2	2	1	2
12	3	4	2	2	1	1	1	2	1
13	4	1	4	2	1	2	1	2	2
14	4	2	3	2	1	1	2	1	1
15	4	3	2	1	2	2	1	1	1
16	4	4	1	1	2	1	2	2	2

（12）L_{16}（$4^4 \times 2^3$）

实验号	列号						
	1	2	3	4	5	6	7
1	1	1	1	1	1	1	1
2	1	2	2	2	1	2	2
3	1	3	3	3	2	1	2
4	1	4	4	4	2	2	1
5	2	1	2	3	2	2	1
6	2	2	1	4	2	1	2
7	2	3	4	1	1	2	2
8	2	4	3	2	1	1	1
9	3	1	3	4	1	2	2
10	3	2	4	3	1	1	1
11	3	3	1	2	2	2	1
12	3	4	2	1	2	1	2
13	4	1	4	2	2	1	2
14	4	2	3	1	2	2	1
15	4	3	2	4	1	1	1
16	4	4	1	3	1	2	2

（13）L_{16}（$4^2 \times 2^9$）

实验号	列号										
	1	2	3	4	5	6	7	8	9	10	11
1	1	1	1	1	1	1	1	1	1	1	1
2	1	2	1	1	1	2	2	2	2	2	2
3	1	3	2	2	2	1	1	1	2	2	2
4	1	4	2	2	2	2	2	2	1	1	1
5	2	1	1	2	2	1	2	2	1	2	2
6	2	2	1	2	2	2	1	1	2	1	1
7	2	3	2	1	1	1	2	2	2	1	1
8	2	4	2	1	1	2	1	1	1	2	2
9	3	1	2	1	2	2	1	2	2	1	2
10	3	2	2	1	2	1	2	1	1	2	1
11	3	3	1	2	1	2	1	2	1	2	1
12	3	4	1	2	1	1	2	1	2	1	2
13	4	1	2	2	1	2	2	1	2	2	1
14	4	2	2	2	1	1	1	2	1	1	2
15	4	3	1	1	2	2	2	1	1	1	2
16	4	4	1	1	2	1	1	2	2	2	1

（14）L_{16}（4×2^{12}）

实验号	列号												
	1	2	3	4	5	6	7	8	9	10	11	12	13
1	1	1	1	1	1	1	1	1	1	1	1	1	1
2	1	1	1	1	1	2	2	2	2	2	2	2	2
3	1	2	2	2	2	1	1	1	1	2	2	2	2
4	1	2	2	2	2	2	2	2	2	1	1	1	1
5	2	1	1	2	2	1	1	2	2	1	1	2	2
6	2	1	1	2	2	2	2	1	1	2	2	1	1
7	2	2	2	1	1	1	1	2	2	2	2	1	1
8	2	2	2	1	1	2	2	1	1	1	1	2	2
9	3	1	2	1	2	1	2	1	2	1	2	1	2
10	3	1	2	1	2	2	1	2	1	2	1	2	1
11	3	2	1	2	1	1	2	1	2	2	1	2	1
12	3	2	1	2	1	2	1	2	1	1	2	1	2
13	4	1	2	2	1	1	2	2	1	1	2	2	1
14	4	1	2	2	1	2	1	1	2	2	1	1	2
15	4	2	1	1	2	1	2	2	1	2	1	1	2
16	4	2	1	1	2	2	1	1	2	1	2	2	1

（15）L_{25}（5^6）

实验号	列号					
	1	2	3	4	5	6
1	1	1	1	1	1	1
2	1	2	2	2	2	2
3	1	3	3	3	3	3
4	1	4	4	4	4	4
5	1	5	5	5	5	5
6	2	1	2	3	4	5
7	2	2	3	4	5	1
8	2	3	4	5	1	2
9	2	4	5	1	2	3
10	2	5	1	2	3	4
11	3	1	3	5	2	4
12	3	2	4	1	3	5
13	3	3	5	2	4	1
14	3	4	1	3	5	2
15	3	5	2	4	1	3
16	4	1	4	2	5	3
17	4	2	5	3	1	4
18	4	3	1	4	2	5
19	4	4	2	5	3	1
20	4	5	3	1	4	2
21	5	1	5	4	3	2
22	5	2	1	5	4	3
23	5	3	2	1	5	4
24	5	4	3	2	1	5
25	5	5	4	3	2	1

（16）L_{12}（3×2^4）

实验号	列号				
	1	2	3	4	5
1	2	1	1	1	2
2	2	2	1	2	1
3	2	1	2	2	2
4	2	2	2	1	1
5	1	1	1	2	2
6	1	2	1	2	1
7	1	1	2	1	1
8	1	2	2	1	2
9	3	1	1	1	1
10	3	2	1	1	2
11	3	1	2	2	1
12	3	2	2	2	2

（17）L_{12}（6×2^2）

实验号	列号		
	1	2	3
1	1	1	1
2	2	1	2
3	1	2	2
4	2	2	1
5	3	1	2
6	4	1	1
7	3	2	1
8	4	2	2
9	5	1	1
10	6	1	2
11	5	2	2
12	6	2	1

第六节　创新实验

一、创新实验原则

创新实验是高等院校学生在实验、实训、实践教学环节中最高阶段，具有一定的难度和挑战性。在教学实践中证明，这也是师生教学相长，师生最为感兴趣的创造性的教学活动，因此它的积极作用是不可估量的。

创新实验要求实验的内容、方法、步骤、结果没有确定性，是学生利用已经掌握的理论知识，为解决现实或科学研究中的某一个问题而设计的实验。

创新实验的基本原则是：

1．针对现实中需要解决某些环境问题，或科学研究中的课题提出实验题目；

2．实验的内容、方法、步骤要有一定的创新性，技术路线要合理先进，采用的研究方法要有一定的前沿性；

3．利用已具备的实验条件，或经过努力可以实现的条件，提倡自己动手组装、研制、开发实验设备，使整个研究实验活动都在创新中完成；

4．对实验目的的可达性进行充分论证，对各种风险要进行充分预测；

5．对实验是否一定成功不应作为实验选择的首要条件，更重要的是实验的创新性，对学生创新能力的挖潜与提高是创新实验的主要目的。

二、创新实验设计

创新实验的成功与否，是否能够达到锻炼学生的目的，关键是实验题目的选择与实验方案的设计。

1．在教师的启发下，激发学生的创新意识，调动学生参加创新实验的积极性。

2．学生通过查阅资料、社会调查、进行头脑激发，针对现实中的环境问题与科研中的环境问题，提出若干个实验题目。

3．根据学生的知识储备，学历层次与能力，实验条件与试剂等，对备选题目的可达性进行风险评估，并且通过努力扩大机遇、降低风险。

4．选定题目，确定实验方法与技术路线，制订实验计划，明确小组人员分工。

5．实施实验方案，定期对实验情况与进度进行评估，调整实验进度与计划。

6．定期整理分析实验数据。实验数据的可靠性和定期整理分析是实验工作的重要环节。实验者必须经常用已掌握的基本概念分析实验数据，通过数据分析加深对基本概念的理解。

7．检查并发现实验设备、操作运行、测试方法和实验方向等方面的问题，以便及时解决，使实验工作能较顺利地进行。

8．终期评估，对实验计划执行情况，存在的问题，取得的成果进行认真总结，写出实验报告。

在实验设计和实验的全过程中，教师应以一个参与者和顾问的身份出现，而不应该以教师的身份出现，着力调动学生的积极性，提高学生的动手能力，激发学生的潜能；教师只对学生的方案以及实验的实施进行提示与启发，不应对学生的超常想象、思路和方法等进行限制，而只对一些较明显的错误给予指正。保证学生是在一个自由想象的空间内构想与工作，激发他们的成就感和自我实现意识。创新实验设计见图 8-6-1。

三、创新实验组织

一个创新性实验不是一次实验课能够完成的，短的要几周，长的要几个月才能够完成，因此，有效的实验组织是保证实验按计划进行，并且取得理想的实验结果的重要保证。一般实验要以小组进行，每小组 3～5 人，对于综合性创新实验，可以由更多学生组成小组进行。实验小组要有明确的分工与合作。

小组长：负责实验的全部工作，对实验计划的制订，组织落实，实施进度控制，协调成员间工作，解决遇到的困难等；

副组长：应协助组长做好组织工作，并完成自己分担的工作；

成员：要有明确的分工，对自己承担的工作负责，同时按实验计划协助其他同学工作。

实验过程中要经常邀请老师参与活动，汇报实验进度与实验数据，特别是对调整实验计划要及时与老师沟通。创新实验的组织与实施见图 8-6-1。

四、创新实验报告

1. 对实验进行综述，对实验装置和过程进行描述。

2. 实验数据处理、分析与讨论。

3. 通过实验掌握了哪些新的知识，是否解决了提出研究的问题，是否证明了文献中的某些论点。

4. 实验结论对环境的管理、规划、评价与政策的建议与观点；工艺实验结果是否可用于改进已有的工艺设备和操作运行条件，或设计新的处理设备。

5. 如果实验没有达到理想的结果，总结其原因，认真分析实验数据，查找实验日志，分析原因，给出结论或提出新的实验方案。

好的创新性实验报告应近似于一个科学研究的报告或学位论文，因此，做好创新性实验，写好实验报告对提高学生的科研写作能力，为完成学位论文或进行科学研究打下良好的基础。

五、创新实验举例

为了便于教师指导学生开展创新性实验，针对一般的环境保护问题，一些地区环境保护需要不断探索、不断研究的内容，举例一些可以作为创新性实验的题目，为学生在进行创新性实验时打开思路，或从中选择题目，以解决某一地区环境保护的相关问题。

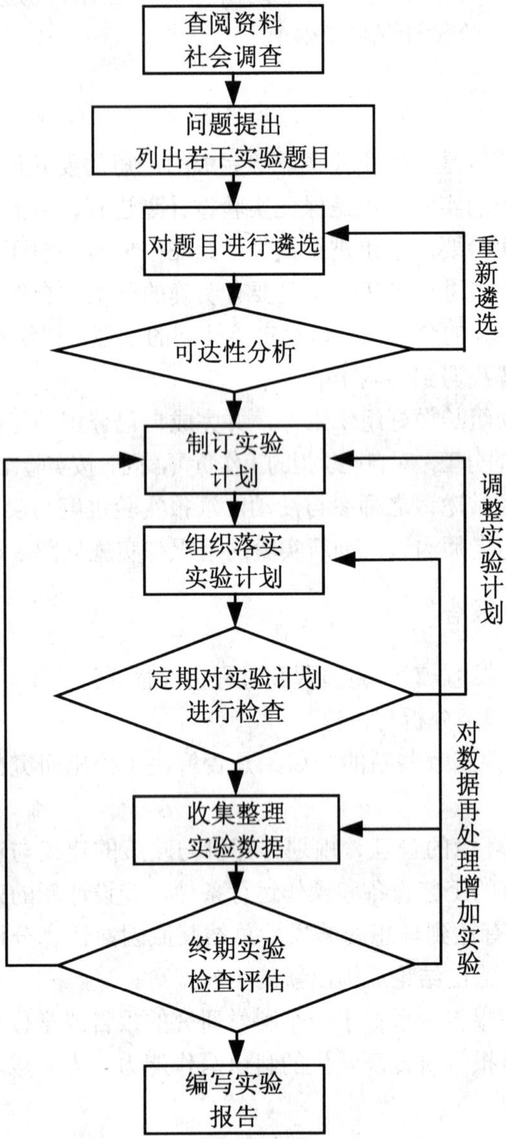

图 8-6-1　创新实验设计实施流程

1．环境监测与评价创新实验

（1）某水系环境监测与评价

对流经某城市的河流（某一区段）进行污染现状调查，污染源调查，水文数据调查，按布点原则确定对照断面、控制断面、消减断面，制订监测计划，采样监测，对数据进行处理，评价报告环境质量状况。

（2）某区域工业污染源监测与评价

对选定的区域进行工业污染源现状调查，选择重点污染企业或某项污染源进行监测，首先进行布点，确定监测指标，监测方法，制订监测实验方案，组织采样监测，进行实验室分析，数据处理，报告结果。

（3）大气环境监测与评价

对选定的区域进行污染现状调查，污染源调查，社会、经济情况调查，确定主要污染源，确定监测指标和监测点，制订监测方案，组织监测，对数据进行处理与分析，报告污染源监测评价结果。

（4）区域噪声监测与评价

对选定的区域进行区域噪声监测布点，制订监测方案，对其进行昼夜噪声水平监测，对数据进行处理，评价该区域噪声水平，以及暴露人口情况。提出噪声防治对策。

（5）交通噪声监测与评价

在已经确定的主要交通路（网）段上，进行布点，制订监测方案，现场监测，对取得的数据进行处理、分析、评价，写出评价报告，提出交通噪声控制对策。

2．污染物迁移转化规律创新实验

（1）大气扩散规律箱模型实验

根据选定的某一城市（镇），调查其气象数据，大气污染现状，污染源情况，制订实验计划，确定相关参数，通过模拟计算，对不同季节、不同气象条件下的箱模型，用于选定城市（镇）大气污染控制的科学依据。

（2）某高架源污染扩散研究

在高架源主导下风向，进行布点监测，取得监测数据，修正高斯模型有关系数，对高架源的污染规律进行描述，提出治理方案。

（3）自然水体污染迁移转化规律实验

针对某一河流（湖泊、海域）的某种污染物，对其本底情况进行调查，污染源情况调查，布点监测，水团追踪监测等，取得监测数据后，分析处理，建立不同水文条件下的污染物迁移转化、自然降解的模型，从而较准确地模拟计算出环境容量，为实施排污总量控制、排污许可证制度实施提供科学依据。

3．大气污染控制创新实验

（1）大气污染治理实验

对某一个特定的大气污染源，对生产工艺进行调查，对原材料、中间产品、产成品的种类和数量进行调查，对主要控制的污染物进行现场监测，根据排污浓度与总量以及控制达到的标准，选择控制工艺技术与设备，组装小型实验装置，进行实验研究，经过运行实验，取得运行参数，提出控制工艺的可行性报告。

（2）炉窑尾气脱硫实验

对要治理的炉窑生产运行情况进行调查，对二氧化硫排放浓度进行监测，计算排放量，制订实验研究的工艺路线，制作小型实验装置，现场取样进行处理，并检测处理排气，对各种可行工艺进行投资与运行价格比较，确定技术可行、经济合理的工艺技术，并对实验数据进行放大计算。

4．噪声控制创新实验

工业噪声综合控制实验

对选定的工业企业、车间或工段的噪声现状进行调查，对生产情况进行了解，制订监测方案，对车间噪声、设备噪声及频谱、振动进行全面测量，根据测量结果，噪声产生的特性，所要达到的标准，综合地提出改善设备运行状态、减少振动、消声、隔声、吸声等综合措施方案。

5．水污染控制创新实验

（1）工业污水处理实验

对要治理企业（生产车间）污水的水质、排污量、排放规律进行调查，再根据出水标准、企业投资能力、运行控制成本等条件，选择合理工艺路线，设计实验方案，运行实验装置，取得监测数据，对数据进行分析处理，写出完整的实验报告。对选择方案的可行性进行结论报告，为企业提供决策参考。

（2）生活污水处理运行参数实验

对于某个城市（区）生活污水处理运行参数模拟实验，对于集水区内的管网情况进行调查，针对不同的管网，采集综合水样，测定其主要污染物的浓度，根据污水总量确定处理工艺技术，一般选择以活性污泥法为代表的好氧处理系统，改变停留时间、污泥负荷、泥龄、污泥浓度等主要控制参数。通过实验取得较佳的运行条件，用于扩大设计。

（3）高浓度有机废水处理实验

对于高浓度有机废水，根据测定的污染物浓度或给定的浓度，首先分析污水是否可生化处理，再根据出水标准要求或回用标准，选择处理工艺，或对成熟工艺进行组合，例如，厌氧—好氧系统、好氧—超滤系统等，组装实验装置，进行实验研究，取得实验数据，分析结果，写出实验报告。

（4）开发新的处理工艺或设备实验

针对某种工业废水（生活污水），改变现有的设备、流程、运行参数等，以期达到更好的运行效果，提高出水水质，降低运行成本，便于运行维护等任何方面的改进。根据已经掌握的理论和实践经验，提出新的处理技术或设备，并对其进行研究。

第九部分　实验数据处理

环境综合实验中的监测实验和水污染处理工艺实验等都需要作一系列的测定，并取得大量数据。实践表明，每项实验都有误差，同一项目的多次重复测量，结果总有差异。即实验值与真实值之间的差异，这是由于实验环境不理想，实验人员技术水平、实验设备或实验方法不完善等因素引起的。随着研究人员对研究课题认识的提高，仪器设备的不断完善，实验中的误差可以逐渐减小，但是不可能做到没有误差。因此，绝不能认为取得了实验数据就已经万事大吉。一方面，必须对所测对象进行分析研究，估计测试结果的可靠程度，并对取得的数据给予合理的解释；另一方面，还必须将所得到的数据加以整理归纳，用一定的方式表示出各数据之间的相互关系。前者即误差分析，后者为数据处理。

对实验结果进行误差分析与数据处理的目的是：

（1）可以根据科学实验的目的，合理地选择实验装置、仪器、条件和方法；

（2）能正确处理实验数据，以便在一定条件下得到接近真实值的最佳结果；

（3）合理选定实验结果的误差，避免由于误差选取不当造成人力、物力的浪费；

（4）总结测定的结果，得出正确的实验结论，并通过必要的整理归纳（如绘成实验曲线或得出经验公式）为验证理论分析提供条件。

误差与数据处理内容很多，在此介绍一些基本知识。读者需要更深入了解时，可参阅有关参考书。

第一节　误　差

即使在同一个试验室、由同一个分析人员采用相同的样品处理步骤和分析方法，分析同一个样品，通常都不能获得一致的测量数据，即测量结果存在差异。这是因为在实验过程中，存在一些难以控制的因素所致。简单来说，引起误差的原因可分为：

（1）测量装置（包括计量器具）的固有误差；

（2）在非标准工作条件下所增加的附加误差；

（3）所用测量原理以及根据该原理在实施测量中的运用和实际操作的不完善引起的方法误差；

（4）在标准工作条件下，被测量值随时间的变化；

（5）环境因素（温度、湿度、空气污染等）的变化引起被测量值的变化；

（6）与观测人员有关的误差因素。

因此，了解、分析和表述误差及其来源，是质量保证和质量控制工作的主要内容。

一、误差的种类

测量误差指测量结果与被测量真值之差。它既可用绝对误差表示，也可用相对误差表示。按其产生的原因和性质，误差可分为系统误差、随机误差和过失误差。

1．系统误差

系统误差又称恒定误差、可测误差。在多次测量同一样品时，其测量值与真值之间误差的绝对值和符号保持恒定；或在改变测量条件时，测量值按某一确定规律变化的误差。确定规律是指这种误差的变化，可以归结为某个或某几个因素的函数。这种函数一般可以用解析公式、曲线来表述。按其变化规律系统误差可分为两类：

（1）固定值的系统误差　其值的大小、正负号恒定。如天平称重中标准砝码误差引起的称量误差。

（2）随条件变化的系统误差　其值以确定的，并通常是已知的规律随某些测量条件的变化而变化。例如，随温度周期变化而引起的温度附加误差。

由于系统误差所具有的特征，系统误差是可避免或尽量消除的。而且，对于已确定或已知的系统误差，应对测量结果进行修正。一般来说，修正系统误差的方法为：

（1）仪器校准　测量前，预先对仪器进行校准，并对测量结果进行修正。

（2）空白实验　用空白实验结果修正测量结果，以消除实验中各种原因所产生的误差。

（3）标准物质对比分析　将实际样品与标准物质在完全相同的条件下进行测定，当标准物质的测定值与其保证值一致时，即可认为测量的系统误差已基本消除。

将同一样品用不同原理的分析方法进行分析。例如，与经典分析方法进行比较，以校准方法，减少误差。

（4）回收率实验　在实际样品中加入已知量的标准物质，与样品于相同条件下进行测量，用所得结果计算因收率，观察是否定量因收，必要时可用回收率作校正因子。

2．随机误差

随机误差又称偶然误差，常用标准差表示，是由测量过程中各种随机因素的共同作用造成的。在实际测量条件下，多次测量同一量时，误差的绝对值和符号的变化，时大时小、时正时负，以不可确定的方式变化。随机误差遵从正态分布，并具有：

（1）有界性　在一定条件下，对同一样品进行有限次测量的结果，其误差的绝对值不会超过一定界限。

（2）单峰性　绝对值小的误差出现次数比绝对值大的误差出现次数多。

（3）对称性　在测量次数足够多时，绝对值相等的正误差与负误差的出现次数大致相等。

（4）抵偿性　在一定条件下，对同一样品进行测量，随机误差的代数和随着测量次数的无限增加而趋于零。

由于随机误差的可变性或随机性，因此，必须严格控制实验条件，按操作规程正确地处理和分析样品，以减小随机误差。另外，增加测量次数也可减小随机误差。

3．过失误差

过失误差也称粗大误差或粗差。这类误差是分析人员在测量过程中不应有的过失或错误造成的，它无一定规律可循。例如，器皿不洁净、错用样品和标准、错加试剂、操作过程中的样品损失、仪器异常而未发现、错记读数以及计算错误等。

含有过失误差的测量数据，经常是离群数据，可按照离群数据的统计检验方法将其剔除。对于确知操作中存在失误或错误所产生的测量数据，无论结果好与坏，都必须舍去。

二、误差的表示方法

1．绝对误差和相对误差

（1）绝对误差是单一测量值或多次测量值的均值与真值之差、测量值大于真值时，误差为正，反之为负。

$$绝对误差=测量值-真值 \tag{9-1-1}$$

（2）相对误差为绝对误差与真值的比值，常用百分数表示。

$$相对误差（\%）=绝对误差÷真值×100\% \tag{9-1-2}$$

2．绝对偏差和相对偏差

（1）绝对偏差为单一测量值（X_i）与多次测量值的均值（$\overline{X}$）之差，用 d_i 表示。

$$d_i=X_i-\overline{X} \tag{9-1-3}$$

（2）相对偏差为绝对偏差与多次测量值的均值的比值，常用百分数表示。

$$相对偏差（\%）=d_i \div \overline{X} \times 100\% \qquad (9\text{-}1\text{-}4)$$

3．平均偏差和相对平均偏差

（1）平均偏差为单一测量值的绝对偏差的绝对值之和的平均值，用 $\overline{d}$ 表示。

$$\overline{d} = 1/n \sum_{i=1}^{n} |d_i| = 1/n\ (|d_1|+|d_2|+\cdots+|d_n|) \qquad (9\text{-}1\text{-}5)$$

（2）相对平均偏差为平均偏差与多次测量值的均值的比值，常用百分数表示。

$$相对平均偏差（\%）= \overline{d} \div \overline{X} \times 100\% \qquad (9\text{-}1\text{-}6)$$

4．标准偏差（用 s 或 SD 表示）

$$s = \sqrt{\frac{1}{n-1}\sum_{i=1}^{n}(X_i - \overline{X})^2} \qquad (9\text{-}1\text{-}7)$$

5．相对标准偏差

相对标准偏差（RSD）是样本的标准偏差与其均值的比值，常用百分数表示。

$$相对标准偏差(\%)=\frac{s}{\overline{x}} \times 100\%$$

6．差方和、方差

差方和又称离均差平方和或平方和，指绝对偏差的平方之和，用 S 表示。

$$S = \sum_{i=1}^{n}(X_i - \overline{X})^2 = \sum_{i=1}^{n} d_i^{\,2} \qquad (9\text{-}1\text{-}8)$$

方差用 S^2 或 V 表示。

$$S^2 = \frac{1}{n-1}\sum_{i=1}^{n}(X_i - \overline{X})^2 \qquad (9\text{-}1\text{-}9)$$

第二节　准确度

准确度是用来评价在规定的条件下，样品的测定值（单次测定值或重复测定值的均值）与假定的或公认的真值之间的符合程度。由于监测分析方法大多数是相对方法，因此，分析结果的准确度主要取决于方法的系统误差和随机误差。在对分析方法的精密度、灵敏度，仪器的稳定性，样品的均匀性、稳定性、代表性、方法干扰、基体效应、分析空白和试剂的制备等进行全面研究后，才能将准确度控制在质量保证目标以内。

用绝对误差和相对误差表示分析方法的准确度。用测定标准物质和（或）标准物质加标回收率的方法来评价分析方法的准确度。

一、标准样品

通过分析标准样品，比较所获得的测定结果与标准样品的给定值，可了解分析方法的准确度。

二、加标回收率

加标回收率实验，可以反映分析方法是否存在系统误差。因此，在实际工作中，这是运用比较普遍的确定准确度的方法。

三、不同方法的比较

用已知准确度或大家公认的经典分析方法与待考察的方法进行比较，往往用于新方法准确度的确定。而且，两种方法的原理最好是不同的。

当用不同原理的分析方法对同一样品进行重复测定时，若所得结果与待考察方法一致，或经统计检验数据间的差异不显著时，则可认为该方法具有可接受的准确度。若所得结果呈显著性差异，则应以大家公认的经典分析方法为准。

第三节　精密度

精密度表示在规定的条件下，用同一方法、对同一样品进行重复测定，所得结果的一致性，或发散程度。它的大小由分析方法的随机误差决定，测量过程的随机误差越小，分析方法的精密度越好（或越小）。分析方法的精密度可用极差、平均偏差、相对平均偏差、标准偏差和相对标准偏差表示，而标准偏差常被采用。通常情况下，分析方法的精密度可表述为：

一、平行测定的精密度

在相同的条件下（同一实验室、相同的分析人员、相同的仪器设备），用同一分析方法，在不同的时间内，对同一样品进行 n 次重复测定，精密度用标准偏差或相对标准偏差表示。

二、重复性精密度

在相同的条件下（同一实验室、相同的分析人员、相同的仪器设备），用同一分析方法，在不同的时间内，对同一样品进行 m 次重复测定的离散程度。计算出 m 个平均值 $\overline{X_1}$，$\overline{X_2}$，$\overline{X_3}$，…，$\overline{X_m}$，重复性精密度 S_r 为：

$$S_r=\sqrt{\frac{\sum S_i^{\ 2}}{m}} \tag{9-3-1}$$

三、再现性精密度

用同一分析方法，在不同的条件下（不同的实验室、不同的分析人员、不同的仪器设备和（或）在不同的时间内），对同一样品重复测定的离散程度。可以是一个实验室，进行 m 回或 n 次重复测定；或由 m 个实验室进行 n 次重复测定。由下式计算出总的标准偏差：

$$S_{\overline{X}}=\sqrt{\frac{\sum(\overline{X_i}-\overline{\overline{X}})^2}{m-1}} \tag{9-3-2}$$

式中：$\overline{\overline{X}}=\sum\overline{X}_i/m$。

第四节 工作曲线中可疑值的检验

监测分析中往往是通过工作曲线来确定待测污染物的含量。一般是测定几个已知浓度的标准溶液，通过线性回归绘出工作曲线，再由工作曲线计算出待测污染物含量。那么，这几个已知浓度的标准溶液的测定值中有无应剔除的可疑值，可采用标准化残差法进行统计检验。

测量值与最佳直线的拟合值之差叫做残差 d_i。令已知浓度的标准溶液的仪器读数为 Y_i，标准溶液的浓度为 X_i，用线性回归法求解最佳直线的截距 a 和斜率 b，则该测定值的残差为：

$$d_i=Y_i-(a+bX_i) \tag{9-4-1}$$

标准化残差的定义为：d_i/S_{di}，其中，残差的标准误差用下式计算：

$$S_{di} = S_f \sqrt{\frac{N-1}{N} - \frac{(X_i - \overline{X})^2}{\sum (X_i - \overline{X})^2}} \tag{9-4-2}$$

若计算的标准化残差大于临界值（见表 9-4-1、表 9-4-2），则在给定的显著性水平下，某标准溶液测定值是离群值，可考虑剔除。

表 9-4-1　不同浓度的观测值及标准化残差

溶液序号	标准溶液浓度（X_i）	观测值（Y_i）	拟合值 $Y_i=a+bX_i$	残差 $d_i=Y_i-(a+bX_i)$	标准化残差
1	0.181 3	0.212	0.229	−0.017	−1.07
2	0.192 8	0.277	0.240	0.037	2.26
3	0.562 7	0.585	0.599	−0.014	−0.74
4	0.600 2	0.615	0.635	−0.020	−1.07
5	0.921 9	0.954	0.947	0.007	0.35
6	0.987 3	1.004	1.011	−0.007	0.36
7	1.102 7	1.137	1.123	0.014	0.81
8	1.181 6	1.200	1.199	0.001	0.05

表 9-4-2　标准化残差临界值表

N	显著性水平 a			N	显著性水平 a		
	0.10	0.05	0.01		0.10	0.05	0.01
4	1.41	1.41	1.41	11	2.30	2.43	2.64
5	1.69	1.71	1.73	12	2.35	2.48	2.70
6	1.88	1.92	1.97	14	2.43	2.57	2.80
7	2.01	2.07	2.16	16	2.50	2.64	2.92
8	2.10	2.19	2.31	18	2.56	2.71	2.99
9	2.18	2.28	2.43	20	2.60	2.76	3.06
10	2.24	2.35	2.53	24	2.69	2.85	3.17

第五节　有效数字修约及运算规则

在一组分析数据中，由于实验条件和实验操作等难于重现，或在实验过程中出现差错、过失，或数据计算、记录时出现失误等方面的原因，有时个别数据与正常数据之间有显著的差别，此类数据统称为离群数据。因此，在分析处理和运用数据之前，往往要进行数据检验，以判断和剔除离群值。根据以往的工作经验，分析测试人员往往不经任何数据处理或检验，便将原始数据用于各种计算。或者某些监测站的质控人员完全按照数据处理的有关规定和计算公式，对原始数据进行机械地处理和检验，剔除提示的一切“异常值”。这两种情形都是不对的或者说不科学的。

另外，由于原始实验结果的修约程度可以严重地影响分析结果的精密度，甚至“人为挑选或修饰”数据，使原始数据的标准差或极差变小，产生了失真。因此，在进行离群值的判定时应特别注意这一因素。尤其是质控人员，千万不能根据上述检验方法的结果，直接将参加检验的数据进行简单的剔除处理。而应与分析测试人员和其他相关的研究人员进行认真的分析研究，查找原因，并结合分析化学的基本常识，再决定取舍，这一点对于监测数据的处理，尤其是协作试验的数据处理至关重要。

一、有效数字

表示测定结果应该用有效数字，才能精确地表示数字的有效意义。一个有效数字其倒数的第二位以上的数字应该是可靠的，即是确定的数字。而末位数字是可疑的，即不确定的。所谓有效数字应该是由全部确定的和一位不确定的数字构成。因此，由有效数字表示的数据必然是近似值。那么，测定值的记录和报告必须按照有效数字的计算规则进行。

数字“0”的含义非常不确定，这主要与“0”在有效数字中的位置有关。当它用于指示小数点的位置，不表示测量的准确度时，不是有效数字。当它用于表示与准确度有关的数字时，即为有效数字。例如：

（1）第一个非零数字前的“0”不是有效数字，例如：0.045 6，仅有三位有效数字；0.006，仅有一位有效数字。

（2）非零数字中的“0”是有效数字，例如：2.007 6，有五位有效数字；6 307，有四位有效数字。

（3）小数中最后一个非零数字后的“0”是有效数字，例如：2.760 0，有五位有效数字；0.760%，有三位有效数字。

（4）以零结尾的整数，有效数字的位数较难判断，例如：27 600，可能是三位、四位或者五位。为了避免出现上述情况，建议根据有效数字的准确度改写成指数形式：例如：2.07×10^4，有三位有效数字；2.700×10^4，有四位有效数字。

二、数字的修约规则

按 GB 8170—87《数值修约规则》的有关规定对监测数据进行修约，进舍规则如下：

（1）拟舍去数字的最左一位数字小于 5 时，则舍去，即保留的各位数字不变。

例如：将 12.149 8 修约到一位小数，得 12.1。

例如：将 12.149 8 修约成两位有效位数，得 12。

（2）拟舍去数字的最左一位数字大于 5，或者是 5，而其后跟有并非“0”的数字时，则进一，即保留的末数字加 1。

例如：将 1 268 修约到“百”数位，得 13×10^2 或 1.3×10^3。

例如：将 1 268 修约成三位有效位数，得 127×10 或 1.27×10^2。

例如：将 10.502 修约到个数位，得 11。

（3）拟舍去数字的最左一位数字为 5，而后面无数字或皆为“0”时，若保留的末位数字为奇数（1，3，5，7，9），则进一，为偶数（2，4，6，8，0），则舍去。

例如：将下列数字修约成两位有效位数，0.032 5 则修约为 0.032；32 500 修约为 3.2×10^4。

（4）负数修约时，先将它的绝对值按上述三条规定进行修约，然后在修约值前面加上负号。

（5）不许连续修约。拟修约数字应在确定修约位数后，一次修约获得结果，而不是多次按上述规定连续修约。

例如：修约间隔为 1（即修约到个数位），15.454 6 正确的修约值为 15。不正确的做法为：15.454 6→15.455→15.46→15.5→16。

（6）在具体工作中，测试或计算部门，有时先将获得的数值按指定的修约位数多一位或几位数报出，而后由其他部门判定。为了避免产生连续修约的错误，应按下述步骤进行：

报出数值最后的非零数字为 5 时，应在数值后面加“(+)”或“(–)”或不加符号，分别表示该数字已进行过舍、进或未舍未进处理。

例如：16.50（+）表示实际值大于 16.50，经修约舍弃成为 16.50；16.50（–）表示实际值小于 16.50，经修约进一步成为 16.50。

如果判定报出值需要进行修约，当拟舍弃数字的最左一位数字为 5，而后面无数字或皆为零时，数值后面有“(+)”号者进一，数值后面有“(–)”号者舍去，其他仍按前述的规定进行修约。

例如：将下列数字修约到个数位后进行判定（报出值多留一位到一位小数）：

实测值：15.454 6	16.520 3	17.500 0	–15.454 6
报出值：15.5	16.5（+）	17.5	–15.5（–）
修约值：15	17	18	–15

三、有效数字的计算规则

在进行数据计算时，应弃去多余的数字，一般采取“四舍六入五单双”的原则，或者说“4 要舍，6 要入，5 前单数要进一，5 前双数全舍光”而不用“四舍五入”的方式。

（1）对于多个数字（一般为 6 个以上）的一组数据，在进行平均值等计算时，可以保留两位可疑数字计算均值，然后再按“四舍六入五单双”的原则进行修约。

（2）几个数字相加减时，有效数字位数的取舍，取决于绝对误差最大的一个数据的有效数据的位数。

（3）几个数据相乘除时，得数的修约，以有效数字位数最少的数据为依据，或相对误差最大的为依据。在作乘除、开方、乘方运算时，若所得结果的第一位数字等于或大于 8，则其有效数字可多记一位。例如：经过乘除、开方、乘方运算后的结果前三位为 8.01，则计算结果的有效数字位数可增至四位。

（4）在所有计算式中，常数 π、e 以及$\sqrt{2}$、1/2 等系数的有效数字的位数，可以认为是无限的，即在计算中，需要几位就取几位。

（5）在对数计算中，所取对数位数应与真数的有效数字位数一致。例如，pH12.25 和$[H^+]=5.6\times10^4$ mol 等，都是两位有效数字。也就是说，对数的有效数字位数，只计小数点以后的数字位数，不计对数的整数部分。

四、数据记录规则

（1）记录测量数据时，只保留一位可疑（不确定）数字。当用合格的计量器具称量物质或量取溶液时，有效数字可以记录到最小分度值，最多保留一位不确定数字。例如：用最小分度值为 0.1 mg 的分析天平称量物质时，有效数字可以记录到小数点后第四位；用有分度标记的吸管或滴定管量取溶液时，读数的有效位数可达其最小分度后一位，保留一位不确定数字。

（2）表示精密度通常只取一位有效数字。测定次数很多时，方可取两位有效数字，且最多只取两位。

（3）在数值计算中，当有效数字位数确定之后，其余数字应按修约规则一律舍去。

（4）在数值计算中，某些倍数、分数、不连续物理量的数目，以及不经测量而完全根据理论计算或定义得到的数值，其有效数字的位数可视为无限。这类数值在计算中，需要几位就可以写几位。

（5）测量结果的有效数字所能达到的位数不能低于方法检出限的有效数字所能达到的数位。

第六节　实验数据表示方法

在对实验数据进行误差分析整理剔除错误数据后，还要通过数据处理将实验所提供的数据进行归纳整理，用图形、表格或经验公式加以表示，以找出影响研究事物的各因素之间互相影响的规律，为得到正确的结论提供可靠的信息。

常用的实验数据表示方法有列表表示法、图形表示法和方程表示法三种。表示方法的选择主要是依靠经验，可以用其中一种方法，也可两种或三种方法同时使用。

一、列表表示法

列表表示法是将一组实验数据中的自变量、因变量的各个数值依一定的形式或顺序一一对应列出来，以反应各变量之间的关系。

列表法具有简单易作、形式紧凑、数据容易参考比较等优点，但对客观规律的反映不如图形表示法和方程表示法明确，在理论分析方面使用不方便。

完整的表格应包括表的序号、表题、表内项目的名称和单位、说明以及数据来源等。

实验测得的数据，其自变量和因变量的变化，有时是不规则的，使用起来很不方便。此时可以通过数据的分度，使表中所列数据成为有规则的排列，即当自变量作等间距顺序变化时，因变量也随着顺序变化。这样的表格查阅较方便。数据分度的方法有多种，较为简便的方法是先用原始数据（即未分度的数据）画图，作出一条光滑曲线，然后在曲线上一一读出所需的数据（自变量作等距离顺序变化），并列表。

二、图形表示法

图形表示法的优点在于形式简明直观，便于比较，易显出数据中的最高点或最低点、转折点、周期性以及其他特异性等。当图形作得足够准确时，可以不必知道变量间的数学关系，对变量求微分或积分后得到需要的结果。

图形表示法可用于两种场合：①已知变量间的依赖关系图形，通过实验，将取得数据作图，然后求出相应的一些参数；②两个变量之间的关系不清，将实验数据点绘于坐标纸上，用以分析、反映变量间的关系和规律。

图形表示法包括以下 4 个步骤。

1．坐标纸的选择　常用的坐标纸有直角坐标纸、半对数坐标纸和双对数坐标纸等。选择坐标纸时，应根据研究变量间的关系，确定选用哪一种坐标纸。坐标线不宜太密或太稀。

2．坐标分度和分度值标记　坐标分度指沿坐标轴规定各条坐标线所代表的数值的大小。进行坐标分度应注意下列几点。

（1）一般以 x 轴代表自变量，y 轴代表因变量。在坐标轴上应注明名称和所用计量单位。分度的选择应使每一点在坐标纸上都能够迅速方便地找到。例如，图 9-6-1 中图（b）的横坐标分度不合适，读数时图（a）比图（b）方便得多。

（2）坐标原点不一定就是零点，也可用低于实验数据中最低值的某一整数作起点，高于最高值的某一整数作终点。坐标分度与实验精度一致，不宜过细，也不能太粗。图 9-6-2 中的图（a）和图（b）分别代表两种极端情况，图（a）的纵坐标分度过细，超过实验精度，而图（b）分度过粗，低于实验精度，这两种分度都不恰当。

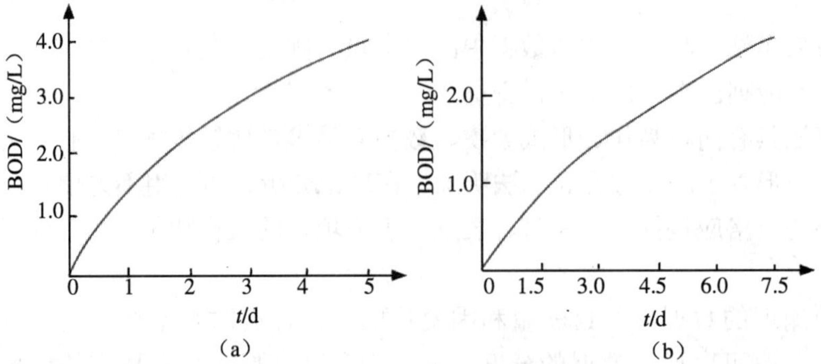

图 9-6-1　某种废水的 BOD 与时间 t 的关系

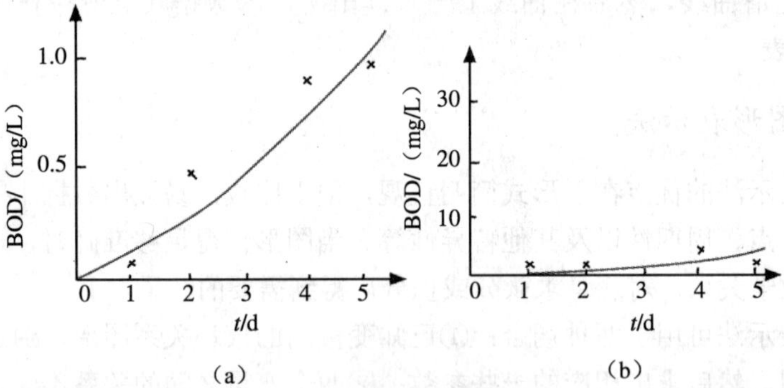

图 9-6-2　某污水的 BOD 与时间 t 关系曲线

（3）为便于阅读，有时除了标记坐标纸上的主坐标线的分度值外，还有一细副主线上也标以数值。

3．根据实验数据描点和作曲线　描点方法比较简单，把实验得到的自变量与因变量一一对应地点在坐标纸上即可。若在同一图上表示不同的实验结果，应采用不同符号加以区别，并注明符号的意义，如图 9-6-3 所示。

作曲线的方法有两种：① 数据不够充分、图上的点数较少，不易确定自变量与因变量之间的对应关系，或者自变量与因变量间不一定呈函数关系时，最好是将各点用直线直接连接，如图 9-6-3 所示；② 实验数据充分，图上的点数足够多，自变量与因变量呈函数关系，则可作出光滑的连续曲线，如图 9-6-3 所示 BOD 曲线。

4．注解说明　每一个图形下面应有图名，将图形的意义清楚准确地描写出来，紧接图表应有一简要说明，使读者能较好地理解文章的意思。此外，还应注明数据的来源，如作者姓名、实验地点、日期等（图 9-6-4）。

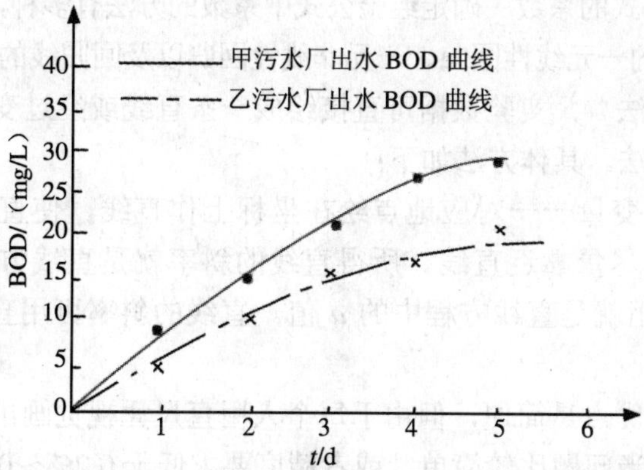

图 9-6-3　在同一图上表示不同的实验结果

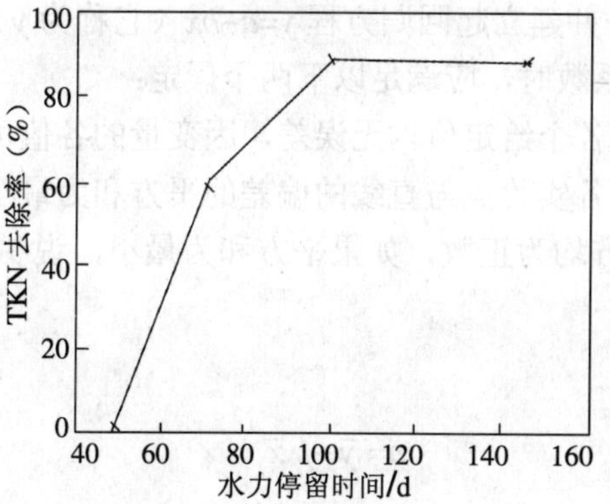

图 9-6-4　TKN 去除率与水力停留时间的关系××年×月×日
兼性氧化塘出水测试结果

三、方程表示法

实验数据用列表或图形表示后，使用时虽然较直观简便，但不便于理论分析研究，故常需要用数学表达式来反映自变量与因变量的关系。

方程表示法通常包括下面两个步骤：

1. 选择经验公式　表示一组实验数据的经验公式应该是形式简单紧凑，式中系数不宜太多。一般没有一个简单方法可以直接获得一个较理想的经验公式，通常是先将实验数据在直角坐标纸上描点，再根据经验和解析几何知识推测经验公式的形式。若经验证表明此形式不够理想时，则另立新式，再进行实验，直至得到满意的结果为止。表达式中容易直接用实验验证的是直线方程，因此应尽量使所得函数形式呈直线式。

若得到的函数形式不是直线式，可以通过变量变换，使所得图形改为直线。

2．确定经验公式的系数　确定经验公式中系数的方法有多种，在此仅介绍直线图解法和回归分析中的一元线性回归、一元非线性回归以及回归线的相关系数与精度。

（1）直线图解法　凡实验数据可直接绘成一条直线或经过变量变换后能改为直线的，都可以用此法。具体方法如下：

将自变量与因变量一一对应地点绘在坐标上作直线，使直线两边的点差不多相等，并使每一点尽量靠近直线。所得直线的斜率就是直线方程 $y=a-bx$ 中的系数 b，y 轴上的截距就是直线方程中的 a 值。直线的斜率可用直角三角形的 $\Delta y/\Delta x$ 比值求得。

直线图解法的优点是简便，但由于每个人用直尺凭视觉画出的直线可能不同，因此，精度较差。当问题比较简单，或者精度要求低于0.2%～0.5%时可以用此法。

（2）一元线性回归　一元线性回归就是工程上和科研中常常遇到的配直线的问题，即两个变量 x 和 y 存在一定的线性相关关系，通过实验取得数据后，用最小二乘法求出系数 a 和 b，并建立起回归方程 $y=a-bx$（它称为 y 对 x 的回归线）。

用最小二乘法求系数时，应满足以下两个假定：

1）所有自变量的各个给定值均无误差，因变量的各值可带有测定误差。

2）最佳直线应使各实验点与直线的偏差的平方和为最小。

由于各偏差的平方均为正数，如果平方和为最小，说明这些偏差很小，所得的回归线即为最佳线。

计算式为：

$$a=\overline{y}-b\overline{x} \tag{9-6-1}$$

$$b=\frac{L_{xy}}{L_{xx}} \tag{9-6-2}$$

式中：

$$\overline{x}=\frac{1}{n}\sum_{i=1}^{n}x_i \tag{9-6-3}$$

$$\overline{y}=\frac{1}{n}\sum_{i=1}^{n}y_i \tag{9-6-4}$$

$$L_{xx}=\sum_{i=1}^{n}x_i^{\ 2}-\frac{1}{n}\left(\sum_{i=1}^{n}x_i\right)^2 \tag{9-6-5}$$

$$L_{xy}=\sum_{i=1}^{n}x_i y_i-\frac{1}{n}\left(\sum_{i=1}^{n}x_i\right)\left(\sum_{i=1}^{n}y_i\right) \quad (9\text{-}6\text{-}6)$$

一元线性回归的计算步骤如下。

a. 将实验数据列入一元回归计算表（表 9-6-1），并计算。

表 9-6-1　一元回归计算表

序号	x_i	y_i	x_i^2	y_i^2	x_iy_i
Σ					

$\Sigma x=$　　　　$\Sigma y=$　　　　$n=$

$\bar{x}=$　　　　$\bar{y}=$

$\Sigma x^2=$　　　　$\Sigma y^2=$　　　　$\Sigma xy=$

$L_{xx}=\Sigma x^2-(\Sigma x)^2/n=$　　　　$L_{xy}=\Sigma xy-(\Sigma x)(\Sigma y)/n=$

$L_{yy}=\Sigma y^2-(\Sigma y)^2/n=$

b. 根据式（9-6-1）、式（9-6-2）计算 a、b，得一元线性回归方程 $\bar{y}=a+bx$。

（3）回归线的相关系数与精度　用上述方法配出的回归线是否有意义？两个变量间是否确实存在线性关系？在数学上引进了相关系数 r 来检验回归线有无意义，用相关系数的大小判断建立的经验公式是否正确。

相关系数 r 是判断两个变量之间相关关系的密切程度的指标，它有下述特点。

1）相关系数是介于−1 和 1 之间的值。

2）当 $r=0$ 时，说明变量 y 的变化可能与 x 无关，这时 x 与 y 没有线性关系，如图 9-6-5 所示。

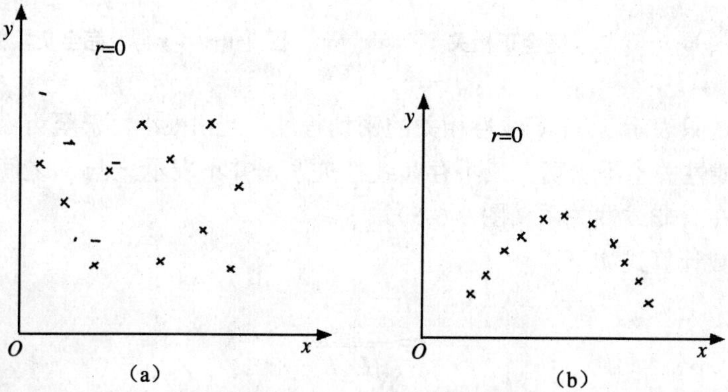

图 9-6-5　x 与 y 无线性关系

3）0<|r|<1 时，x 与 y 之间存在着一定线性关系。当 r>0 时，直线斜率是正的，y 值随 x 增加而增加，此时称 x 与 y 为正相关（图 9-6-6）。当 r<0 时，直线的斜率是负的，y 随着 x 的增加而减少，此时称 x 与 y 为负相关（图 9-6-7）。

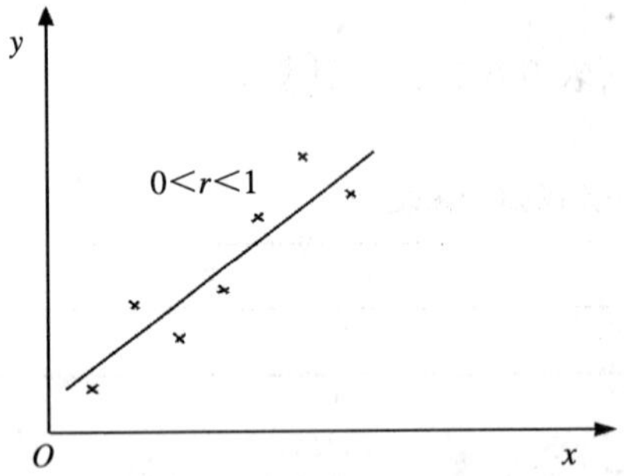

图 9-6-6　x 与 y 为正相关

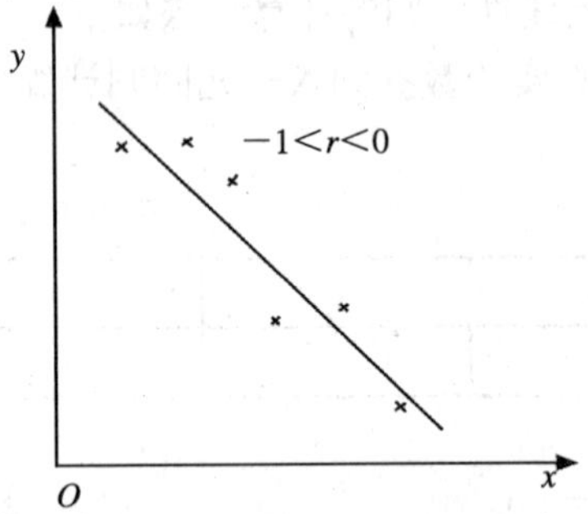

图 9-6-7　x 与 y 为负相关

4）|r|=1 时，x 与 y 完全线性相关。当 r=+1 时称为完全正相关（图 9-6-8）。当 r=−1 时，称为完全负相关（图 9-6-9）。

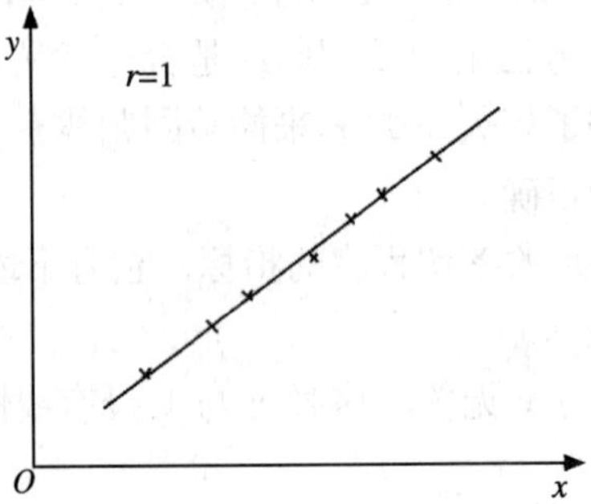

图 9-6-8　x 与 y 完全正相关

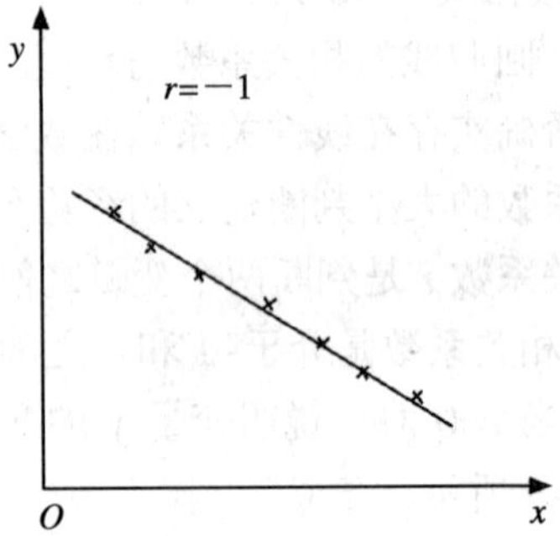

图 9-6-9　x 与 y 完全负相关

相关系数只表示 x 与 y 线性相关的密切程度，当|r|很小，甚至为零时，只表明 x 与 y 之间线性关系不密切，或不存在线性关系，并不表示 x 与 y 之间没有关系，可能两者存在着非线性关系（图 9-6-5）。

相关系数计算式如下：

$$r=\frac{L_{xy}}{\sqrt{L_{xx}L_{yy}}} \tag{9-6-7}$$

相关系数的绝对值越接近 1，x 与 y 的线性关系越好。

附 录

附录一 环境空气质量标准 GB 3095—1996

表 1 各项污染物的浓度限值

污染物名称	取值时间	浓度限值 一级标准	浓度限值 二级标准	浓度限值 三级标准	浓度单位
二氧化硫 SO_2	年平均	0.02	0.06	0.10	mg/m^3（标准状态）
	日平均	0.05	0.15	0.25	
	1 小时平均	0.15	0.50	0.70	
总悬浮颗粒物 TSP	年平均	0.08	0.20	0.30	
	日平均	0.12	0.30	0.50	
可吸入颗粒物 PM_{10}	年平均	0.04	0.10	0.15	
	日平均	0.05	0.15	0.25	
氮氧化物 NO_x	年平均	0.05	0.05	0.10	
	日平均	0.10	0.10	0.15	
	1 小时平均	0.15	0.15	0.30	
二氧化氮 NO_2	年平均	0.04	0.04	0.08	
	日平均	0.08	0.08	0.12	
	1 小时平均	0.12	0.12	0.24	
一氧化碳 CO	日平均	4.00	4.00	6.00	
	1 小时平均	10.00	10.00	20.00	
臭氧 O_3	1 小时平均	0.12	0.16	0.20	
铅 Pb	季平均		1.50		μg/m^3（标准状态）
	年平均		1.00		
苯并[a]芘 B[a]P	日平均		0.01		
氟化物 F	日平均		7①		
	1 小时平均		20①		
	月平均	1.8②		3.0③	μg/（dm^2·d）
	植物生长季平均	1.2②		2.0③	

注：①适用于城市地区；②适用于牧业区和以牧业为主的半农半牧区、蚕桑区；③适用于农业和林业区。

表 2　各项污染物数据统计的有效性规定

污染物	取值时间	数据有效性规定
SO_2，NO_x，NO_2	年平均	每年至少有分布均匀的 144 个日均值 每月至少有分布均匀的 12 个日均值
TSP，PM_{10}，Pb	年平均	每年至少有分布均匀的 60 个日均值 每月至少有分布均匀的 5 个日均值
SO_2，NO_x，NO_2，CO	日平均	每日至少有 18 h 的采样时间
TSP，PM_{10}，B(a)P，Pb	日平均	每日至少有 12 h 的采样时间
SO_2，NO_x，NO_2，CO，O_3	1 小时平均	每小时至少有 45 min 的采样时间
Pb	季平均	每季至少有分布均匀的 15 个日均值 每月至少有分布均匀的 5 个日均值
F	月平均	每月至少采样 15 天以上
	植物生长季平均	每一个生长季至少有 70%个月平均值
	日平均	每日至少有 12 h 的采样时间
	1 小时平均	每小时至少有 45 min 的采样时间

附录二 大气污染物综合排放标准 GB 16297—1996

表 1 现有污染源大气污染物排放限值

序号	污染物	最高允许排放浓度/（mg/m^3）	最高允许排放速率/（kg/h）				无组织排放监控浓度限值	
			排气筒高度/m	一级	二级	三级	监控点	浓度/（mg/m^3）
1	二氧化硫	1 200（硫、二氧化硫、硫酸和其他含硫化合物生产）	15	1.6	3.0	4.1	无组织排放源上风向设参照点，下风向设监控点[1]	0.50（监控点与参照点浓度差值）
			20	2.6	5.1	7.7		
			30	8.8	17	26		
			40	15	30	45		
		700（硫、二氧化硫、硫酸和其他含硫化合物使用）	50	23	45	69		
			60	33	64	98		
			70	47	91	140		
			80	63	120	190		
			90	82	160	240		
			100	100	200	310		
2	氮氧化物	1 700（硫酸、氮肥和火炸药生产）	15	0.47	0.91	1.4	无组织排放源上风向设参照点，下风向设监控点	0.15（监控点与参照点浓度差值）
			20	0.77	1.5	2.3		
			30	2.6	5.1	7.7		
		420（硝酸使用和其他）	40	4.6	8.9	14		
			50	7.0	14	21		
			60	9.9	19	29		
			70	14	27	41		
			80	19	37	56		
			90	24	47	72		
			100	31	61	92		
3	颗粒物	22（碳黑尘、染料尘）	15	禁排	0.60	0.87	周界外浓度最高点[2]	肉眼不可见
			20		1.0	1.5		
			30		4.0	5.9		
			40		6.8	10		
		80[3]（玻璃棉尘、石英粉尘、矿渣棉尘）	15	禁排	2.2	3.1	无组织排放源上风向设参照点，下风向设监控点	2.0（监控点与参照点浓度差值）
			20		3.7	5.3		
			30		14	21		
			40		25	37		
		150（其他）	15	2.1	4.1	5.9	无组织排放源上风向设参照点，下风向设监控点	5.0（监控点与参照点浓度差值）
			20	3.5	6.9	10		
			30	14	27	40		
			40	24	46	69		
			50	36	70	110		
			60	51	100	150		

序号	污染物	最高允许排放浓度/（mg/m³）	最高允许排放速率/（kg/h）				无组织排放监控浓度限值	
			排气筒高度/m	一级	二级	三级	监控点	浓度/（mg/m³）
4	氯化氢	150	15	禁排	0.30	0.46	周界外浓度最高点	0.25
			20		0.51	0.77		
			30		1.7	2.6		
			40		3.0	4.5		
			50		4.5	6.9		
			60		6.4	9.8		
			70		9.1	14		
			80		12	19		
5	铬酸雾	0.080	15	禁排	0.009	0.014	周界外浓度最高点	0.007 5
			20		0.015	0.023		
			30		0.051	0.078		
			40		0.089	0.13		
			50		0.14	0.21		
			60		0.19	0.29		
6	硫酸雾	1 000（火炸药厂）	15	禁排	1.8	2.8	周界外浓度最高点	1.5
			20		3.1	4.6		
			30		10	16		
			40		18	27		
		70（其他）	50		27	41		
			60		39	59		
			70		55	83		
			80		74	110		
7	氟化物	100（普钙工业）	15	禁排	0.12	0.18	无组织排放源上风向设参照点，下风向设监控点	20 μg/m³（监控点与参照点浓度差值）
			20		0.20	0.31		
			30		0.69	1.0		
			40		1.2	1.8		
		11（其他）	50		1.8	2.7		
			60		2.6	3.9		
			70		3.6	5.5		
			80		4.9	7.5		
8	氯气[4)]	85	25	禁排	0.60	0.90	周界外浓度最高点	0.50
			30		1.0	1.5		
			40		3.4	5.2		
			50		5.9	9.0		
			60		9.1	14		
			70		13	20		
			80		18	28		
9	铅及其化合物	0.90	15	禁排	0.005	0.007	周界外浓度最高点	0.007 5
			20		0.007	0.011		
			30		0.031	0.048		
			40		0.055	0.083		
			50		0.085	0.13		
			60		0.12	0.18		
			70		0.17	0.26		
			80		0.23	0.35		
			90		0.31	0.47		
			100		0.39	0.60		

序号	污染物	最高允许排放浓度/（mg/m³）	最高允许排放速率/（kg/h）				无组织排放监控浓度限值	
			排气筒高度/m	一级	二级	三级	监控点	浓度/（mg/m³）
10	汞及其化合物	0.015	15	禁排	1.8×10^{-3}	2.8×10^{-3}	周界外浓度最高点	0.001 5
			20		3.1×10^{-3}	4.6×10^{-3}		
			30		10×10^{-3}	16×10^{-3}		
			40		18×10^{-3}	27×10^{-3}		
			50		27×10^{-3}	41×10^{-3}		
			60		39×10^{-3}	59×10^{-3}		
11	镉及其化合物	1.0	15	禁排	0.060	0.090	周界外浓度最高点	0.050
			20		0.10	0.15		
			30		0.34	0.52		
			40		0.59	0.90		
			50		0.91	1.4		
			60		1.3	2.0		
			70		1.8	2.8		
			80		2.5	3.7		
12	铍及其化合物	0.015	15	禁排	1.3×10^{-3}	2.0×10^{-3}	周界外浓度最高点	0.001 0
			20		2.2×10^{-3}	3.3×10^{-3}		
			30		7.3×10^{-3}	11×10^{-3}		
			40		13×10^{-3}	19×10^{-3}		
			50		19×10^{-3}	29×10^{-3}		
			60		27×10^{-3}	41×10^{-3}		
			70		39×10^{-3}	58×10^{-3}		
			80		52×10^{-3}	79×10^{-3}		
13	镍及其化合物	5.0	15	禁排	0.18	0.28	周界外浓度最高点	0.050
			20		0.31	0.46		
			30		1.0	1.6		
			40		1.8	2.7		
			50		2.7	4.1		
			60		3.9	5.9		
			70		5.5	8.2		
			80		7.4	11		
14	锡及其化合物	10	15	禁排	0.36	0.55	周界外浓度最高点	0.30
			20		0.61	0.93		
			30		2.1	3.1		
			40		3.5	5.4		
			50		5.4	8.2		
			60		7.7	12		
			70		11	17		
			80		15	22		
15	苯	17	15	禁排	0.60	0.90	周界外浓度最高点	0.50
			20		1.0	1.5		
			30		3.3	5.2		
			40		6.0	9.0		

序号	污染物	最高允许排放浓度/（mg/m³）	最高允许排放速率/（kg/h）				无组织排放监控浓度限值	
			排气筒高度/m	一级	二级	三级	监控点	浓度/（mg/m³）
16	甲苯	60	15 20 30 40	禁排	3.6 6.1 21 36	5.5 9.3 31 54	周界外浓度最高点	3.0
17	二甲苯	90	15 20 30 40	禁排	1.2 2.0 6.9 12	1.8 3.1 10 18	周界外浓度最高点	1.5
18	酚类	115	15 20 30 40 50 60	禁排	0.12 0.20 0.68 1.2 1.8 2.6	0.18 0.31 1.0 1.8 2.7 3.9	周界外浓度最高点	0.10
19	甲醛	30	15 20 30 40 50 60	禁排	0.30 0.51 1.7 3.0 4.5 6.4	0.46 0.77 2.6 4.5 6.9 9.8	周界外浓度最高点	0.25
20	乙醛	150	15 20 30 40 50 60	禁排	0.060 0.10 0.34 0.59 0.91 1.3	0.090 0.15 0.52 0.90 1.4 2.0	周界外浓度最高点	0.050
21	丙烯腈	26	15 20 30 40 50 60	禁排	0.91 1.5 5.1 8.9 14 19	1.4 2.3 7.8 13 21 29	周界外浓度最高点	0.75
22	丙烯醛	20	15 20 30 40 50 60	禁排	0.61 1.0 3.4 5.9 9.1 13	0.92 1.5 5.2 9.0 14 20	周界外浓度最高点	0.50
23	氰化氢[5)]	2.3	25 30 40 50 60 70 80	禁排	0.18 0.31 1.0 1.8 2.7 3.9 5.5	0.28 0.46 1.6 2.7 4.1 5.9 8.3	周界外浓度最高点	0.030

序号	污染物	最高允许排放浓度/（mg/m³）	最高允许排放速率/（kg/h）				无组织排放监控浓度限值	
			排气筒高度/m	一级	二级	三级	监控点	浓度/（mg/m³）
24	甲醇	220	15	禁排	6.1	9.2	周界外浓度最高点	15
			20		10	15		
			30		34	52		
			40		59	90		
			50		91	140		
			60		130	200		
25	苯胺类	25	15	禁排	0.61	0.92	周界外浓度最高点	0.50
			20		1.0	1.5		
			30		3.4	5.2		
			40		5.9	9.0		
			50		9.1	14		
			60		13	20		
26	氯苯类	85	15	禁排	0.67	0.92	周界外浓度最高点	0.50
			20		1.0	1.5		
			30		2.9	4.4		
			40		5.0	7.6		
			50		7.7	12		
			60		11	17		
			70		15	23		
			80		21	32		
			90		27	41		
			100		34	52		
27	硝基苯类	20	15	禁排	0.060	0.090	周界外浓度最高点	0.050
			20		0.10	0.15		
			30		0.34	0.52		
			40		0.59	0.90		
			50		0.91	1.4		
			60		1.3	2.0		
28	氯乙烯	65	15	禁排	0.91	1.4	周界外浓度最高点	0.75
			20		1.5	2.3		
			30		5.0	7.8		
			40		8.9	13		
			50		14	21		
			60		19	29		

序号	污染物	最高允许排放浓度/（mg/m^3）	最高允许排放速率/（kg/h）				无组织排放监控浓度限值	
			排气筒高度/m	一级	二级	三级	监控点	浓度/（mg/m^3）
29	苯并[a]芘	0.50×10^{-3}（沥青及碳素制品生产和加工）	15	禁排	0.06×10^{-3}	0.09×10^{-3}	周界外浓度最高点	0.01 μg/m³
			20		0.10×10^{-3}	0.15×10^{-3}		
			30		0.34×10^{-3}	0.51×10^{-3}		
			40		0.59×10^{-3}	0.89×10^{-3}		
			50		0.90×10^{-3}	1.4×10^{-3}		
			60		1.3×10^{-3}	2.0×10^{-3}		
30	光气[6)]	5.0	25	禁排	0.12	0.18	周界外浓度最高点	0.10
			30		0.20	0.31		
			40		0.69	1.0		
			50		1.2	1.8		
31	沥青烟	280（吹制沥青）	15	0.11	0.22	0.34	生产设备不得有明显的无组织排放存在	
			20	0.19	0.36	0.55		
		80（熔炼、浸涂）	30	0.82	1.6	2.4		
			40	1.4	2.8	4.2		
			50	2.2	4.3	6.6		
		150（建筑搅拌）	60	3.0	5.9	9.0		
			70	4.5	8.7	13		
			80	6.2	12	18		
32	石棉尘	2根（纤维）/cm^3 或 20 mg/m^3	15	禁排	0.65	0.98	生产设备不得有明显的无组织排放存在	
			20		1.1	1.7		
			30		4.2	6.4		
			40		7.2	11		
			50		11	17		
33	非甲烷总烃	150(使用溶剂汽油或其他混合烃类物质)	15	6.3	12	18	周界外浓度最高点	5.0
			20	10	20	30		
			30	35	63	100		
			40	61	120	170		

注：1）一般应于无组织排放源上风向 2～50 m 范围内设参考点，排放源下风向 2～50 m 范围内设监控点。

2）周界外浓度最高点一般应设于排放源下风向的单位周界外 10 m 范围内。如预计无组织排放的最大落地浓度点超出 10 m 范围，可将监控点移至该预计浓度最高点。

3）均指含游离二氧化硅 10%以上的各种尘。

4）排放氯气的排气筒不得低于 25 m。

5）排放氰化氢的排气筒不得低于 25 m。

6）排放光气的排气筒不得低于 25 m。

表 2　新污染源大气污染物排放限值

序号	污染物	最高允许排放浓度/（mg/m^3）	最高允许排放速率/（kg/h）			无组织排放监控浓度限值	
			排气筒高度/m	二级	三级	监控点	浓度/（mg/m^3）
1	二氧化硫	960（硫、二氧化硫、硫酸和其他含硫化合物生产）	15	2.6	3.5	周界外浓度最高点[1]	0.40
			20	4.3	6.6		
			30	15	22		
			40	25	38		
		550（硫、二氧化硫、硫酸和其他含硫化合物使用）	50	39	58		
			60	55	83		
			70	77	120		
			80	110	160		
			90	130	200		
			100	170	270		
2	氮氧化物	1 400（硝酸、氮肥和火炸药生产）	15	0.77	1.2	周界外浓度最高点	0.12
			20	1.3	2.0		
			30	4.4	6.6		
			40	7.5	11		
		240（硝酸使用和其他）	50	12	18		
			60	16	25		
			70	23	35		
			80	31	47		
			90	40	61		
			100	52	78		
3	颗粒物	18（碳黑尘、染料尘）	15	0.51	0.74	周界外浓度最高点	肉眼不可见
			20	0.85	1.3		
			30	3.4	5.0		
			40	5.8	8.5		
		60[2]（玻璃棉尘、石英粉尘、矿渣棉尘）	15	1.9	2.6	周界外浓度最高点	1.0
			20	3.1	4.5		
			30	12	18		
			40	21	31		
		120（其他）	15	3.5	5.0	周界外浓度最高点	1.0
			20	5.9	8.5		
			30	23	34		
			40	39	59		
			50	60	94		
			60	85	130		
4	氯化氢	100	15	0.26	0.39	周界外浓度最高点	0.20
			20	0.43	0.65		
			30	1.4	2.2		
			40	2.6	3.8		
			50	3.8	5.9		
			60	5.4	8.3		
			70	7.7	12		
			80	10	16		

序号	污染物	最高允许排放浓度/（mg/m³）	最高允许排放速率/（kg/h）			无组织排放监控浓度限值	
			排气筒高度/m	二级	三级	监控点	浓度/（mg/m³）
5	铬酸雾	0.070	15 20 30 40 50 60	0.008 0.013 0.043 0.076 0.12 0.16	0.012 0.020 0.066 0.12 0.18 0.25	周界外浓度最高点	0.006 0
6	硫酸雾	430（火炸药厂） 45（其他）	15 20 30 40 50 60 70 80	1.5 2.6 8.8 15 23 33 46 63	2.4 3.9 13 23 35 50 70 95	周界外浓度最高点	1.2
7	氟化物	90（普钙工业） 9.0（其他）	15 20 30 40 50 60 70 80	0.10 0.17 0.59 1.0 1.5 2.2 3.1 4.2	0.15 0.26 0.88 1.5 2.3 3.3 4.7 6.3	周界外浓度最高点	20 μg/m³
8	氯气[3)]	65	25 30 40 50 60 70 80	0.52 0.87 2.9 5.0 7.7 11 15	0.78 1.3 4.4 7.6 12 17 23	周界外浓度最高点	0.40
9	铅及其化合物	0.70	15 20 30 40 50 60 70 80 90 100	0.004 0.006 0.027 0.047 0.072 0.10 0.15 0.20 0.26 0.33	0.006 0.009 0.041 0.071 0.11 0.15 0.22 0.30 0.40 0.51	周界外浓度最高点	0.006 0
10	汞及其化合物	0.012	15 20 30 40 50 60	1.5×10^{-3} 2.6×10^{-3} 7.8×10^{-3} 15×10^{-3} 23×10^{-3} 33×10^{-3}	2.4×10^{-3} 3.9×10^{-3} 13×10^{-3} 23×10^{-3} 35×10^{-3} 50×10^{-3}	周界外浓度最高点	0.001 2

序号	污染物	最高允许排放浓度/（mg/m^3）	最高允许排放速率/（kg/h）			无组织排放监控浓度限值	
			排气筒高度/m	二级	三级	监控点	浓度/（mg/m^3）
11	镉及其化合物	0.85	15 20 30 40 50 60 70 80	0.050 0.090 0.29 0.50 0.77 1.1 1.5 2.1	0.080 0.13 0.44 0.77 1.2 1.7 2.3 3.2	周界外浓度最高点	0.040
12	铍及其化合物	0.012	15 20 30 40 50 60 70 80	1.1×10^{-3} 1.8×10^{-3} 6.2×10^{-3} 11×10^{-3} 16×10^{-3} 23×10^{-3} 33×10^{-3} 44×10^{-3}	1.7×10^{-3} 2.8×10^{-3} 9.4×10^{-3} 16×10^{-3} 25×10^{-3} 35×10^{-3} 50×10^{-3} 67×10^{-3}	周界外浓度最高点	0.000 8
13	镍及其化合物	4.3	15 20 30 40 50 60 70 80	0.15 0.26 0.88 1.5 2.3 3.3 4.6 6.3	0.24 0.34 1.3 2.3 3.5 5.0 7.0 10	周界外浓度最高点	0.040
14	锡及其化合物	8.5	15 20 30 40 50 60 70 80	0.31 0.52 1.8 3.0 4.6 6.6 9.3 13	0.47 0.79 2.7 4.6 7.0 10 14 19	周界外浓度最高点	0.24
15	苯	12	15 20 30 40	0.50 0.90 2.9 5.6	0.80 1.3 4.4 7.6	周界外浓度最高点	0.40
16	甲苯	40	15 20 30 40	3.1 5.2 18 30	4.7 7.9 27 46	周界外浓度最高点	2.4
17	二甲苯	70	15 20 30 40	1.0 1.7 5.9 10	1.5 2.6 8.8 15	周界外浓度最高点	1.2

序号	污染物	最高允许排放浓度/（mg/m³）	最高允许排放速率/（kg/h）			无组织排放监控浓度限值	
			排气筒高度/m	二级	三级	监控点	浓度/（mg/m³）
18	酚类	100	15 20 30 40 50 60	0.10 0.17 0.58 1.0 1.5 2.2	0.15 0.26 0.88 1.5 2.3 3.3	周界外浓度最高点	0.080
19	甲醛	25	15 20 30 40 50 60	0.26 0.43 1.4 2.6 3.8 5.4	0.39 0.65 2.2 3.8 5.9 8.3	周界外浓度最高点	0.20
20	乙醛	125	15 20 30 40 50 60	0.050 0.090 0.29 0.50 0.77 1.1	0.080 0.13 0.44 0.77 1.2 1.6	周界外浓度最高点	0.040
21	丙烯腈	22	15 20 30 40 50 60	0.77 1.3 4.4 7.5 12 16	1.2 2.0 6.6 11 18 25	周界外浓度最高点	0.60
22	丙烯醛	16	15 20 30 40 50 60	0.52 0.87 2.9 5.0 7.7 11	0.78 1.3 4.4 7.6 12 17	周界外浓度最高点	0.40
23	氰化氢[4)]	1.9	25 30 40 50 60 70 80	0.15 0.26 0.88 1.5 2.3 3.3 4.6	0.24 0.39 1.3 2.3 3.5 5.0 7.0	周界外浓度最高点	0.024
24	甲醇	190	15 20 30 40 50 60	5.1 8.6 29 50 77 100	7.8 13 44 70 120 170	周界外浓度最高点	12

序号	污染物	最高允许排放浓度/（mg/m^3）	最高允许排放速率/（kg/h）			无组织排放监控浓度限值	
			排气筒高度/m	二级	三级	监控点	浓度/（mg/m^3）
25	苯胺类	20	15	0.52	0.78	周界外浓度最高点	0.40
			20	0.87	1.3		
			30	2.9	4.4		
			40	5.0	7.6		
			50	7.7	12		
			60	11	17		
26	氯苯类	60	15	0.52	0.78	周界外浓度最高点	0.40
			20	0.87	1.3		
			30	2.5	3.8		
			40	4.3	6.5		
			50	6.6	9.9		
			60	9.3	14		
			70	13	20		
			80	18	27		
			90	23	35		
			100	29	44		
27	硝基苯类	16	15	0.050	0.080	周界外浓度最高点	0.040
			20	0.090	0.13		
			30	0.29	0.44		
			40	0.50	0.77		
			50	0.77	1.2		
			60	1.1	1.7		
28	氯乙烯	36	15	0.77	1.2	周界外浓度最高点	0.60
			20	1.3	2.0		
			30	4.4	6.6		
			40	7.5	11		
			50	12	18		
			60	16	25		
29	苯并[a]芘	0.30×10^{-3}（沥青及碳素制品生产和加工）	15	0.050×10^{-3}	0.080×10^{-3}	周界外浓度最高点	0.008 $\mu g/m^3$
			20	0.085×10^{-3}	0.13×10^{-3}		
			30	0.29×10^{-3}	0.43×10^{-3}		
			40	0.50×10^{-3}	0.76×10^{-3}		
			50	0.77×10^{-3}	1.2×10^{-3}		
			60	1.1×10^{-3}	1.7×10^{-3}		
30	光气[5)]	3.0	25	0.10	0.15	周界外浓度最高点	0.080
			30	0.17	0.26		
			40	0.59	0.88		
			50	1.0	1.5		
31	沥青烟	140（吹制沥青）	15	0.18	0.27	生产设备不得有明显的无组织排放存在	
			20	0.30	0.45		
		40（熔炼、浸涂）	30	1.3	2.0		
			40	2.3	3.5		
			50	3.6	5.4		
		75（建筑搅拌）	60	5.6	7.5		
			70	7.4	11		
			80	10	15		

序号	污染物	最高允许排放浓度/（mg/m³）	最高允许排放速率/（kg/h）			无组织排放监控浓度限值	
			排气筒高度/m	二级	三级	监控点	浓度/（mg/m³）
32	石棉尘	1 根（纤维）/cm³ 或 10 mg/m³	15	0.55	0.83	生产设备不得有明显的无组织排放存在	
			20	0.93	1.4		
			30	3.6	5.4		
			40	6.2	9.3		
			50	9.4	14		
33	非甲烷总烃	120（使用溶剂汽油或其他混合烃类物质）	15	10	16	周界外浓度最高点	4.0
			20	17	27		
			30	53	83		
			40	100	150		

注：1）周界外浓度最高点一般应设置于无组织排放源下风向的单位周界外 10 m 范围内，若预计无组织排放的最大落地浓度点超出 10 m 范围，可将监控点移至该预计浓度最高点。

2）均指含游离二氧化硅超过 10%以上的各种尘。

3）排放氯气的排气筒不得低于 25 m。

4）排放氰化氢的排气筒不得低于 25 m。

5）排放光气的排气筒不得低于 25 m。

附录三 室内空气质量标准 GB/T 18883—2002

室内空气质量标准

序号	参数类别	参数	单位	标准值	备注
1	物理性	温度	℃	22～28	夏季空调
				16～24	冬季采暖
2		相对湿度	%	40～80	夏季空调
				30～60	冬季采暖
3		空气流速	m/s	0.3	夏季空调
				0.2	冬季采暖
4		新风量	m^3/（h·人）	30[a]	
5	化学性	二氧化硫（SO_2）	mg/m^3	0.50	1 小时均值
6		二氧化氮（NO_2）	mg/m^3	0.24	1 小时均值
7		一氧化碳（CO）	mg/m^3	10	1 小时均值
8		二氧化碳（CO_2）	%	0.10	日平均值
9		氨（NH_3）	mg/m^3	0.20	1 小时均值
10		臭氧（O_3）	mg/m^3	0.16	1 小时均值
11		甲醛（HCHO）	mg/m^3	0.10	1 小时均值
12		苯（C_6H_6）	mg/m^3	0.11	1 小时均值
13		甲苯（C_7H_8）	mg/m^3	0.20	1 小时均值
14		二甲苯（C_8H_{10}）	mg/m^3	0.20	1 小时均值
15		苯并[a]芘（B(a)P）	mg/m^3	1.0	日平均值
16		可吸入颗粒物（PM_{10}）	mg/m^3	0.15	日平均值
17		总挥发性有机物 TVOC	mg/m^3	0.60	8 小时均值
18	生物性	菌落总数	cfu/m^3	2 500	依据仪器定
19	放射性	氡 ^{222}Rn	Bq/m^3	400	年平均值（行动水平 [b]）

注：a 新风量要求≥标准值，除温度、相对湿度外的其他参数要求≤标准值；

b 达到此水平建议采取干预行动以降低室内氡浓度。

附录四　城市区域环境噪声标准 GB 3096—93

城市 5 类区域环境噪声标准值列于下表。

等效声级 L_{Aeq}（dB）

类别	昼间	夜间
0	50	40
1	55	45
2	60	50
3	65	55
4	70	55

各类标准的适用区域：

0 类标准适用于疗养区、高级别墅区、高级宾馆区等特别需要安静的区域。位于城郊和乡村的这一类区域分别按严于 0 类标准 5 dB 执行。

1 类标准适用于以居住、文教机关为主的区域。乡村居住环境可参照执行该类标准。

2 类标准适用于居住、商业、工业混杂区。

3 类标准适用于工业区。

4 类标准适用于城市中的道路交通干线道路两侧区域，穿越城区的内河航道两侧区域。穿越城区的铁路主、次干线两侧区域的背景噪声（指不通过列车时的噪声水平）限值也执行该类标准。

夜间突发噪声：

夜间突发的噪声，其最大值不准超过标准值 15 dB。

附录五 工业企业厂界噪声标准 GB 12348—90

各类厂界噪声标准值列于下表。

等效声级 L_{eq}[dB（A）]

类别	昼间	夜间
Ⅰ	55	45
Ⅱ	60	50
Ⅲ	65	55
Ⅳ	70	55

各类标准适用范围的划定：

Ⅰ类标准适用于以居住、文教机关为主的区域。

Ⅱ类标准适用于居住、商业、工业混杂区及商业中心区。

Ⅲ类标准适用于工业区。

Ⅳ类标准适用于交通干线道路两侧区域。

各类标准适用范围由地方人民政府划定。

夜间频繁突发的噪声（如排气噪声），其峰值不准超过标准值 10 dB（A），夜间偶然突发的噪声（如短促鸣笛声），其峰值不准超过标准值 15 dB（A）。

附录六　建筑施工场界噪声限值 GB 12523—90

不同施工阶段作业噪声限值列于下表。

等效声级 L_{eq}[dB（A）]

施工阶段	主要噪声源	噪声限值	
		昼间	夜间
土石方	推土机、挖掘机、装载机等	75	55
打桩	各种打桩机等	85	禁止施工
结构	混凝土搅拌机、振捣棒、电锯等	70	55
装修	吊车、升降机等	65	55

附录七　生活饮用水卫生标准 GB 5749—85

项　目		标　准
感官性状和一般化学指标	色	色度不超过 15 度，并不得呈现其他异色
	浑浊度（度）	不超过 3 度，特殊情况不超过 5 度
	嗅和味	不得有异臭、异味
	肉眼可见物	不得含有
	pH	6.5～8.5
	总硬度（以 $CaCO_3$ 计）/（mg/L）	450
	铁（Fe）/（mg/L）	0.3
	锰（Mn）/（mg/L）	0.1
	铜（Cu）/（mg/L）	1.0
	锌（Zn）/（mg/L）	1.0
	挥发酚类（以苯酚计）/（mg/L）	0.002
	硫酸盐/（mg/L）	250
	氯化物/（mg/L）	250
	溶解性总固体/（mg/L）	1 000
毒理学指标	氟化物/（mg/L）	1.0
	氰化物/（mg/L）	0.05
	砷（As）/（mg/L）	0.05
	硒（Se）/（mg/L）	0.01
	汞（Hg）/（mg/L）	0.001
	镉（Cd）/（mg/L）	0.01
	铬（六价）（Cr^{6+}）/（mg/L）	0.05
	铅（Pb）/（mg/L）	0.05
	银	0.05
	硝酸盐（以 N 计）/（mg/L）	20
	氯仿*/（μg/L）	60
	四氯化碳*/（μg/L）	3
	苯并[a]芘*/（μg/L）	0.01
	滴滴涕*/（μg/L）	＞1.0
	六六六*/（μg/L）	＞5.0
细菌学指标	细菌总数/（个/ml）	100
	总大肠菌群/（个/L）	3
	游离余氯	在与水接触 30 min 后应不低于 0.3 mg/L。集中式给水除出厂水应符合上述要求外，管网末梢水不应低于 0.05 mg/L
放射性指标	总 α 放射性/（Bq/L）	0.1
	总 β 放射性/（Bq/L）	1.0

附录八　地表水环境质量标准 GB 3838—2002

表 1　地表水环境质量标准基本项目标准限值

单位：mg/L

序号	标准值 分类 项目	Ⅰ类	Ⅱ类	Ⅲ类	Ⅳ类	Ⅴ类
1	水温/℃	人为造成的环境水温变化应限制在：周平均最大温升≤1 周平均最大温降≤2				
2	pH 值（无量纲）	6～9				
3	溶解氧≥	饱和率 90%（或 7.5）	6	5	3	2
4	高锰酸盐指数≤	2	4	6	10	15
5	化学需氧量（COD）≤	15	15	20	30	40
6	五日生化需氧量（BOD_5）≤	3	3	4	6	10
7	氨氮（NH_3-N）≤	0.15	0.5	1.0	1.5	2.0
8	总磷（以 P 计）≤	0.02（湖、库 0.01）	0.1(湖、库 0.025)	0.2（湖、库 0.05）	0.3（湖、库 0.1）	0.4（湖、库 0.2）
9	总氮（湖、库，以 N 计）≤	0.2	0.5	1.0	1.5	2.0
10	铜≤	0.01	1.0	1.0	1.0	1.0
11	锌≤	0.05	1.0	1.0	2.0	2.0
12	氟化物（以 F^- 计）≤	1.0	1.0	1.0	1.5	1.5
13	硒≤	0.01	0.01	0.01	0.02	0.02
14	砷≤	0.05	0.05	0.05	0.1	0.1
15	汞≤	0.000 05	0.000 05	0.000 1	0.001	0.001
16	镉≤	0.001	0.005	0.005	0.005	0.01
17	铬（六价）≤	0.01	0.05	0.05	0.05	0.1
18	铅≤	0.01	0.01	0.05	0.05	0.1
19	氰化物≤	0.005	0.05	0.2	0.2	0.2
20	挥发酚≤	0.002	0.002	0.005	0.01	0.1
21	石油类≤	0.05	0.05	0.05	0.5	1.0
22	阴离子表面活性剂≤	0.2	0.2	0.2	0.3	0.3
23	硫化物≤	0.05	0.1	0.2	0.5	1.0
24	粪大肠菌群（个/L）≤	200	2 000	10 000	20 000	40 000

表 2　集中式生活饮用水地表水源地补充项目标准限值

单位：mg/L

序　号	项　目	标准值
1	硫酸盐（以 SO_4^{2-} 计）	250
2	氯化物（以 Cl^- 计）	250
3	硝酸盐（以 N 计）	10
4	铁	0.3
5	锰	0.1

表 3　集中式生活饮用水地表水源地特定项目标准限值

单位：mg/L

序号	项　目	标准值	序号	项　目	标准值
1	三氯甲烷	0.06	41	丙烯酰胺	0.000 5
2	四氯化碳	0.002	42	丙烯腈	0.1
3	三溴甲烷	0.1	43	邻苯二甲酸二丁酯	0.003
4	二氯甲烷	0.02	44	邻苯二甲酸二（2-乙基己基）酯	0.008
5	1,2-二氯乙烷	0.03	45	水合肼	0.01
6	环氧氯丙烷	0.02	46	四乙基铅	0.000 1
7	氯乙烯	0.005	47	吡啶	0.2
8	1,1-二氯乙烯	0.03	48	松节油	0.2
9	1,2-二氯乙烯	0.05	49	苦味酸	0.5
10	三氯乙烯	0.07	50	丁基黄原酸	0.005
11	四氯乙烯	0.04	51	活性氯	0.01
12	氯丁二烯	0.002	52	滴滴涕	0.001
13	六氯丁二烯	0.000 6	53	林丹	0.002
14	苯乙烯	0.02	54	环氧七氯	0.000 2
15	甲醛	0.9	55	对硫磷	0.003
16	乙醛	0.05	56	甲基对硫磷	0.002
17	丙烯醛	0.1	57	马拉硫磷	0.05
18	三氯乙醛	0.01	58	乐果	0.08
19	苯	0.01	59	敌敌畏	0.05
20	甲苯	0.7	60	敌百虫	0.05
21	乙苯	0.3	61	内吸磷	0.03
22	二甲苯①	0.5	62	百菌清	0.01
23	异丙苯	0.25	63	甲萘威	0.05
24	氯苯	0.3	64	溴氰菊酯	0.02
25	1,2-二氯苯	1.0	65	阿特拉津	0.003
26	1,4-二氯苯	0.3	66	苯并[a]芘	2.8×10^{-6}
27	三氯苯②	0.02	67	甲基汞	1.0×10^{-6}
28	四氯苯③	0.02	68	多氯联苯⑥	2.0×10^{-5}

序号	项 目	标准值	序号	项 目	标准值
29	六氯苯	0.05	69	微囊藻毒素-LR	0.001
30	硝基苯	0.017	70	黄磷	0.003
31	二硝基苯④	0.5	71	钼	0.07
32	2,4-二硝基甲苯	0.000 3	72	钴	1.0
33	2,4，6-三硝基甲苯	0.5	73	铍	0.002
34	硝基氯苯⑤	0.05	74	硼	0.5
35	2,4-二硝基氯苯	0.5	75	锑	0.005
36	2,4-二氯苯酚	0.093	76	镍	0.02
37	2,4,6-三氯苯酚	0.2	77	钡	0.7
38	五氯酚	0.009	78	钒	0.05
39	苯胺	0.1	79	钛	0.1
40	联苯胺	0.000 2	80	铊	0.000 1

注：①二甲苯：指对-二甲苯、间-二甲苯、邻-二甲苯。

②三氯苯：指 1,2,3-三氯苯、1,2,4-三氯苯、1,3,5-三氯苯。

③四氯苯：指 1,2,3,4-四氯苯、1,2,3,5-四氯苯、1,2,4,5-四氯苯。

④二硝基苯：指对-二硝基苯、间-二硝基苯、邻-二硝基苯。

⑤硝基氯苯：指对-硝基氯苯、间-硝基氯苯、邻-硝基氯苯。

⑥多氯联苯：指 PCB-1016、PCB-1221、PCB-1232、PCB-1242、PCB-1248、PCB-1254、PCB-1260。

表 4　地表水环境质量标准基本项目分析方法

序号	项 目	分 析 方 法	最低检出限/（mg/L）	方法来源
1	水温	温度计法		GB 13195—91
2	pH 值	玻璃电极法		GB 6920—86
3	溶解氧	碘量法	0.2	GB 7489—87
		电化学探头法		GB 11913—89
4	高锰酸盐指数		0.5	GB 11892—89
5	化学需氧量	重铬酸盐法	10	GB 11914—89
6	五日生化需氧量	稀释与接种法	2	GB 7488—87
7	氨氮	纳氏试剂比色法	0.05	GB 7479—87
		水杨酸分光光度法	0.01	GB 7481—87
8	总磷	钼酸铵分光光度法	0.01	GB 11893—89
9	总氮	碱性过硫酸钾消解紫外分光光度法	0.05	GB 11894—89
10	铜	2,9-二甲基-1,10-菲啰啉分光光度法	0.06	GB 7473—87
		二乙基二硫代氨基甲酸钠分光光度法	0.010	GB 7474—87
		原子吸收分光光度法（螯合萃取法）	0.001	GB 7475—87
11	锌	原子吸收分光光度法	0.05	GB 7475—87
12	氟化物	氟试剂分光光度法	0.05	GB 7483—87
		离子选择电极法	0.05	GB 7484—87
		离子色谱法	0.02	HJ/T 84—2001

序号	项目	分析方法	最低检出限/(mg/L)	方法来源
13	硒	2,3-二氨基萘荧光法	0.000 25	GB 11902—89
		石墨炉原子吸收分光光度法	0.003	GB/T 15505—1995
14	砷	二乙基二硫代氨基甲酸银分光光度法	0.007	GB 7485—87
		冷原子荧光法	0.000 06	1)
15	汞	冷原子吸收分光光度法	0.000 05	GB 7468—87
		冷原子荧光法	0.000 05	1)
16	镉	原子吸收分光光度法（整合萃取法）	0.001	GB 7475—87
17	铬（六价）	二苯碳酰二肼分光光度法	0.004	GB 7467—87
18	铅	原子吸收分光光度法（整合萃取法）	0.01	GB 7475—87
19	氰化物	异烟酸-吡唑啉酮比色法	0.004	GB 7487—87
		吡啶-巴比妥酸比色法	0.002	
20	挥发酚	蒸馏后 4-氨基安替比林分光光度法	0.002	GB 7490—87
21	石油类	红外分光光度法	0.01	GB/T 16488—1996
22	阴离子表面活性剂	亚甲蓝分光光度法	0.05	GB 7494—87
23	硫化物	亚甲基蓝分光光度法	0.005	GB/T 16489—1996
		直接显色分光光度法	0.004	GB/T 17133—1997
24	粪大肠菌群	多管发酵法、滤膜法		1)

注：暂采用下列分析方法，待国家方法标准发布后，执行国家标准。

1）《水和废水监测分析方法》（第 3 版），中国环境科学出版社，1989 年。

表 5　集中式生活饮用水地表水源地补充项目分析方法

序号	项目	分析方法	最低检出限/(mg/L)	方法来源
1	硫酸盐	重量法	10	GB 11899—89
		火焰原子吸收分光光度法	0.4	GB 13196—91
		铬酸钡光度法	8	1)
		离子色谱法	0.09	HJ/T 84—2001
2	氯化物	硝酸银滴定法	10	GB 11896—89
		硝酸汞滴定法	2.5	1)
		离子色谱法	0.02	HJ/T 84—2001
3	硝酸盐	酚二磺酸分光光度法	0.02	GB 7480—87
		紫外分光光度法	0.08	1)
		离子色谱法	0.08	HJ/T 84—2001
4	铁	火焰原子吸收分光光度法	0.03	GB 11911—89
		邻菲啰啉分光光度法	0.03	1)
5	锰	高碘酸钾分光光度法	0.02	GB 11906—89
		火焰原子吸收分光光度法	0.01	GB 11911—89
		甲醛肟光度法	0.01	1)

注：暂采用下列分析方法，待国家方法标准发布后，执行国家标准。

1）《水和废水监测分析方法》（第 3 版），中国环境科学出版社，1989 年。

表 6　集中式生活饮用水地表水源地特定项目分析方法

序号	项　目	分析方法	最低检出限/（mg/L）	方法来源
1	三氯甲烷	顶空气相色谱法	0.000 3	GB/T 17130—1997
		气相色谱法	0.000 6	2）
2	四氯化碳	顶空气相色谱法	0.000 05	GB/T 17130—1997
		气相色谱法	0.000 3	2）
3	三溴甲烷	顶空气相色谱法	0.001	GB/T 17130—1997
		气相色谱法	0.006	2）
4	二氯甲烷	顶空气相色谱法	0.008 7	2）
5	1,2-二氯乙烷	顶空气相色谱法	0.012 5	2）
6	环氧氯丙烷	气相色谱法	0.02	2）
7	氯乙烯	气相色谱法	0.001	2）
8	1,1-二氯乙烯	吹出捕集气相色谱法	0.000 018	2）
9	1,2-二氯乙烯	吹出捕集气相色谱法	0.000 012	2）
10	三氯乙烯	顶空气相色谱法	0.000 5	GB/T 17130—1997
		气相色谱法	0.003	2）
11	四氯乙烯	顶空气相色谱法	0.000 2	GB/T 17130—1997
		气相色谱法	0.001 2	2）
12	氯丁二烯	顶空气相色谱法	0.002	2）
13	六氯丁二烯	气相色谱法	0.000 02	2）
14	苯乙烯	气相色谱法	0.01	2）
15	甲醛	乙酰丙酮分光光度法	0.05	GB 13197—91
		4-氨基-3-联氨-5-巯基-1,2,4-三氮杂茂（AHMT）分光光度法	0.05	2）
16	乙醛	气相色谱法	0.24	2）
17	丙烯醛	气相色谱法	0.019	2）
18	三氯乙醛	气相色谱法	0.001	2）
19	苯	液上气相色谱法	0.005	GB 11890—89
		顶空气相色谱法	0.000 42	2）
20	甲苯	液上气相色谱法	0.005	GB 11890—89
		二硫化碳萃取气相色谱法	0.05	
		气相色谱法	0.01	2）
21	乙苯	液上气相色谱法	0.005	GB 11890—89
		二硫化碳萃取气相色谱法	0.05	
		气相色谱法	0.01	2）

序号	项　目	分析方法	最低检出限/（mg/L）	方法来源
22	二甲苯	液上气相色谱法	0.005	GB 11890—89
		二硫化碳萃取气相色谱法	0.05	
		气相色谱法	0.01	2）
23	异丙苯	顶空气相色谱法	0.003 2	2）
24	氯苯	气相色谱法	0.01	HJ/T 74—2001
25	1,2-二氯苯	气相色谱法	0.002	GB/T 17 131—1997
26	1,4-二氯苯	气相色谱法	0.005	GB/T 17 131—1997
27	三氯苯	气相色谱法	0.000 04	2）
28	四氯苯	气相色谱法	0.000 02	2）
29	六氯苯	气相色谱法	0.000 02	2）
30	硝基苯	气相色谱法	0.000 2	GB 13194—91
31	二硝基苯	气相色谱法	0.2	2）
32	2,4-二硝基甲苯	气相色谱法	0.000 3	GB 13194—91
33	2,4,6-三硝基甲苯	气相色谱法	0.1	2）
34	硝基氯苯	气相色谱法	0.000 2	GB 13194—91
35	2,4-二硝基氯苯	气相色谱法	0.1	2）
36	2,4-二氯苯酚	电子捕获-毛细色谱法	0.000 4	2）
37	2,4,6-三氯苯酚	电子捕获-毛细色谱法	0.000 04	2）
38	五氯酚	气相色谱法	0.000 04	GB 8972—88
		电子捕获-毛细色谱法	0.000 024	2）
39	苯胺	气相色谱法	0.002	2）
40	联苯胺	气相色谱法	0.000 2	3）
41	丙烯酰胺	气相色谱法	0.000 15	2）
42	丙烯腈	气相色谱法	0.10	2）
43	邻苯二甲酸二丁酯	液相色谱法	0.000 1	HJ/T 72—2001
44	邻苯二甲酸二（2-乙基己基）酯	气相色谱法	0.000 4	2）
45	水合肼	对二甲氨基苯甲醛直接分光光度法	0.005	2）
46	四乙基铅	双硫腙比色法	0.000 1	2）
47	吡啶	气相色谱法	0.031	GB/T 14672—93
		巴比土酸分光光度法	0.05	2）
48	松节油	气相色谱法	0.02	2）
49	苦味酸	气相色谱法	0.001	2）
50	丁基黄原酸	铜试剂亚铜分光光度法	0.002	2）

序号	项　目	分析方法	最低检出限/（mg/L）	方法来源
51	活性氯	N，N-二乙基对苯二胺（DPD）分光光度法	0.01	2）
		3,3′,5,5′-四甲基联苯胺比色法	0.005	2）
52	滴滴涕	气相色谱法	0.000 2	GB 7492—87
53	林丹	气相色谱法	4×10^{-6}	GB 7492—87
54	环氧七氯	液液萃取气相色谱法	0.000 083	2）
55	对硫磷	气相色谱法	0.000 54	GB 13192—91
56	甲基对硫磷	气相色谱法	0.000 42	GB 13192—91
57	马拉硫磷	气相色谱法	0.000 64	GB 13192—91
58	乐果	气相色谱法	0.000 57	GB 13192—91
59	敌敌畏	气相色谱法	0.000 06	GB 13192—91
60	敌百虫	气相色谱法	0.000 051	GB 13192—91
61	内吸磷	气相色谱法	0.002 5	2）
62	百菌清	气相色谱法	0.000 4	2）
63	甲萘威	高效液相色谱法	0.01	2）
64	溴氰菊酯	气相色谱法	0.000 2	2）
		高效液相色谱法	0.002	2）
65	阿特拉津	气相色谱法		3）
66	苯并[a]芘	乙酰化滤纸层析荧光分光光度法	4×10^{-6}	GB 11895—89
		高效液相色谱法	1×10^{-6}	GB 13198—91
67	甲基汞	气相色谱法	1×10^{-8}	GB/T 17132—1997
68	多氯联苯	气相色谱法		3）
69	微囊藻毒素-LR	高效液相色谱法	0.000 01	2）
70	黄磷	钼-锑-抗分光光度法	0.002 5	2）
71	钼	无火焰原子吸收分光光度法	0.002 31	2）
72	钴	无火焰原子吸收分光光度法	0.001 91	2）
73	铍	铬菁 R 分光光度法	0.000 2	HJ/T 58—2000
		石墨炉原子吸收分光光度法	0.000 02	HJ/T 59—2000
		桑色素荧光分光光度法	0.000 2	2）
74	硼	姜黄素分光光度法	0.02	HJ/T 49—1999
		甲亚胺-H 分光光度法	0.2	2）
75	锑	氢化原子吸收分光光度法	0.000 25	2）

序号	项　目	分析方法	最低检出限/（mg/L）	方法来源
76	镍	无火焰原子吸收分光光度法	0.002 48	2）
77	钡	无火焰原子吸收分光光度法	0.006 18	2）
78	钒	钽试剂（BPHA）萃取分光光度法	0.018	GB/T 15503—1995
		无火焰原子吸收分光光度法	0.006 98	2）
79	钛	催化示波极谱法	0.000 4	2）
		水杨基荧光酮分光光度法	0.02	2）
80	铊	无火焰原子吸收分光光度法	4×10^{-6}	2）

注：暂采用下列分析方法，待国家方法标准发布后，执行国家标准。

1）《水和废水监测分析方法》（第 3 版），中国环境科学出版社，1989 年。

2）《生活饮用水卫生规范》，中华人民共和国卫生部，2001 年。

3）《水和废水标准检验法》（第 15 版），中国建筑工业出版社，1985 年。

附录九　地下水质量标准GB/T 14848—93

依据我国地下水水质现状、人体健康基准值及地下水质量保护目标，并参照了生活饮用水、工业用水水质要求，将地下水质量划分为五类。

Ⅰ类 主要反映地下水化学组分的天然低背景含量。适用于各种用途。

Ⅱ类 主要反映地下水化学组分的天然背景含量。适用于各种用途。

Ⅲ类 以人体健康基准值为依据。主要适用于集中式生活饮用水水源及工、农业用水。

Ⅳ类 以农业和工业用水要求为依据。除适用于农业和部分工业用水外，适当处理后可作生活饮水。

Ⅴ类 不宜饮用，其他用水可根据使用目的选用。

地下水质量分类指标

项目序号	类别 / 标准值 / 项目	Ⅰ类	Ⅱ类	Ⅲ类	Ⅳ类	Ⅴ类
1	色（度）	≤5	≤5	≤15	≤25	>25
2	嗅和味	无	无	无	无	有
3	浑浊度（度）	≤3	≤3	≤3	≤10	>10
4	肉眼可见物	无	无	无	无	有
5	pH值	6.5～8.5			5.5～6.5，8.5～9	<5.5，>9
6	总硬度(以$CaCO_3$计)(mg/L)	≤150	≤300	≤450	≤550	>550
7	溶解性总固体（mg/L）	≤300	≤500	≤1 000	≤2 000	>2 000
8	硫酸盐（mg/L）	≤50	≤150	≤250	≤350	>350
9	氯化物（mg/L）	≤50	≤150	≤250	≤350	>350
10	铁（Fe）（mg/L）	≤0.1	≤0.2	≤0.3	≤1.5	>1.5
11	锰（Mn）（mg/L）	≤0.05	≤0.05	≤0.1	≤1.0	>1.0
12	铜（Cu）（mg/L）	≤0.01	≤0.05	≤1.0	≤1.5	>1.5
13	锌（Zn）（mg/L）	≤0.05	≤0.5	≤1.0	≤5.0	>5.0
14	钼（Mo）（mg/L）	≤0.001	≤0.01	≤0.1	≤0.5	>0.5
15	钴（Co）（mg/L）	≤0.005	≤0.05	≤0.05	≤1.0	>1.0
16	挥发性酚类（以苯酚计）(mg/L)	≤0.001	≤0.001	≤0.002	≤0.01	>0.01
17	阴离子合成洗涤剂（mg/L）	不得检出	≤0.1	≤0.3	≤0.3	>0.3

项目序号	类别 / 标准值 / 项目	Ⅰ类	Ⅱ类	Ⅲ类	Ⅳ类	Ⅴ类
18	高锰酸盐指数（mg/L）	≤1.0	≤2.0	≤3.0	≤10	＞10
19	硝酸盐（以N计）（mg/L）	≤2.0	≤5.0	≤20	≤30	＞30
20	亚硝酸盐（以N计）（mg/L）	≤0.001	≤0.01	≤0.02	≤0.1	＞0.1
21	氨氮（NH_3-N）（mg/L）	≤0.02	≤0.02	≤0.2	≤0.5	＞0.5
22	氟化物（mg/L）	≤1.0	≤1.0	≤1.0	≤2.0	＞2.0
23	碘化物（mg/L）	≤0.1	≤0.1	≤0.2	≤1.0	＞1.0
24	氰化物（mg/L）	≤0.001	≤0.01	≤0.05	≤0.1	＞0.1
25	汞（Hg）（mg/L）	≤0.000 05	≤0.000 5	≤0.001	≤0.001	＞0.001
26	砷（As）（mg/L）	≤0.005	≤0.01	≤0.05	≤0.05	＞0.05
27	硒（Se）（mg/L）	≤0.01	≤0.01	≤0.01	≤0.1	＞0.1
28	镉（Cd）（mg/L）	≤0.000 1	≤0.001	≤0.01	≤0.01	＞0.01
29	铬（六价）（Cr^{6+}）（mg/L）	≤0.005	≤0.01	≤0.05	≤0.1	＞0.1
30	铅（Pb）（mg/L）	≤0.005	≤0.01	≤0.05	≤0.1	＞0.1
31	铍（Be）（mg/L）	≤0.000 02	≤0.000 1	≤0.000 2	≤0.001	＞0.001
32	钡（Ba）（mg/L）	≤0.01	≤0.1	≤1.0	≤4.0	＞4.0
33	镍（Ni）（mg/L）	≤0.005	≤0.05	≤0.05	≤0.1	＞0.1
34	滴滴涕（μg/L）	不得检出	≤0.005	≤1.0	≤1.0	＞1.0
35	六六六（μg/L）	≤0.005	≤0.05	≤5.0	≤5.0	＞5.0
36	总大肠菌群（个/L）	≤3.0	≤3.0	≤3.0	≤100	＞100
37	细菌总数（个/ml）	≤100	≤100	≤100	≤1 000	＞1 000
38	总α放射性（Bq/L）	≤0.1	≤0.1	≤0.1	＞0.1	＞0.1
39	总β放射性（Bq/L）	≤0.1	≤1.0	≤1.0	＞1.0	＞1.0

附录十　渔业水质标准 GB 11607—89

单位：mg/L

项目序号	项　目	标　准　值
1	色、臭、味	不得使鱼、虾、贝、藻类带有异色、异臭、异味
2	漂浮物质	水面不得出现明显油膜或浮沫
3	悬浮物质	人为增加的量不得超过 10，而且悬浮物质沉积于底部后，不得对鱼、虾、贝类产生有害的影响
4	pH 值	淡水 6.5～8.5，海水 7.0～8.5
5	溶解氧	连续 24 h 中，16 h 以上必须大于 5，其余任何时候不得低于 3，对于鲑科鱼类栖息水域冰封期其余任何时候不得低于 4
6	生化需氧量（5d、20 ℃）	不超过 5，冰封期不超过 3
7	总大肠菌群	不超过 5 000 个/L（贝类养殖水质不超过 500 个/L）
8	汞	≤0.000 5
9	镉	≤0.005
10	铅	≤0.05
11	铬	≤0.1
12	铜	≤0.01
13	锌	≤0.1
14	镍	≤0.05
15	砷	≤0.05
16	氰化物	≤0.005
17	硫化物	≤0.2
18	氟化物（以 F^- 计）	≤1
19	非离子氨	≤0.02
20	凯氏氮	≤0.05
21	挥发性酚	≤0.005
22	黄磷	≤0.001
23	石油类	≤0.05
24	丙烯腈	≤0.5
25	丙烯醛	≤0.02
26	六六六（丙体）	≤0.002
27	滴滴涕	≤0.001
28	马拉硫磷	≤0.005
29	五氯酚钠	≤0.01
30	乐果	≤0.1
31	甲胺磷	≤1
32	甲基对硫磷	≤0.000 5
33	呋喃丹	≤0.01

附录十一　农田灌溉水质标准 GB 5084—92

单位：mg/L

序号	作物分类 / 标准值 / 项目	水作	旱作	蔬菜
1	生化需氧量（BOD_5）≤	80	150	80
2	化学需氧量（COD_{Cr}）≤	200	300	150
3	悬浮物≤	150	200	100
4	阴离子表面活性剂（LAS）≤	5.0	8.0	5.0
5	凯氏氮≤	12	30	30
6	总磷（以 P 计）≤	5.0	10	10
7	水温℃≤	35		
8	pH 值≤	5.5～8.5		
9	全盐量≤	1 000（非盐碱土地区）、2 000（盐碱土地区）、有条件的地区可以适当放宽		
10	氯化物≤	250		
11	硫化物≤	1.0		
12	总汞≤	0.001		
13	总镉≤	0.005		
14	总砷≤	0.05	0.1	0.05
15	铬（六价）≤	0.1		
16	总铅≤	0.1		
17	总铜≤	1.0		
18	总锌≤	2.0		
19	总硒≤	0.02		
20	氟化物≤	2.0（高氟区）、3.0（一般地区）		
21	氰化物≤	0.5		
22	石油类≤	5.0	10	1.0
23	挥发酚≤	1.0		

序号	项目 \ 标准值 \ 作物分类	水作	旱作	蔬菜
24	苯≤	2.5		
25	三氯乙醛≤	1.0	0.5	0.5
26	丙烯醛≤	0.5		
27	硼≤	1.0（对硼敏感作物，如马铃薯、笋瓜、韭菜、洋葱、柑橘等） 2.0（对硼耐受性较强的作物，如小麦、玉米、青椒、小白菜、葱等） 3.0（对硼耐受性强的作物，如水稻、萝卜、油菜、甘兰等）		
28	粪大肠菌群数/（个/L）≤	10 000		
29	蛔虫卵数/（个/L）≤	2		

附录十二　污水综合排放标准 GB 8978—1996

表 1　第一类污染物最高允许排放浓度

单位：mg/L

序　号	污染物	最高允许排放浓度
1	总汞	0.05
2	烷基汞	不得检出
3	总镉	0.1
4	总铬	1.5
5	六价铬	0.5
6	总砷	0.5
7	总铅	1.0
8	总镍	1.0
9	苯并[a]芘	0.000 03
10	总铍	0.005
11	总银	0.5
12	总 α 放射性	1 Bq/L
13	总 β 放射性	10 Bq/L

表 2　第二类污染物最高允许排放浓度

（1997 年 12 月 31 日之前建设的单位）

单位：mg/L

序号	污染物	适用范围	一级标准	二级标准	三级标准
1	pH 值	一切排污单位	6～9	6～9	6～9
2	色度（稀释倍数）	染料工业	50	180	—
		其他排污单位	50	80	—
3	悬浮物（SS）	采矿、选矿、选煤工业	100	300	—
		脉金选矿	100	500	—
		边远地区砂金选矿	100	800	—
		城镇二级污水处理厂	20	30	—
		其他排污单位	70	200	400
4	五日生化需氧量（BOD_5）	甘蔗制糖、苎麻脱胶、湿法纤维板工业	30	100	600
		甜菜制糖、酒精、味精、皮革、化纤浆粕工业	30	150	600
		城镇二级污水处理厂	20	30	—
		其他排污单位	30	60	300

序号	污染物	适用范围	一级标准	二级标准	三级标准
5	化学需氧量（COD）	甜菜制糖、焦化、合成脂肪酸、湿法纤维板、染料、洗毛、有机磷农药工业	100	200	1 000
		味精、酒精、医药原料药、生物制药、苎麻脱胶、皮革、化纤浆粕工业	100	300	1 000
		石油化工工业（包括石油炼制）	100	150	500
		城镇二级污水处理厂	60	120	—
		其他排污单位	100	150	500
6	石油类	一切排污单位	10	10	30
7	动植物油	一切排污单位	20	20	100
8	挥发酚	一切排污单位	0.5	0.5	2.0
9	总氰化合物	电影洗片（铁氰化合物）	0.5	5.0	5.0
		其他排污单位	0.5	0.5	1.0
10	硫化物	一切排污单位	1.0	1.0	2.0
11	氨氮	医药原料药、染料、石油化工工业	15	50	—
		其他排污单位	15	25	—
12	氟化物	黄磷工业	10	20	20
		低氟地区（水体含氟量<0.5 mg/L）	10	20	30
		其他排污单位	10	10	20
13	磷酸盐（以P计）	一切排污单位	0.5	1.0	—
14	甲醛	一切排污单位	1.0	2.0	5.0
15	苯胺类	一切排污单位	1.0	2.0	5.0
16	硝基苯类	一切排污单位	2.0	3.0	5.0
17	阴离子表面活性剂（LAS）	合成洗涤剂工业	5.0	15	20
		其他排污单位	5.0	10	20
18	总铜	一切排污单位	0.5	1.0	2.0
19	总锌	一切排污单位	2.0	5.0	5.0
20	总锰	合成脂肪酸工业	2.0	5.0	5.0
		其他排污单位	2.0	2.0	5.0
21	彩色显影剂	电影洗片	2.0	3.0	5.0
22	显影剂及氧化物总量	电影洗片	3.0	6.0	6.0
23	元素磷	一切排污单位	0.1	0.3	0.3
24	有机磷农药（以P计）	一切排污单位	不得检出	0.5	0.5
25	粪大肠菌群数	医院*、兽医院及医疗机构含病原体污水	500 个/L	1 000 个/L	5 000 个/L
		传染病、结核病医院污水	100 个/L	500 个/L	1 000 个/L
26	总余氯（采用氯化消毒的医院污水）	医院*、兽医院及医疗机构含病原体污水	<0.5**	>3（接触时间≥1 h）	>2（接触时间≥1 h）
		传染病、结核病医院污水	<0.5**	>6.5（接触时间≥1.5 h）	>5（接触时间≥1.5 h）

注：*指50个床位以上的医院。

**加氯消毒后须进行脱氯处理，达到本标准。

表 3 部分行业最高允许排水量

（1997 年 12 月 31 日之前建设的单位）

序号	行业类别			最高允许排水量或最低允许水重复利用率
1	矿山工业	有色金属系统选矿		水重复利用率 75%
		其他矿山工业采矿、选矿、选煤等		水重复利用率 90%（选煤）
		脉金选矿	重选	16.0 m^3/t（矿石）
			浮选	9.0 m^3/t（矿石）
			氰化	8.0 m^3/t（矿石）
			碳浆	8.0 m^3/t（矿石）
2	焦化企业（煤气厂）			1.2 m^3/t（焦炭）
3	有色金属冶炼及金属加工			水重复利用率 80%
4	石油炼制工业（不包括直排水炼油厂） 加工深度分类： A.燃料型炼油厂 B.燃料+润滑油型炼油厂 C.燃料+润滑油型+炼油化工型炼油厂 （包括加工高含硫原油页岩油和石油添加剂生产基地的炼油厂）	A		＞500 万 t，1.0 m^3/t（原油） 250 万～500 万 t，1.2 m^3/t（原油） ＜250 万 t，1.5 m^3/t（原油）
		B		＞500 万 t，1.5 m^3/t（原油） 250 万～500 万 t，2.0 m^3/t（原油） ＜250 万 t，2.0 m^3/t（原油）
		C		＞500 万 t，2.0 m^3/t（原油） 250 万～500 万 t，2.5 m^3/t（原油） ＜250 万 t，2.5 m^3/t（原油）
5	合成洗涤剂工业	氯化法生产烷基苯		200.0 m^3/t（烷基苯）
		裂解法生产烷基苯		70.0 m^3/t（烷基苯）
		烷基苯生产合成洗涤剂		10.0 m^3/t（产品）
6	合成脂肪酸工业			200.0 m^3/t（产品）
7	湿法生产纤维板工业			30.0 m^3/t（板）
8	制糖工业	甘蔗制糖		10.0 m^3/t（甘蔗）
		甜菜制糖		4.0 m^3/t（甜菜）
9	皮革工业	猪盐湿皮		60.0 m^3/t（原皮）
		牛干皮		100.0 m^3/t（原皮）
		羊干皮		150.0 m^3/t（原皮）
10	发酵、酿造工业	酒精工业	以玉米为原料	100.0 m^3/t（酒精）
			以薯类为原料	80.0 m^3/t（酒精）
			以糖蜜为原料	70.0 m^3/t（酒精）
		味精工业		600.0 m^3/t（味精）
		啤酒工业（排水量不包括麦芽水部分）		16.0 m^3/t（啤酒）
11	铬盐工业			5.0 m^3/t（产品）
12	硫酸工业（水洗法）			15.0 m^3/t（硫酸）

序号	行业类别		最高允许排水量或最低允许水重复利用率
13	苎麻脱胶工业		500 m^3/t（原麻）或 750 m^3/t（精干麻）
14	化纤浆粕		本色：150 m^3/t（浆） 漂白：240 m^3/t（浆）
15	黏胶纤维工业（单纯纤维）	短纤维（棉型中长纤维、毛型中长纤维）	300.0 m^3/t（纤维）
		长纤维	800.0 m^3/t（纤维）
16	铁路货车洗刷		5.0 m^3/辆
17	电影洗片		5 m^3/1 000 m（35 mm 的胶片）
18	石油沥青工业		冷却池的水循环利用率 95%

表 4　第二类污染物最高允许排放浓度

（1998 年 1 月 1 日后建设的单位）　　单位：mg/L

序号	污染物	适用范围	一级标准	二级标准	三级标准
1	pH 值	一切排污单位	6～9	6～9	6～9
2	色度（稀释倍数）	一切排污单位	50	80	—
3	悬浮物（SS）	采矿、选矿、选煤工业	70	300	—
		脉金选矿	70	400	—
		边远地区砂金选矿	70	800	—
		城镇二级污水处理厂	20	30	—
		其他排污单位	70	150	400
4	五日生化需氧量（BOD_5）	甘蔗制糖、苎麻脱胶、湿法纤维板、染料、洗毛工业	20	60	600
		甜菜制糖、酒精、味精、皮革、化纤浆粕工业	20	100	600
		城镇二级污水处理厂	20	30	—
		其他排污单位	20	30	300
5	化学需氧量（COD）	甜菜制糖、合成脂肪酸、湿法纤维板、染料、洗毛、有机磷农药工业	100	200	1 000
		味精、酒精、医药原料药、生物制药、苎麻脱胶、皮革、化纤浆粕工业	100	300	1 000
		石油化工工业（包括石油炼制）	60	120	500
		城镇二级污水处理厂	60	120	—
		其他排污单位	100	150	500

序号	污染物	适用范围	一级标准	二级标准	三级标准
6	石油类	一切排污单位	5	10	20
7	动植物油	一切排污单位	10	15	100
8	挥发酚	一切排污单位	0.5	0.5	2.0
9	总氰化合物	一切排污单位	0.5	0.5	1.0
10	硫化物	一切排污单位	1.0	1.0	1.0
11	氨氮	医药原料药、染料、石油化工工业	15	50	—
		其他排污单位	15	25	—
12	氟化物	黄磷工业	10	15	20
		低氟地区（水体含氟量＜0.5 mg/L）	10	20	30
		其他排污单位	10	10	20
13	磷酸盐（以P计）	一切排污单位	0.5	1.0	—
14	甲醛	一切排污单位	1.0	2.0	5.0
15	苯胺类	一切排污单位	1.0	2.0	5.0
16	硝基苯类	一切排污单位	2.0	3.0	5.0
17	阴离子表面活性剂（LAS）	一切排污单位	5.0	10	20
18	总铜	一切排污单位	0.5	1.0	2.0
19	总锌	一切排污单位	2.0	5.0	5.0
20	总锰	合成脂肪酸工业	2.0	5.0	5.0
		其他排污单位	2.0	2.0	5.0
21	彩色显影剂	电影洗片	1.0	2.0	3.0
22	显影剂及氧化物总量	电影洗片	3.0	3.0	6.0
23	元素磷	一切排污单位	0.1	0.1	0.3
24	有机磷农药（以P计）	一切排污单位	不得检出	0.5	0.5
25	乐果	一切排污单位	不得检出	1.0	2.0
26	对硫磷	一切排污单位	不得检出	1.0	2.0
27	甲基对硫磷	一切排污单位	不得检出	1.0	2.0
28	马拉硫磷	一切排污单位	不得检出	5.0	10
29	五氯酚及五氯酚钠（以五氯酚计）	一切排污单位	5.0	8.0	10
30	可吸附有机卤化物（AOX）（以Cl计）	一切排污单位	1.0	5.0	8.0
31	三氯甲烷	一切排污单位	0.3	0.6	1.0

序号	污染物	适用范围	一级标准	二级标准	三级标准
32	四氯化碳	一切排污单位	0.03	0.06	0.5
33	三氯乙烯	一切排污单位	0.3	0.6	1.0
34	四氯乙烯	一切排污单位	0.1	0.2	0.5
35	苯	一切排污单位	0.1	0.2	0.5
36	甲苯	一切排污单位	0.1	0.2	0.5
37	乙苯	一切排污单位	0.4	0.6	1.0
38	邻-二甲苯	一切排污单位	0.4	0.6	1.0
39	对-二甲苯	一切排污单位	0.4	0.6	1.0
40	间-二甲苯	一切排污单位	0.4	0.6	1.0
41	氯苯	一切排污单位	0.2	0.4	1.0
42	邻-二氯苯	一切排污单位	0.4	0.6	1.0
43	对-二氯苯	一切排污单位	0.4	0.6	1.0
44	对-硝基氯苯	一切排污单位	0.5	1.0	5.0
45	2,4-二硝基氯苯	一切排污单位	0.5	1.0	5.0
46	苯酚	一切排污单位	0.3	0.4	1.0
47	间-甲酚	一切排污单位	0.1	0.2	0.5
48	2,4-二氯酚	一切排污单位	0.6	0.8	1.0
49	2,4,6-三氯酚	一切排污单位	0.6	0.8	1.0
50	邻苯二甲酸二丁脂	一切排污单位	0.2	0.4	2.0
51	邻苯二甲酸二辛脂	一切排污单位	0.3	0.6	2.0
52	丙烯腈	一切排污单位	2.0	5.0	5.0
53	总硒	一切排污单位	0.1	0.2	0.5
54	粪大肠菌群数	医院*、兽医院及医疗机构含病原体污水	500 个/L	1 000 个/L	5 000 个/L
		传染病、结核病医院污水	100 个/L	500 个/L	1 000 个/L
55	总余氯（采用氯化消毒的医院污水）	医院*、兽医院及医疗机构含病原体污水	＜0.5**	＞3（接触时间≥1 h）	＞2（接触时间≥1 h）
		传染病、结核病医院污水	＜0.5**	＞6.5（接触时间≥1.5 h）	＞5（接触时间≥1.5 h）
56	总有机碳（TOC）	合成脂肪酸工业	20	40	—
		苎麻脱胶工业	20	60	—
		其他排污单位	20	30	—

注：其他排污单位：指除在该控制项目中所列行业以外的一切排污单位。

*指 50 个床位以上的医院。

**加氯消毒后须进行脱氯处理，达到本标准。

表 5　部分行业最高允许排水量

（1998 年 1 月 1 日后建设的单位）

序号	行业类别			最高允许排水量或最低允许水重复利用率
1	矿山工业	有色金属系统选矿		水重复利用率 75%
		其他矿山工业采矿、选矿、选煤等		水重复利用率 90%（选煤）
		脉金选矿	重选	16.0 m^3/t（矿石）
			浮选	9.0 m^3/t（矿石）
			氰化	8.0 m^3/t（矿石）
			碳浆	8.0 m^3/t（矿石）
2	焦化企业（煤气厂）			1.2 m^3/t（焦炭）
3	有色金属冶炼及金属加工			水重复利用率 80%
4	石油炼制工业（不包括直排水炼油厂）加工深度分类： A.燃料型炼油厂 B.燃料+润滑油型炼油厂 C.燃料+润滑油型+炼油化工型炼油厂 （包括加工高含硫原油页岩油和石油添加剂生产基地的炼油厂）		A	＞500 万 t，1.0 m^3/t（原油） 250 万～500 万 t，1.2 m^3/t（原油） ＜250 万 t，1.5 m^3/t（原油）
			B	＞500 万 t，1.5 m^3/t（原油） 250 万～500 万 t，2.0 m^3/t（原油） ＜250 万 t，2.0 m^3/t（原油）
			C	＞500 万 t，2.0 m^3/t（原油） 250 万～500 万 t，2.5 m^3/t（原油） ＜250 万 t，2.5 m^3/t（原油）
5	合成洗涤剂工业	氯化法生产烷基苯		200.0 m^3/t（烷基苯）
		裂解法生产烷基苯		70.0 m^3/t（烷基苯）
		烷基苯生产合成洗涤剂		10.0 m^3/t（产品）
6	合成脂肪酸工业			200.0 m^3/t（产品）
7	湿法生产纤维板工业			30.0 m^3/t（板）
8	制糖工业	甘蔗制糖		10.0 m^3/t（甘蔗）
		甜菜制糖		4.0 m^3/t（甜菜）
9	皮革工业	猪盐湿皮		60.0 m^3/t（原皮）
		牛干皮		100.0 m^3/t（原皮）
		羊干皮		150.0 m^3/t（原皮）
10	发酵、酿造工业	酒精工业	以玉米为原料	100.0 m^3/t（酒精）
			以薯类为原料	80.0 m^3/t（酒精）
			以糖蜜为原料	70.0 m^3/t（酒精）
		味精工业		600.0 m^3/t（味精）
		啤酒工业（排水量不包括麦芽水部分）		16.0 m^3/t（啤酒）

序号	行业类别		最高允许排水量或最低允许水重复利用率
11	铬盐工业		5.0 m³/t（产品）
12	硫酸工业（水洗法）		15.0 m³/t（硫酸）
13	苎麻脱胶工业		500 m³/t（原麻）
			750 m³/t（精干麻）
14	黏胶纤维工业单纯纤维	短纤维（棉型中长纤维、毛型中长纤维）	300.0 m³/t（纤维）
		长纤维	800.0 m³/t（纤维）
15	化纤浆粕		本色：150 m³/t（浆） 漂白：240 m³/t（浆）
16	制药工业医药原料	青霉素	4 700 m³/t（青霉素）
		链霉素	1 450 m³/t（链霉素）
		土霉素	1 300 m³/t（土霉素）
		四环素	1 900 m³/t（四环素）
		洁霉素	9 200 m³/t（洁霉素）
		金霉素	3 000 m³/t（金霉素）
		庆大霉素	20 400 m³/t（庆大霉素）
		维生素 C	1 200 m³/t（维生素 C）
		氯霉素	2 700 m³/t（氯霉素）
		新诺明	2 000 m³/t（新诺明）
		维生素 B_1	3 400 m³/t（维生素 B_1）
		安乃近	180 m³/t（安乃近）
		非那西汀	750 m³/t（非那西汀）
		呋喃唑酮	2 400 m³/t（呋喃唑酮）
		咖啡因	1 200 m³/t（咖啡因）
17	有*机磷农药工业	乐果**	700 m³/t（产品）
		甲基对硫磷（水相法）**	300 m³/t（产品）
		对硫磷（P_2S_5 法）**	500 m³/t（产品）
		对硫磷（$PSCl_3$ 法）**	550 m³/t（产品）
		敌敌畏（敌百虫碱解法）	200 m³/t（产品）
		敌百虫	40 m³/t（产品） （不包括三氯乙醛生产废水）
		马拉硫磷	700 m³/t（产品）

序号	行业类别		最高允许排水量或 最低允许水重复利用率
18	除*草剂工业	除草醚	5 m^3/t（产品）
		五氯酚钠	2 m^3/t（产品）
		五氯酚	4 m^3/t（产品）
		2 甲 4 氯	14 m^3/t（产品）
		2，4-D	4 m^3/t（产品）
		丁草胺	4.5 m^3/t（产品）
		绿麦隆（以 Fe 粉还原）	2 m^3/t（产品）
		绿麦隆（以 Na_2S 还原）	3 m^3/t（产品）
19	火力发电工业		3.5 m^3/（MW·h）
20	铁路货车洗刷		5.0 m^3/辆
21	电影洗片		5 m^3/1 000 m（35 mm 胶片）
22	石油沥青工业		冷却池的水循环利用率 95%

注：*产品按 100%浓度计。

**不包括 P_2S_5、$PSCl_3$、PCl_3 原料生产废水。

附录十三 生活杂用水水质标准 CJ/T 48—1999

项目	厕所便器冲洗，城市绿化	洗车，扫除
浊度/度	10	5
溶解性固体/（mg/L）	1 200	1 000
悬浮性固体/（mg/L）	10	5
色度/度	30	30
臭	无不快感觉	无不快感觉
pH 值	6.5～9.0	6.5～9.0
BOD_5/（mg/L）	10	10
COD_{Cr}/（mg/L）	50	50
氨氮（以 N 计）/（mg/L）	20	10
总硬度（以 $CaCO_3$ 计）/（mg/L）	450	450
氯化物/（mg/L）	350	300
阴离子合成洗涤剂/（mg/L）	1.0	0.5
铁/（mg/L）	0.4	0.4
锰/（mg/L）	0.1	0.1
游离余氯/（mg/L）	管网末端水不小于 0.2	
总大肠菌群/（个/L）	3	3

参考文献

[1] 国家环境保护总局编委会. 水和废水监测分析方法. 4 版. 北京：中国环境科学出版社，2002.

[2] 国家环境保护总局编委会. 空气和废气监测分析方法. 4 版. 北京：中国环境科学出版社，2003.

[3] 国家环境保护总局. 室内环境空气质量监测技术规范. 北京：中国环境科学出版社，2004.

[4] 陈泽堂. 水污染控制工程实验. 北京： 化学工业出版社，2003.

[5] 中华人民共和国国家质量监督检验检疫局. 中华人民共和国建设部民用建筑工程室内环境污染控制规范. 北京：中国计划出版社，2002.

[6] 孙成. 环境监测实验. 北京：科学出版社，2003.

[7] 崔九思. 室内空气污染监测方法. 北京：化学工业出版社，2002.

[8] 张可方. 水处理实验技术. 广州：暨南大学出版社，2003.

[9] 李燕成. 水处理实验技术. 北京：中国建筑工业出版社，1989.

[10] 章非娟. 水污染控制工程实验. 上海：同济大学出版社，1988.

[11] 高廷耀. 水污染控制工程（下）. 北京：高等教育出版社，1989.

[12] 蒋展鹏. 环境工程学. 北京：高等教育出版社，1992.

[13] 顾国维，何义亮. 膜生物反应器－在污水处理中的研究与应用. 北京：化学工业出版社，2002.

[14] 王凯军，等. 城市污水生物处理新技术开发与应用. 北京：化学工业出版社，2001.

[15] S.K.I.Sayed. Biological wastewater treatment. Van Hall Institute， Groningen. 1996.

[16] 傅若农. 色谱分析概论. 北京：化学工业出版社，2000.

[17] 于世林. 高效液相色谱方法及应用. 北京：化学工业出版社，2000.

[18] 吴烈钧. 气相色谱检测方法. 北京：化学工业出版社，2000.

[19] 汪正范. 色谱定性与定量. 北京：化学工业出版社，2000.

[20] 林守麟. 原子吸收光谱分析. 北京：地质出版社，1985.

[21] 王世平. 现代仪器分析原理与技术. 哈尔滨：哈尔滨工程大学出版社，1999.

[22] 王家玲. 环境微生物实验. 北京：高等教育出版社，1988.

[23] 范秀容，李广武，沈萍. 微生物学实验. 3 版. 北京：高等教育出版社，1999.

[24] 周德庆. 微生物学教程. 北京：高等教育出版社，1993.

[25] 周群英，高延耀. 环境工程微生物. 2 版. 北京：高等教育出版社，2003.

[26] 顾夏声，李献文，竺建荣. 水处理微生物学. 3 版. 北京：中国建筑工业出版社，1998.

[27] 周群英，高廷耀. 环境工程微生物学. 北京：高等教育出版社，2000.

[28] 周风霞，白京生. 环境微生物学. 北京：化学工业出版社，2003.

[29] 李阜棣，喻子牛，何绍江. 农业微生物学实验技术. 北京：中国农业出版社，1996.

教师反馈卡

尊敬的老师：您好！

谢谢您购买本书。为了进一步加强我们与老师之间的联系与沟通，请您协助填妥下表，以便定期向您寄送最新的出版信息，您还有机会获得我们免费寄送的样书及相关的教辅材料；同时我们还会为您的教学工作以及论著或译著的出版提供尽可能的帮助。欢迎您对我们的产品和服务提出宝贵意见，非常感谢您的大力支持与帮助。

姓名：__________年龄：________职务：__________职称：__________

系别：__________学院：________学校：__________

通信地址：__________邮编：__________

电话（办）：__________（家）__________E-mail __________

学历：__________ 毕业学校：__________

国外进修或讲学经历：__________

	教授课程	学生水平	学生人数/年	开课时间
1.				
2.				
3.				

您的研究领域：__________

您现在授课使用的教材名称：__________

您使用的教材的出版社：__________

您是否已经采用本书作为教材：□是；□没有。

采用人数：__________

您使用的教材的购买渠道：□教材科；□出版社；□书店；□其他。

您需要以下教辅：□教师手册；□学生手册；□PPT；□习题集；□其他__________

（我们将为选择本教材的老师提供现有教辅产品）

您对本书的意见：__________

您是否有翻译意向：□有；□没有

您的翻译方向：__________

您是否计划或正在编著专著：□是：□没有。

您编著的专著的方向：__________

您还希望获得的服务：__________

填妥后请选择以下任何一种方式将此表返回（如方便请赐名片）：

地址：北京市崇文区广渠门内大街 16 号　中国环境科学出版社第七图书出版中心

邮编：100062　　电话（传真）：（010）67113412

E-mail：shenjian1960@126.com　　网址：http://www.cesp.cn